东北区域马铃薯病虫草害图谱鉴定及综合防治

王贵江　闵凡祥　杨　帅　主编

黑龙江科学技术出版社
HEILONGJIANG SCIENCE AND TECHNOLOGY PRESS

图书在版编目（CIP）数据

东北区域马铃薯病虫草害图谱鉴定及综合防治 /
王贵江, 闫凡祥, 杨帅主编 . -- 哈尔滨 : 黑龙江科学技
术出版社 , 2021.3
　　ISBN 978-7-5719-0648-1

　　Ⅰ . ①东… Ⅱ . ①王… ②闫… ③杨… Ⅲ . ①马铃薯
－病虫害防治②马铃薯－除草 Ⅳ . ① S435.32
② S451.22

　　中国版本图书馆 CIP 数据核字 (2020) 第 150193 号

东北区域马铃薯病虫草害图谱鉴定及综合防治
**DONGBEI QUYU MALINGSHU BING-CHONG-CAO HAI
TUPU JIANDING JI ZONGHE FANGZHI**
王贵江　闫凡祥　杨　帅　主编

责任编辑	梁祥崇　张东君　回　博
封面设计	林　子
出　　版	黑龙江科学技术出版社
	地址：哈尔滨市南岗区公安街 70-2 号　邮编：150007
	电话：（0451）53642106　传真：（0451）53642143
	网址：www.lkcbs.cn
发　　行	全国新华书店
印　　刷	黑龙江艺德印刷有限责任公司
开　　本	787 mm×1092 mm　1/16
印　　张	16.5
字　　数	400 千字
版　　次	2021 年 3 月第 1 版
印　　次	2021 年 3 月第 1 次印刷
书　　号	ISBN 978-7-5719-0648-1
定　　价	120.00 元

《东北区域马铃薯病虫草害图谱鉴定及综合防治》
编委会

序

马铃薯是世界上第四大粮食作物,我国是世界上第一大马铃薯生产国。作为主要粮食、蔬菜和加工原料作物,马铃薯在我国广泛种植,主产区遍布东北、华北、西北和西南各区域。东北寒地是我国最大的商品粮生产基地,虽地处高寒但沃野千里,日照充足、昼夜温差大和机械化率高等生产条件可谓得天独厚,使得东北寒地成为我国种用、淀粉加工用和鲜食用马铃薯的优势区域,成为重要的马铃薯种薯和商品薯生产基地,市场前景广阔。

在马铃薯种植过程中,常常遭受病、虫、草等为害,尤其是长期连作种植导致病、虫、草害大量集聚和流行,如土传病害的日趋加重等,大大限制了马铃薯增产潜能的发挥。《东北区域马铃薯病虫草害图谱鉴定及综合防治》一书,系统介绍了东北寒地的马铃薯真菌、细菌和病毒病害,以及马铃薯虫害、马铃薯生理性病害和草害等病虫草害鉴别、传播流行及综合防控技术,图文并茂,实用性强,适合从事马铃薯生产管理、农技推广、科研和种植等人员阅读参考,具有很好的指导作用。

《东北区域马铃薯病虫草害图谱鉴定及综合防治》一书的出版,对实现东北寒地马铃薯生产的提质增效、提升马铃薯整体生产能力和生产水平,以及马铃薯产业走向生态健康、环境友好、可持续的良性循环起到积极的推动作用。

国家马铃薯产业技术体系首席科学家

2020 年 10 月 30 日于北京

前　言

　　马铃薯是我国重要的粮食作物，具备营养丰富、粮菜饲兼用、加工用途多、产业链条长、增产增收潜力大等特点。2015 年初，我国马铃薯主粮化战略的启动，使马铃薯成为继水稻、小麦、玉米之后的第四大粮食作物，马铃薯生产在国民经济发展中的地位更加重要。相比其他三大粮食作物，马铃薯耐寒、耐旱、耐贫瘠、广适性强的特点，不仅使其成为农民增产增收的重要选择，而且在确保国家粮食安全方面也发挥着重要作用。

　　东北区域是我国重要的马铃薯种薯和商品薯产区。为了对马铃薯东北产区常见病虫害及田间杂草的综合防控技术有一个比较全面系统的总结，笔者将近 10 年积存的大量马铃薯病虫草害资料进行整理，取其精华，汇编为《东北区域马铃薯病虫草害图谱鉴定及综合防治》一书，以便于读者查询和求证。

　　本书共 7 章，详细记录了病害近 40 种、虫害 10 余种及草害 10 余种，分别针对具体病虫草的为害症状、发生规律、综合防治等进行阐述。全书采取图文结合的方式，便于读者进行鉴别和指导病虫草害防治工作。

　　本书在编写过程中，引用了公开出版的论文论著或报道中的一些数据，由于版面限制，没有一一体现，在此向相关作者表示歉意和感谢。

　　鉴于作者的研究工作和生产实践经验有限，加之时间较为仓促，书中错漏之处在所难免，恳请专家和读者不吝指正，以便日后修订完善。

作者

目　　录

第三章　马铃薯主要细菌病害

第四章　马铃薯主要病毒病害

第五章　马铃薯主要生理性病害

第六章　马铃薯主要虫害

第七章　马铃薯田间主要杂草

第一章 东北区域马铃薯病虫草害概况及分类

第一节 马铃薯病虫草害

一、马铃薯病虫草害概况

在人类栽培的农作物中，大概再没有比马铃薯更难以归类的了：它既是大宗粮食作物，又是重要蔬菜和工业原料作物；既是救灾、扶贫作物，又是高产、高效作物；既是大众餐桌上的寻常之物，又是价格不菲的休闲食品。研究表明，马铃薯含有人体所需的足够能量和全部营养。马铃薯（拉丁名：*Solanum tuberosum*），属茄科多年生草本植物，块茎可供食用，是全球第四大粮食作物，仅次于小麦、水稻和玉米，在我国是四大粮食作物之一。

东北区域是我国最大的商品粮生产基地，平均粮食商品率达 70% 以上，在保障国家粮食安全方面发挥了巨大作用。近年来，东北区域粮食总产量在全国比重从 2003 年的 17.7% 提高到 2013 年的 24.1%，成为全国粮食产量增长最快、贡献最大的区域，为我国粮食生产实现"十一连增"做出了巨大贡献。马铃薯是东北区域继水稻、玉米、小麦之后的第四大粮食作物，在保障粮食稳产和增产方面起到举足轻重的作用。2013 年，东北区域马铃薯种植面积为 60.83 万 hm^2，约占全国种植面积的 13.45%，总产量达到 955 万 t，占全国总产量的 14.03%，已经成为全国重要的马铃薯商品薯生产基地。此外，东北区域具有得天独厚的自然条件，一直都是全国重要的马铃薯种薯生产基地。每年仅黑龙江省外销的种薯就有 50 万 ~ 70 万 t，主要销往全国各地，约占全国年调运种薯量的 1/6。

由于马铃薯有良好的市场前景，东北区域常年连作种植，导致病虫草害大量聚集和流行。目前，东北区域马铃薯病虫草害种类繁多（主要包括晚疫病、早疫病、疮痂病、黑痣病、病毒病、黑胫病、蚜虫、二十八星瓢虫、金针虫、问荆、马齿苋等），发生地域广、流行频率高、为害程度重，严重制约马铃薯产业的发展。仅马铃薯晚疫病一项，一般年份可造成减产 30% ~ 50%，严重情况下甚至绝产。东北区域由于连年使用除草剂，一些较难防除的杂草发生数量呈上升趋势。因此，开展马铃薯病虫草害研究，降低农药使用，实现马铃薯生产的提质增效，对于保证本地区的马铃薯产量和品质、缩小区域间差距、提高产业竞争优势具有非常重要的作用。

长期对马铃薯病虫草害进行实时监测和预警，提高马铃薯病虫草害综合防治效率，降低病虫草害损失，进而提高东北区域马铃薯整体生产能力和技术水平，从源头保证种薯质量，促进马铃薯加工业发展，为马铃薯产业走向规模化、产业化、现代化的良性循环提供技术保障，对全国马铃薯病虫草害防治意义重大。

马铃薯病虫草害所属学科为植物保护学科，在东北区域主要马铃薯产区，其相关基础性研究已经取得了一定的成绩。学科建设是一项综合性、长远性工作，按照现代植保理念"公共植保、绿色植保"，东北区域马铃薯病虫草害监测及防治方面的研究与发达国家还存在一定差距，马铃薯病虫草害的基础性研究优势和潜力没有充分发挥出来，现代化程度不高，一些新问题尚需解决。突出表现在：基层植保网络不健全，导致马铃薯病虫草害测报防治工作无法有效开展；过度依赖化学农药，导致农药残留、环境恶化等一系列问题，使得相应地区马铃薯生产面临"天花板"和"紧箍咒"的巨大压力。

二、东北区域马铃薯病虫草害发生现状

我国是世界上最大的马铃薯生产国（图 1-1），种植面积和总产量占世界的 23% ~ 28%，均居世界首位。但我国马铃薯单产水平较低，长期徘徊在 15 t/hm² 左右（图 1-2），低于世界平均水平。东北区域马铃薯单产平均水平为 21.3 t/hm²，在国内居于前列，但与国外发达国家相比还有很大差距。2014 年，北美洲和大洋洲马铃

薯单产分别达到 43 t/hm² 和 40 t/hm²，荷兰马铃薯单产可以达到 50 t/hm²。最主要原因之一，我国马铃薯病害发生严重，导致与欧美国家差距明显。据统计，2008 年病虫害发生面积为 627.86 万 hm²·次，自 2012 年起发生面积超过 666.67 万 hm²·次，2014 年发生面积为 677.29 万 hm²·次。近年，马铃薯虫害发生面积较为平稳，一般低于 266.67 万 hm²·次。马铃薯病害发生面积从 2008 年至 2012 年一直呈上升趋势。2012 年为害面积 482.46 万 hm²·次，达到最高值。近两年为害面积有下降趋势，病害发生面积约占病虫害发生总面积的 60.95%。由于马铃薯虫害近年为害程度较为稳定，所以病害的发生轻重就决定了病虫害总体的发生程度，呈现出很大的相关性。

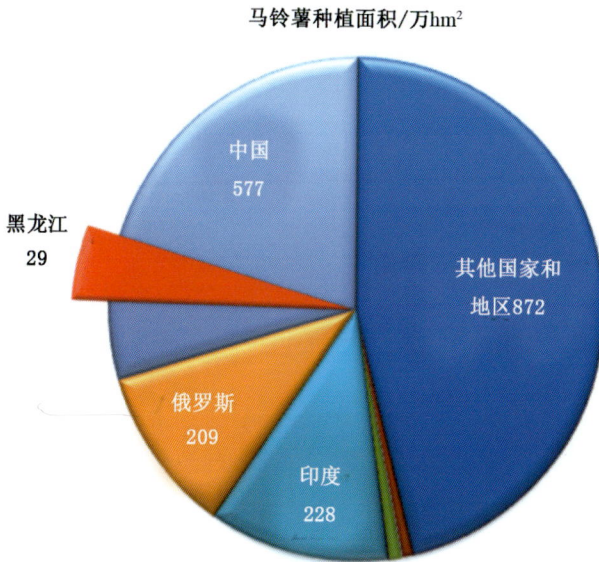

资料来源：联合国粮食及农业组织统计数据库（FAOSTAT）

图 1-1　2014 年世界马铃薯种植面积

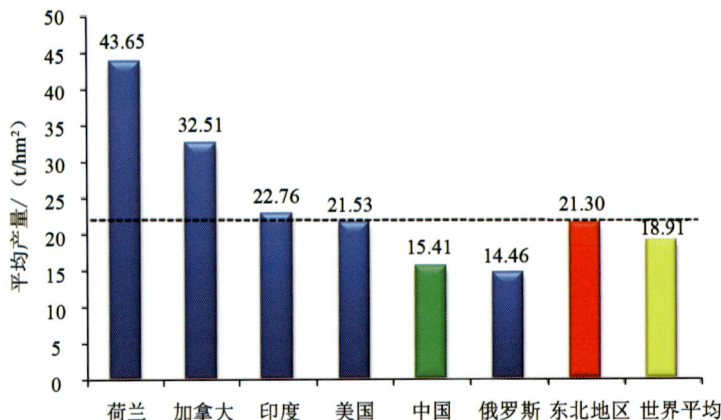

图 1-2　2014 年世界马铃薯主要生产国平均单产情况

（一）马铃薯虫害

东北区域马铃薯虫害主要有蚜虫、二十八星瓢虫、蛴螬、金针虫、草地螟、地老虎等。数据显示，2008—2014 年马铃薯害虫年平均发生面积 257.51 万 hm²·次（任彬元等，2015）。马铃薯蚜虫一直是马铃薯中为害最重的害虫，年平均发生面积 52.56 万 hm²·次，尤其是 2011 年大暴发，为害面积超过 66.67 万 hm²·次。近年，蚜虫为害又有上升趋势，其是值得重点防治的害虫之一。二十八星瓢虫发生面积稳中有升，年平均发生面积 42.42 万 hm²·次。地下害虫中为害最严重的蛴螬近些年发生程度不断加重，从 2008 年的 18.93 万 hm²·次迅速上升到 2011 年的 46.99 万 hm²·次，后稳定在较高为害面积水平。2008—2014 年，年平均发生面积 37.39 万 hm²·次。

（二）马铃薯病害

东北区域马铃薯病害主要有晚疫病、早疫病、病毒病、环腐病、黑胫病等，这 5 种病害发生面积占马铃薯病害发生总面积的 92%。马铃薯晚疫病一直是马铃薯病虫害防治的重中之重，是造成马铃薯产量损失的最主要病害。2008—2011 年晚疫病发生较为稳定，2012 年大暴发，受害面积达 265.15 万 hm²·次，是 2011 年的 1.54 倍，近两年又有下降趋势，年平均发生面积 203.44 万 hm²·次。马铃薯早疫病也是发生面积较大的病害之一，年为害面积稳定在 66.67 万 ~ 100.00 万 hm²·次，年平均发生面积89.85 万 hm²·次。马铃薯病毒病发生面积稳中有升。2008 年发生面积 37.47 万 hm²·次，2012 年上升到近年最高的 48.61 万 hm²·次，年平均发生面积 46.76 万 hm²·次。2008—2014 年，马铃薯病虫害年平均造成实际损失 85.18 万 t，病害年均实际损失 65.58 万 t、虫害年均实际损失 19.60 万 t。马铃薯病害损失占病虫害实际损失比重较大，年均占 75.96%，且走势基本一致，而马铃薯虫害实际损失近年稳步下降。2012 年由于马铃薯晚疫病和地下害虫的大面积流行，减产较为严重，实际损失达 102.86 万 t。晚疫病是对马铃薯产量影响最大的病害，其发病轻重决定了马铃薯产量的高低。发病轻的年份（2008 年）实际损失 21.82 万 t，为害重的年份（ 2012 年）实际损失达到 58.31 万 t，7 年年平均实际损失 42.35 万 t，占马铃薯病虫害造成损失总量的 50% 左右。马铃薯早疫病是造成产量减少的第二大因素，2011 年为害较重，实际损失 12.67 万 t，2008—2014 年年平均实际损失 9.59 万 t。马铃薯病毒病、蚜虫、二十八星瓢虫都是造成减产的重要病虫害因素，各地需要根据当地实际情况开展防治工作（任彬元等，2015）。

（三）马铃薯杂草

东北区域马铃薯杂草种类繁多，主要杂草有 41 种，在东北区域范围内发生普遍、为害较重的有稗草、藜、反枝苋、苣荬菜、绿狗尾草、苍耳、本氏蓼、鸭跖草、问荆、香薷、铁苋菜等 11 种。另一些在局部地区发生较多，其中，北部黑土地区有鼬瓣花、卷茎蓼；西部沙土和盐渍土地区有金狗尾草、打碗花；东部、东南部和南部黑土、白浆土、草甸土地区有风花菜、苘麻、龙葵等。由于连年使用除草剂，一些较难防除的杂草发生数量呈上升趋势，如鸭跖草、问荆、苣荬菜、刺儿菜等。在一些地区，这些杂草已经成为当地农田中难以防除的恶性杂草。

三、东北区域马铃薯病虫草害发生特点

（一）马铃薯病害重于虫害，不同年份和区域间发生不平衡

近年来，马铃薯病害的发生重于虫害，表现出地区间、年度间发生不平衡的特点。病害中以马铃薯晚疫病为主，东北区域由于降雨较集中，马铃薯病害发生较重，如 2013—2016 年，马铃薯晚疫病偏重发生造成严重的产量损失。土传病害、虫害在东北区域逐年加重。种植脱毒种薯的田块，马铃薯病毒病、晚疫病等病害发病较轻。山区马铃薯种植区由于防控困难，农民经常不防治，马铃薯病虫害往往发生较重，而种植大户集中种植区由于防控及时，病虫害发生明显减轻。

（二）马铃薯晚疫病重发频率高

马铃薯晚疫病是马铃薯生产上最重要的病害。近年来，该病害连年重发，2008—2014年年平均发生面积205.5万hm²。地区间、年度间、品种间发生不平衡。①发病时期差异：由于田间菌源广泛存在，自马铃薯出苗后，遇到适宜的气象条件，晚疫病即可发生流行。2008—2014年发生面积占种植面积的30%～40%，尤以黑龙江、内蒙古发生为重。②品种差异：克新1号、克新13号等田间表现抗病的品种，发病较轻，病情指数一般在10以下；而费乌瑞它、大西洋等感病品种，病情指数一般在30以上，严重时高达80%～100%。黑龙江、内蒙古等东北主产区一般7月底至8月上旬田间可见中心病株，发生盛期一般在8月下旬至9月下旬，部分产区发生盛期在6月下旬至7月上旬。③区域和年度差异：东北区域马铃薯晚疫病发生程度与降水量关系密切。2012—2013年，受夏季适宜气候影响，马铃薯晚疫病在东北、西北等主产区偏重发生，甘肃、黑龙江、宁夏等省区发生面积占种植面积的比例高达70%～80%，大部分产区病田率达100%。

（三）土传病害和地下虫害呈加重趋势

作为块茎类作物，土传病害和地下虫害对马铃薯的影响更大，不仅影响其产量，还直接影响块茎的品质和商品性。近年来，我国马铃薯土传病害及地下虫害发生呈逐年加重趋势。马铃薯环腐病、黑胫病、青枯病、干腐病、疮痂病、黄萎病、丝核菌立枯病等马铃薯土传病害2008—2014年发生面积在40.0万～45.8万hm²，平均发生面积43.7万hm²，平均防治面积28.7万hm²；金针虫、蝼蛄、地老虎等地下害虫所引发的虫害年均发生面积103.7万hm²，占种植面积的20%左右，防治面积81.6万hm²，其中，2013年发生面积121.5万hm²，比2008年增加48.2%。受连年种植、缺乏轮作倒茬等因素影响，马铃薯黑胫病、疮痂病等土传病害，金针虫、蝼蛄、地老虎等引发的地下虫害呈逐年加重趋势。

（四）马铃薯新发病虫害增多

随着马铃薯种植面积的增加，近年来我国马铃薯田出现了一些新的病虫害，黑龙江、宁夏、内蒙古等地陆续发现双斑萤叶甲为害马铃薯。近两年的调查发现，豆长刺萤叶甲、双斑萤叶甲在马铃薯田的发生有逐年加重的趋势。马铃薯粉痂病从南方逐渐侵入东北区域并有逐年加重的趋势。

（五）难防治草害加重

难防治杂草主要发生在多年使用除草剂的田块，主要有苣荬菜、刺儿菜、问荆、鸭跖草、野黍、田旋花等。

四、东北区域马铃薯病虫草害防治现状

（一）物理防治

物理防治方法是根据植物病虫对某些物理因素反应的规律，利用物理因素的作用防治植物病虫害的应用技术方法。该法的特点，除直接杀死植物病原菌和害虫外，还可造成昆虫不育，使子代数量减少，甚至绝种。物理防治主要措施包括诱杀、捕杀、温汤浸种、紫外线杀菌，以及使用除草膜、避蚜膜、防虫网等。

（1）诱杀：就是利用害虫的某种趋性，通过人为设置的手段诱集害虫并将其杀死的方法。例如利用一些害虫的趋光性，使用高压汞灯、黑光灯、频振灯进行诱杀；利用温室白粉虱、蚜虫对黄色的趋性，采用黄板诱杀；利用杨树枝诱杀棉铃虫等。

（2）捕杀：就是采取人工捕捉的方式消灭害虫。比如利用金龟子的假死性捕杀金龟子，利用春季挖树盘的方式防治果树上的食心虫等。

（3）温汤浸种：在蔬菜育苗时应用比较广，主要是利用不同温度的水来杀死附着在种子表面的病菌，从而为培育无病种苗奠定基础。

（4）紫外线杀菌：就是我们通常使用的播种前晒种，它是利用太阳光中的紫外线杀灭病菌的一种有效手段。

（5）使用除草膜、避蚜膜、防虫网：除草膜就是一种用于除草的地膜，铺设以后可以避免杂草生长，进而实现控制为害的目的。避蚜膜就是银灰反光膜，应用它能有效减轻蚜虫为害。防虫网主要是应用在温室大棚的生产中，通过在棚内设置防虫网，实现阻止害虫侵入，达到防治害虫的目的。

（二）化学防治

作为重要的农业生产资料，化学农药在有效控制病虫草害带来的作物产量损失、确保粮食安全、消除饥饿与贫困等方面发挥着不可或缺的作用。研究显示，因作物种类差异，有效的植物保护措施（包括但不局限于化学防治）可挽回 24% ~ 42% 的产量损失。我国每年因病虫为害实际造成的粮食损失大约为 2 000 万 t。美国著名的农业科学家、诺贝尔奖获得者 Norman Borlaug 曾如是评价农药在农业实践活动中的贡

献：解决人类的饥饿问题离不开农药。然而，过度依赖化学防治，不合理地使用化学农药，不仅提高了农业生产成本，且对农产品质量和生态环境安全构成了巨大威胁，成为制约我国农业健康、持续和稳定发展的突出问题。

我国是全球农药使用第一大国。2007—2016 年的 10 年间，我国农药的年平均商品使用量为 175.8 万 t，占全球总量的 44.9%。2015 年和 2016 年连续 2 年实现了使用总量和单位面积使用量的负增长。但从农药使用强度数据分析，我国 3.39 kg/hm^2 的单位面积农药使用量仍不容乐观，为美国、欧洲和世界水平的 3.5 倍左右。基于可用耕地面积和防治总面积大数据，即可演算出全国单位面积农药使用频率约为 4.16 次。全国农业技术推广服务中心相关数据显示，黑龙江省植保站开展了瓜类、蔬菜、水稻、大豆、玉米、小麦和马铃薯 7 种作物的农户用药调查，马铃薯农药商品使用量为 7.2 kg/hm^2，居首位；单位面积用药成本和用药次数分别居调查作物的第 2 位和第 3 位。

迄今为止，我国登记使用对象为马铃薯的农药产品共计 392 个，其中杀菌剂 254 种、除草剂 74 种、植物生长调节剂 35 种、杀虫剂 27 种。但是登记产品中的生物源农药仅有 5 种，分别为用于马铃薯甲虫防治的球孢白僵菌（*Beauveria bassiana*）和苏云金芽孢杆菌（*Bacillus thuringiensis*），用于晚疫病防治的苦参碱、枯草芽孢杆菌（*Bacillus subtilis*）和丁子香酚。杀菌剂的登记防治对象仅有 6 种，分别为马铃薯晚疫病、黑痣病、早疫病、环腐病、黑胫病和干腐病。其中，登记防治对象为马铃薯晚疫病的农药产品数量最多，共计 191 个，占全部登记杀菌剂总数的 74.6%；黑痣病和早疫病次之，登记数量分别为 30 个和 27 个，各占登记杀菌剂总数的 11.7% 和 10.5%；登记防治对象为环腐病的农药产品 4 个，黑胫病和干腐病的各 1 个。26 个登记的杀虫剂产品中，用于防治蚜虫的 12 种，二十八星瓢虫和蛴螬的各 4 种，块茎蛾、甲虫和白粉虱的各 2 种。

根据国内马铃薯不同优势产区有害生物的发生情况，结合现有农药登记产品现状，不难看出针对枯萎病、疮痂病、青枯病、粉痂病、黄萎病、金针虫和蓟马等马铃薯生产上的重要限制因子，无登记防控药剂可选的窘境。此外，生物源农药登记数量的不足同样制约了马铃薯病虫害绿色防控技术体系的构建与发展。在科技部"马铃薯化肥农药减施技术集成研究与示范"项目的推动下，研究团队成员在全国范围内针对马铃薯不同优势产区，以小农户、种植大户、种薯公司以及合作社为调研对象，采用发放问卷结合实地走访的形式，开展了系统深入的马铃薯农药使用情况普查。从农药使用结构数据中可分析出国内马铃薯的不同优势。产区用于有害生物防治的农药产品共计 185 个，其中杀菌剂 136 种、杀虫剂 37 种、除草剂 12 种。根据有效成分对普查数据进行合并统计，马铃薯生产上使用的杀菌剂和杀虫剂共计 23 种，其中使用频率最高的 6 种依次为有机硫类（代森锰锌、代森锌、丙森锌等）、有机磷酸酯类（毒死蜱、辛硫磷等）、苯基酰胺类（霜脲氰、甲霜灵等）、甲氧基丙烯酸酯类（吡唑醚菌酯、嘧菌酯等）、取代苯类（百菌清、甲基托布津等）和羧酸酰胺类（烯酰吗啉、双炔酰菌胺等）农药。除了有机磷酸酯类杀虫剂（毒死蜱）为中毒农药外，其他均为低毒或微毒农药品种。136 种杀菌剂中噻霉酮、春雷霉素、中生菌素和氧氯化铜用于马铃薯细菌病害防控，其余均用于马铃薯晚疫病、早疫病和黑痣病等真菌病害的防控。调研结果中特别值得关注的是，由于登记农药产品的防治对象覆盖范围严重不足，造成不少日趋严重的病虫害防治存在超登记范围使用农药的情况。此外，生物农药鲜见被应用于国内马铃薯有害生物防治的植保实践中。从农药使用强度数据分析，我国马铃薯单位面积农药施药次数和施用量分别为 17 次和 40.03 kg/hm^2，远高于全国平均水平的 4.16 次和 3.49 kg/hm^2。但提醒马铃薯相关研究人员注意的是，本调研结果仅部分反映出我国马铃薯农药的使用现状。其原因在于：为保证普查数据的可靠性与可追溯性，调查数据以采信度较高的种植大户、薯业公司来源数据为主；仅部分采用了马铃薯种植小、散户的用药数据。现阶段我国马铃薯农药使用情况两极分化严重。规模化经营主体（种植大户、薯业公司）机械化生产程度高，防控意识和技术水平亦较高，用药频繁，极端情况下单一生长季化学农药使用次数高达 29 次之多，随之带来的是马铃薯平均单产 30 t/hm^2 以上；反之，小、散农户分散种植模式下，适龄劳动力不足，机械化程度低，病虫害防控意识淡薄，不防控或极少防控，低防控覆盖率带来的是马铃薯单产往往低于 15 t/hm^2。但是，马铃薯规模化经营主体和小农经济经营主体在全国范围内的占比目前尚无可靠的统计数据。从农药使用结构数据分析，杀菌剂、杀虫剂、除草剂和生长调节剂使用量的占比分别为 47.99%、38.96%、11.01% 和 8.2%。除中原二作区因地下害虫为害严重，杀虫剂的用量占比高于其余三者外，其他各产区均为杀菌剂的占比最高。从产区角度分析，中原区为了有效防控春作马铃薯地下害虫的为害，单一生长季内的施药次数和施药量分别为 30 次和 82.16 kg/hm^2，位居各优势产区之首。西南混作区用药最少，平均用药次数和施药量分别为 3 次和

$4.17 \, kg/hm^2$，二者单位面积施药强度相差 18.7 倍之多。

（三）生物防治

生物防治是利用各种有益生物或生物的代谢产物来控制有害生物的技术。生物防治是指运用自然界生物间的相生相克原理，人为地增加对病虫害有相克作用的生物，来控制有害生物的为害。随着科技的发展，已将转抗虫、抗病等抗性基因植物列入生物防治范畴。目前，抗病基因包括有病毒的外壳蛋白基因、病毒复制酶基因、病毒反义 RNA、病毒卫星 RNA 和中和抗体。常见的生物防治有以下几种。①以菌治虫：利用微生物的寄生或产生的毒素防治害虫。②以菌治病：利用微生物的代谢产物来防治病害。③以虫治虫：利用捕食性或寄生性天敌昆虫防治害虫或杂草。④利用各种益鸟、食虫蜘蛛和青蛙等食虫动物防治害虫。

第二节　马铃薯病虫害分类

一、马铃薯病害分类

中国是世界上马铃薯总产量最多的国家，马铃薯的病害也较多，据统计超过 300 种，常见的造成重大危害的有 10 余种。

马铃薯病害分为非侵染性病害和侵染性病害两种。非侵染性病害是由不适宜的环境条件引起的，其发生的原因很多，最主要的原因是土壤和气候条件不适宜，如营养物质的缺乏、水分失调、高温及干旱、低温及冻害，以及环境中的有害物质等。常见的非侵染性病害有马铃薯缺素、马铃薯不利环境条件（如缺氧、低温伤害和黑心）等。非侵染性病害不产生病症，不互相传染，致病因素消失后则不再发展，不需要药剂防治。但非侵染性病害往往引起植物组织的衰退和死亡，而滋生某些腐生性真菌和细菌，容易被误认为侵染性病害。

侵染性病害是由病原生物引起的，主要包括真菌、细菌、病毒、线虫和害虫。其中真菌病害是植物病害里最重要的一类，种类和数量也最多。

病虫害是影响马铃薯生产稳定发展和限制单产提高的重要因素。马铃薯病害多达百余种，一般减产 10% ~ 30%，严重的减产 70% 以上。国内常见的病害有 15 种，其中晚疫病、环腐病和病毒病统称"三大病害"。马铃薯病害主要有：

（1）真菌病害：晚疫病、早疫病、癌肿病、粉痂病、炭疽病、红腐病、白霉病、灰霉病、湿腐病、皮斑病、茎腐病、丝核菌溃疡病、干腐病、枯萎病、黄萎病。

（2）细菌病害：黑胫病、环腐病、软腐病、褐腐病、普通疮痂病、粉红色芽眼病。

（3）病毒病害：卷叶病毒病、Y 病毒病、X 病毒病、A 病毒病、M 病毒病、S 病毒病。

二、马铃薯虫害分类

昆虫纲是动物界中最大的一个纲，已知的种类有 85 万种以上，占动物总数的 4/5。昆虫身体分头、胸、腹三部分，胸部有 3 对分节的足，故又称六足纲。昆虫纲由 3 纲、33 目组成，与马铃薯生产关系密切的有 9 个目：直翅目、缨翅目、同翅目、半翅目、脉翅目、鳞翅目、鞘翅目、膜翅目、双翅目。以下就这些目及重要科做一简述，并列举部分常见马铃薯害虫。

（1）直翅目（Orthoptera）：昆虫纲中较大的一目。蝼蛄属此目蝼蛄科，为马铃薯常见害虫。体大型或中型，吸嚼式口器。前翅狭长且稍硬化，后翅膜质；有些种类短翅，甚至无翅，有的种类飞行力极强，能长距离飞迁。后足强大，适于跳跃。

（2）同翅目（Homoptera）：粉虱、蚜虫等均属此目。其多为小型昆虫，刺吸式口器，基部着生于头部的腹面后方，好像出自前足基节之间。具翅种类前后翅均为膜质，静止时呈屋脊状覆于体背上。很多种类的雌虫无翅，蚜虫中常有无翅型，蚜虫等还能传播植物病毒病。其中粉虱科包括温室白粉虱，蚜科包括棉蚜、麦二叉蚜、麦长管蚜、桃蚜、高粱蚜、萝卜蚜。

（3）半翅目（Hemiptera）：多数体形宽、略扁平，前翅基半部革质，端半部膜质，称为半鞘翅；刺吸式口器，其若虫腹部有臭腺，故有"臭虫""放屁虫"之名。其中网蝽科包括梨网蝽、香蕉网蝽，花蝽科包括细角花蝽、微小花蝽，缘蝽科包括针缘蝽、稻蛛缘蝽，蝽科包括稻褐蝽、稻黑蝽、稻绿蝽，盲蝽科包括绿盲蝽、苜蓿盲蝽、中黑盲蝽。

（4）鳞翅目（Lepidoptera）：昆虫纲中第二大目。最大特点是翅面上均覆盖着小鳞片，成虫称蛾或蝶。虹吸式口器，形成长形而能卷起的喙；已知有 14 万种左右，其中 90% 以上是蛾类，蝶类不足 10%。蝶与蛾的异同：蝶类触角末端膨大，而蛾类触角呈线状或羽状；蝶类休息时翅合拢立于背上，而蛾类休息时则将翅平放于身体两侧或收缩成屋脊状；蝶类大多在白天活动，而蛾类大多在夜间活动，通常都具有较强的趋光性。其中谷蛾科包括谷蛾、衣蛾；刺蛾科包括黄刺蛾、褐刺蛾、扁刺蛾；麦蛾科包括麦蛾、棉红铃虫、甘薯麦蛾；菜蛾科包括小菜蛾；蛀果蛾科包括桃蛀果蛾（桃小食心虫）；卷蛾科包括大豆食心虫、麻小食心虫、苹果顶梢卷叶蛾、褐带长卷叶蛾、拟小黄卷叶蛾；螟蛾科包括二化螟、豆荚螟、玉米螟、三化螟、菜螟、稻纵卷叶螟、条螟、棉卷叶野螟、桃蛀螟；夜蛾科中食叶种类的有黏虫、斜纹夜蛾、稻螟蛉、棉小造桥虫、甜菜夜蛾，蛀食种类的有大螟、棉铃虫、鼎点金刚钻，切根种类的有小地老虎、大地老虎、黄地老虎。

（5）鞘翅目（Coleoptera）：昆虫纲第一大目，有30万种以上，占昆虫总数的40%，通称甲虫，简称"甲"。一般躯体坚硬，有光泽。头正常，也有向前延伸成喙状的（象鼻虫），末端为咀嚼式口器。前翅角质化，坚硬，称鞘翅，无明显翅脉。其中芫菁科包括豆芫菁；步甲科包括金星步甲、皱鞘步甲、麦穗步甲；叩头虫科包括沟金针虫（沟叩头虫）、细胸金针虫（细胸叩头虫）；皮蠹科包括谷斑皮蠹、黑皮蠹；吉丁虫科包括柑橘小吉丁虫、金缘吉丁虫；瓢虫科，益虫有澳洲瓢虫、龟纹瓢虫、黑襟瓢虫、七星瓢虫，害虫有马铃薯瓢虫、茄二十八星瓢虫；拟步甲科包括黄粉虫、黑粉虫、赤拟谷盗、杂拟谷盗；丽金龟科包括铜绿异丽金龟；鳃金龟科包括暗黑金龟、华北大黑鳃金龟；天牛科包括桑天牛、星天牛、橘褐天牛、桃红颈天牛；叶甲科包括叶甲（金花虫）、大猿叶虫、小猿叶虫、黄守瓜、黄曲条跳甲；豆象科包括绿豆象、豌豆象、蚕豆象；象甲科包括玉米象、米象。

（6）双翅目（Diptera）：包括蚊、蝇、虻等。刺吸式或舐吸式口器。前翅膜质发达，后翅退化为平衡棒。其中瘿蚊科包括麦红吸浆虫、麦黄吸浆虫、稻瘿蚊，实蝇科包括柑橘大实蝇、瓜实蝇，食蚜蝇科包括益虫细腰食蚜蝇、黑带食蚜蝇，潜蝇科包括麦叶灰潜蝇、美洲斑潜蝇、豆秆黑潜蝇，黄潜蝇科包括麦秆蝇，花蝇科包括种蝇、葱蝇、萝卜蝇，寄蝇科包括伞裙追寄蝇、玉米螟厉寄蝇、黏虫缺须寄蝇。

农业螨类隶属于节肢动物门，蛛形纲，蜱螨亚纲，记载种类已达10余万种。许多植食性螨类是农业上的大害虫，其中有为害叶片和果实的叶螨科、跗线螨科、叶爪螨科和瘿螨科，为害根部的粉螨科根螨属等。

三、马铃薯草害分类

杂草使马铃薯的产量降低和品质下降，杂草的防除是保证农业增产增收的一项重要措施，而据联合国粮农组织（Food and Agriculture Organization of the United

Nations, FAO）估计，全世界每年因病虫草害引起的损失约占粮食总产量的 1/3，其中因病害损失 10%，因虫害损失 14%，因草害损失 11%。2011 年，张朝贤调查表明，每年我国农田杂草为害造成的直接经济损失高达 900 多亿元。杂草主要是通过与作物争夺水、肥、光、生长空间，以及克生作用等抑制作物生长发育导致作物减产。杂草对作物的为害是渐进的和微妙的。事实上，如果是家畜的死亡、飓风、突发性的虫灾引起同样很多损失的话，那农民一定称之为"灾难"，大受其惊，而杂草造成同样多的损失，却很少有人称之为"灾难"。相反，他们还会把产量的损失归咎为气候恶劣、土壤贫瘠、种子差或季节不宜等。因此，杂草危害的这种隐蔽性也增添了杂草科学工作者工作的艰巨性，提高人们对杂草在农业生产中危害性的认识亦成了一个重要任务。

农田杂草种类繁多，为了防除方便，我们在此对其进行归类，主要是从防除的角度出发，并结合东北区域实际情况，重点对旱田杂草进行分析研究，将田间众多的杂草按照它们的生育特点加以分类。

（一）一年生杂草

这类杂草生活中开花结实 1 次，种子繁殖，是农田中的主要为害者，如灰菜、蓼、稗、马唐、狗尾草、蕨菜等。

（二）越冬杂草

这类杂草秋季发芽、出苗，形成叶簇，次年夏季抽薹、开花、结实，种子繁殖，如遏蓝菜、附地菜、看麦娘等。

（三）二年生杂草

这类杂草要经过两个生长季才能完成其生活周期，种子繁殖，如飞帘、益母草、香蒿、野胡萝卜等。

（四）多年生杂草

这类杂草一般能生活 3 年或更多年，一生中可多次开花结实，种子繁殖和无性繁殖都进行，根据地下器官的特点，又可分为以下几个类型。①根茎杂草：地下根上有节，节上的叶退化，条件适宜时，每个节上可长出芽形成新枝，如问荆、狗牙根等。②根芽杂草：根系较深，根上大量生芽进行繁殖，如苣荬菜、田蓟、旋花等。③直根杂草：以主根生长为主，带有许多小侧根，主根下扎很深，根茎处生出大量芽进行繁殖，但这类杂草多以种子繁殖为主，如车前、羊蹄、蒲公英。④球茎杂草：在土中形成球，以此繁殖，如香附子、水莎草等，种子繁殖能力很弱。⑤鳞茎杂草：在土壤中形成鳞茎进行繁殖，如野蒜。

（五）寄生性杂草

这类杂草又可分为以下两类。①全寄生性杂草：地上部器官无叶绿素，不能进行光合作用，完全从寄主植物上吸取营养。其又可分为根寄生型和茎寄生型，前者如列当，寄生于向日葵、番茄、烟草、茄子、大麻、亚麻及瓜类作物，它们无叶片，仅在茎上生出螺旋状褐色鳞片，肉质直茎，顶端的鳞片内着生小花，种子繁殖；后者如菟丝子，属一年生种子繁殖，种子在土壤中可存活 1 ~ 6 年，菟丝子在我国新疆、山东、吉林及黑龙江发生，主要有中国菟丝子、日本菟丝子，寄生于亚麻、大豆及十字花科作物。②半寄生性杂草：具有绿色部分并能制造部分营养物质，但其所需要的营养物的大部分仍靠寄主供给，如大猪鼻花。

第二章　马铃薯主要真菌病害

第一节　引　言

真菌病害是马铃薯的一种侵染性病害，能相互传染，有侵染过程，病原物一般都是寄生物真菌。真菌病害的种类很多，占全部马铃薯病害的 70% 以上。真菌病害在我国属于广泛分布病害，不仅在田间为害，还由于其潜伏侵染特性，为害块茎，可使产量降低、块茎失去商品价值，损失很大，严重影响农业生产安全。

判断真菌病害的主要依据：

（一）坏死

坏死是一种常见的症状，它表现为局部细胞和组织的死亡。如棉花苗期炭疽病、立枯病造成叶片或根部坏死而出现死苗；小麦根腐病、纹枯病造成根部或根部叶鞘坏死，小麦白粉病、锈病（又叫黄疸）造成叶片坏死，赤霉病则造成穗部坏死等；马铃薯湿腐病造成块茎腐烂，晚疫病、早疫病造成叶片坏死，干腐病造成块茎坏死。

（二）腐烂

腐烂是指在细胞或组织坏死的同时伴随着组织结构的破坏，如马铃薯温腐病、马铃薯粉红腐烂病、马铃薯白绢病等，其症状都是腐烂。

（三）萎蔫

农作物由于受到病原体的侵染造成根部坏死或植株维管束堵塞而阻止水分向上运输，使农作物缺水而引起植株萎蔫。这种萎蔫往往经过几次反复而使植株死亡，有的症状轻微则可缓和，如丝核菌立枯病、镰刀菌枯萎病、马铃薯黄萎病等。

真菌病害造成的症状主要有以上这三种。

（四）其他

真菌病害发生之后，除了以上这些症状之外，通常还会出现其特定的病症，即病原物在病部组织上的特殊表现，如黑色小颗粒、轮纹状霉层、絮状物等。小麦黑穗病、玉米黑粉病、马铃薯黑点病都是在穗上出现粉粒，即病原菌的孢子。小麦白粉病在小麦叶片上出现白色的霉层。马铃薯锈病则在马铃薯叶片上出现红锈色的突起，也就是病菌的孢子堆。马铃薯晚疫病则是在叶片背面出现棉絮状的丝状物（并伴随着叶片软腐），这是病原菌的菌丝体。

（五）真菌分类的基本规则

1.分类等级

真菌的分类等级依次为界、门、纲、目、科、属、种。

2.基本分类单位——种

（1）形态学种：是根据形态特征的不连续性，对真菌个体进行分类而区分的类群。

（2）生物学种：指原本可以相互交配繁殖，但由于地理隔离或生殖隔离，彼此没有机会交配的一个自然种群或个体种群。

3.系统发育树

系统发育树是指经过系统发育分析而确定的具有同一个系谱关系的个体类群真菌分类系统的演变和比较。

（1）三纲一类的系统：①藻状菌纲；②子囊菌纲；③担子菌纲；④半知菌类。

（2）Ainsworth（1973）的系统。

真菌（菌物）界包括黏菌门和真菌门，而真菌门包括5个亚门：①鞭毛菌亚门（Mastigomycotina）；②接合菌亚门（Zygomycotina）；③子囊菌亚门（Ascomycotina）；④担子菌亚门（Basidiomycotina）；⑤半知菌亚门（Deuteromycotina）。真菌5个亚门的主要特征见表2-1。

（3）Alexopoulus（1979）的系统：①裸菌门；②鞭毛菌门；③无鞭毛菌门。

表 2-1 真菌亚门主要特征

亚门	营养体	无性繁殖	有性生殖
鞭毛菌	原质团或没有隔膜的菌丝体	游动孢子	休眠孢子囊或卵孢子
接合菌	菌丝体，典型的没有隔膜	孢囊孢子	接合孢子
子囊菌	有隔膜的菌丝体，少数是单细胞	分生孢子	子囊孢子
担子菌	有隔膜的菌丝体	不发达	担孢子
半知菌	有隔膜的菌丝体或单细胞	分生孢子等	没有有性生殖，但可能进行准性生殖

第二节　马铃薯早疫病

马铃薯早疫病主要由茄链格孢（*Alternaria solani*）和互隔交链孢霉（*Alternaria alternate*）引起，该病病菌属于真菌界，半知菌纲（Fungi Imperfecti），链孢霉目（Moniliales），黑霉科（Dematiaceae），链格孢属（*Alternaria*）。该病可发生在叶片上，也可侵染块茎。一般认为互隔交链孢霉是弱寄生真菌，主要侵染由于病毒、营养不良、外界不良条件和衰老所致的弱势植株，为害相对较小。

一、症状

马铃薯早疫病最初的侵染经常发生在较低、较老的叶片上。叶片首先出现 1 ~ 2 mm 的斑点，叶片呈干燥和纸状，然后变成黑褐色，随着变化，呈圆形或卵形病斑。由于叶脉限制，病斑有角型边缘，典型同心圆纹路，周围组织退绿，随着病害发展，最终全叶退绿，然后坏死，脱水，但通常不会落叶。由于病原菌产生毒素，导致侵染部叶片在一定范围内大量死亡。后期，其他病菌如黄萎病菌侵染，加之湿度过大，导致植株叶片大面积死亡（图 2-1）。

块茎染病产生暗褐色、稍凹陷圆形或近圆形病斑，边缘分明，表皮下的组织呈干枯状，革质呈木栓质状，通常为浅褐色。在贮藏期间，病斑增大，块茎在病情发展时出现皱缩。一般块茎早疫病病斑不容易发生二次侵染（图 2-2）。

二、病原物

茄链格孢菌丝体全部埋生或部分表生，菌丝无色至褐色。很少形成子座，无刚毛及附属分枝（图2-3）。分生孢子梗淡褐色至褐色，单枝或不规则分枝，短或长，弯曲或呈屈膝状。产孢细胞孔出式产孢，合轴式延伸或不再延伸，孢痕明显。分生孢子呈链状或单生，淡褐色至深褐色，形状不一，表面光滑或具微刺，有纵横隔膜，顶端常具喙。菌丝有隔膜和分枝，较老的颜色较深。分生孢子梗直立或稍弯曲，色深而短，单生或丛生，有 1 ～ 7 个隔膜，大小为（50 ～ 90）μm×（6 ～ 9）μm。分生孢子自分生孢子梗顶端产生，通常单生，其形状差异很大，倒棍棒形至长椭圆形，颜色为淡金黄色至橙褐色，具长喙，表面光滑，9 ～ 11 个横隔膜，少数为纵隔膜，大小为（117.0 ～ 154.0）μm×（9.8 ～ 15.7）μm，喙长等于或长于孢身，有时有分枝，喙宽2.5 ～ 5.0 μm。

互隔交链孢霉，分生孢子大小为（20 ～ 63）μm×（9 ～ 18）μm，比茄链格孢孢子小些，串生，缺少典型长喙（图2-4）。

三、病害循环

马铃薯早疫病依地区而异，病

图 2-1　马铃薯早疫病叶片症状

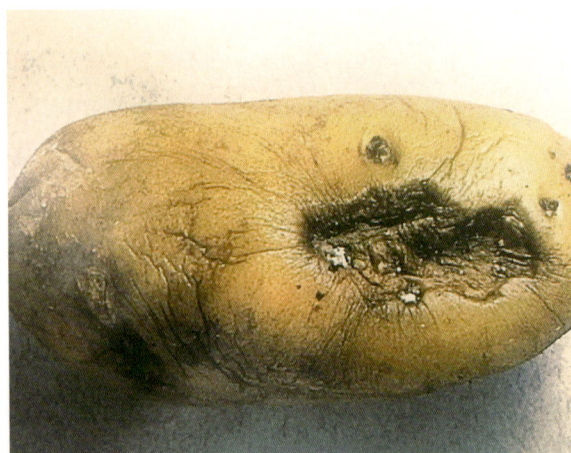

图 2-2　马铃薯早疫病块茎症状

图 2-3　茄链格孢孢子形状

原菌可存在于作物残株、土壤、被侵染的块茎里，或其他茄科植物的寄主上。病原菌通过表皮直接侵入叶片。在生长季节早期，初侵染发生在较老的叶片上。然而，活跃

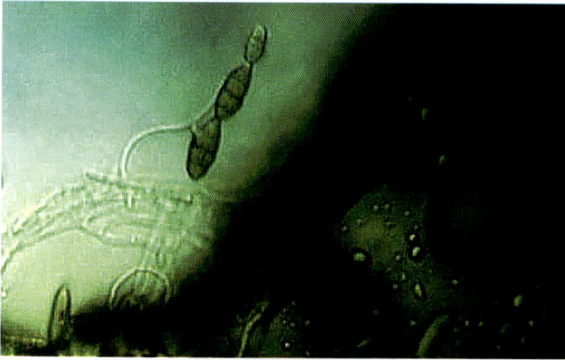

图 2-4 互隔交链孢霉孢子形状

的幼嫩组织和重施氮肥的植株，可不表现症状。大多数的再侵染是在植株长大，特别是开花后再侵染接种物数量比较多的条件下发生。在许多地方，早疫病是一种重要的衰老植株的病害。未成熟块茎的表面容易被侵染，相反，成熟块茎的表面较抗病。通过成熟块茎表皮的侵染，必须有伤口存在，块茎老化导致抗性显著提高（图 2-5）。

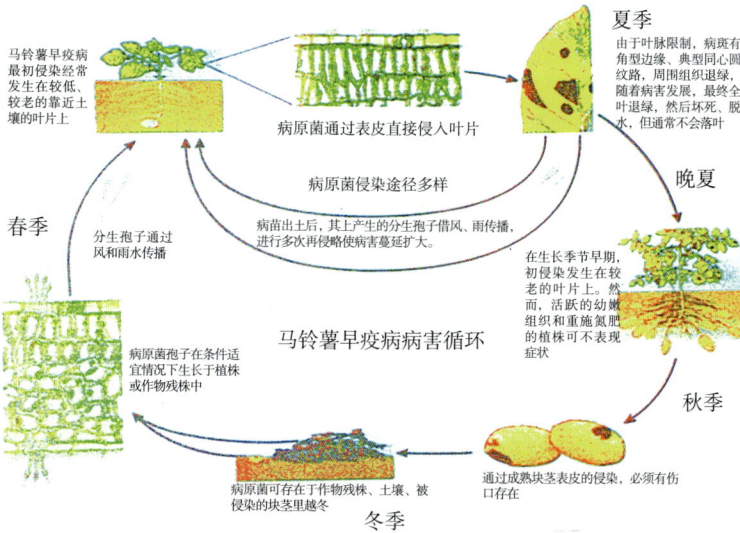

图 2-5 马铃薯早疫病病害循环

四、流行条件

病原菌的菌丝体在纯培养基中生长的最适温度为 28 ℃，而形成分生孢子梗和分生孢子的最适温度是 19 ~ 23 ℃。当温度高于 32 ℃，分生孢子梗形成被抑制，但不是不可逆的。温度高于 27 ℃，停止形成分生孢子。在光照中分生孢子梗发育，而 15 ℃以上，光照抑制分生孢子形成。田间最高的产孢数量发生在凌晨 3 时和晚 9 时之间。孢子在水中，最适温度为 24 ~ 30 ℃，35 ~ 45 min 内萌发；在 6 ~ 34 ℃条件下，1 ~ 2 h 内萌发。芽管侵染的最适温度是 12 ~ 16 ℃，但依品种而不同。

在湿润和干燥天气交替条件下，该病害发展最迅速。在灌溉的沙漠地区，由于延长露水时间，早疫病发生严重。当寄主由于伤害、营养不良或其他不良条件诱发感染时，该病害常常是比较严重的。

叶部侵染的田间抗性与植株的成熟度有关系。晚熟品种通常是较抗病的。当侵染发生在生长季节的后期时，早疫病不降低产量。

五、防治措施

（1）因地制宜选择具有田间抗性或耐性的品种，是最有效的防治方法，但生产中并没有纯粹免疫的品种。

（2）选用干燥、肥沃的地块种植，加强栽培管理，选择地势较平坦、不易积水的地块栽培，多施充分腐熟的有机肥，增施磷钾肥，合理密植。

（3）化学药剂防治。①发病初期可采用下列杀菌剂或配方进行防治：560 g/L 嘧菌酯·百菌清悬浮剂 800 ～ 1 200 倍液；25% 嘧菌酯悬浮剂 1 500 ～ 2 000 倍液；52.5% 异菌·多菌灵可湿性粉剂 800 ～ 1 200 倍液；68.75% 噁酮·锰锌水分散粒剂 800 ～ 1 000 倍液；77% 氢氧化铜可湿性粉剂 800 倍液；70% 甲基硫菌灵可湿性粉剂 800 ～ 1 000 倍液 +75% 百菌清可湿性粉剂 600 ～ 800 倍液；50% 腐霉利可湿性粉剂 1000 ～ 1 500 倍液 +70% 代森锰锌可湿性粉剂 600 ～ 800 倍液，兑水均匀，茎叶喷雾，视病情隔 7 ～ 10 d 喷 1 次。②发病普遍时可采用下列杀菌剂或配方进行防治：50% 乙烯菌核利可湿性粉剂 600 ～ 800 倍液 +70% 代森锰锌可湿性粉剂 600 ～ 800 倍液；20% 吡唑醚菌酯水分散粒剂 1 000 ～ 1 500 倍液 +70% 代森联干悬浮剂 800 倍液；10% 苯醚甲环唑水分散粒剂 1 000 ～ 1 500 倍液 +75% 百菌清可湿性粉剂 600 ～ 800 倍液；50% 腐霉利可湿性粉剂 800 ～ 1 000 倍液 +70% 代森锰锌可湿性粉剂 600 ～ 800 倍液；50% 异菌脲可湿性粉剂 1 000 ～ 1 500 倍液；50% 福美双·异菌脲可湿性粉剂 800 ～ 1 000 倍液。

（4）在收获之前，保证块茎在地里成熟，避免收获导致机械伤。

（5）轮作并及时清理种植田里的马铃薯植株残体，可以减少土传病原的初级侵染源。

第三节　马铃薯晚疫病

马铃薯晚疫病是致病疫霉菌 [*Phytophthora infestans* (Mont.) de Bary] 引起的，是目前为害马铃薯生产最严重的病害之一（张志铭，2001）。马铃薯晚疫病病菌最早在德国发现，但据推断，晚疫病在马铃薯的原产地墨西哥早已存在，并随着马铃薯的传播而扩散。而且研究者发现墨西哥马铃薯晚疫病同时存在两种交配型（A_1 和 A_2），并具有广泛的遗传变异，且在墨西哥的 Solanum 种间，抗病性遗传变异非常显著。所以，普遍认为马铃薯晚疫病病菌起源于墨西哥（Payen，1847）。

一、症状

马铃薯晚疫病可发生在根、茎、叶、花、果实、块茎及匍匐茎上（图2-6至图2-10），但最典型最常见的症状是叶片和块茎上的病斑。叶片上病斑的形态多种多样，它因温度、水分、光照强度和寄主的品种不同而不同。开始的典型症状为形成小的、灰暗至黑绿色的、不规则形状的斑点，并且轮廓不明显。随着病斑的扩大，在其愈合周围呈淡绿色至黄色晕圈，中间变成暗褐色，形成孢子囊和孢子囊梗的白色霜霉，多半在病斑边缘、叶片的背面出现。天气潮湿时，病叶呈水浸状软化，病斑扩展蔓延极快。感病品种的叶面全部或大部分被病斑覆盖，迅速发展成大的、

图2-6　马铃薯晚疫病叶片症状

褐色至紫黑色的坏死病斑。该病斑可使整个叶片死亡，并通过叶柄传播到茎，最后杀死整个植株。

在茎和叶柄上常表现为纵向发展的褐斑症状，造成叶丛枯死；天气潮湿时，也可在病斑上产生白色霉轮。病害严重时，在干旱条件下表现为全株枯死，多雨条件下整

图 2-7　马铃薯晚疫病茎症状

图 2-8　马铃薯晚疫病花症状

株腐败而变黑。

　　马铃薯晚疫病表现为花朵上出现棕褐色小斑点，以后逐渐扩大，直到整个花朵变成黑褐色而枯萎，并有霉层产生。

　　在田间，被晚疫病严重侵染的马铃薯植株散发出一种特殊的气味。这种气味主要来自马铃薯叶片组织迅速分解的产物。

　　块茎感病时，表面形成形状不规则、大小不等、稍微凹陷的褐色斑。在病斑切面处（图2-10），可见马铃薯皮下组织呈红褐色、干的、颗粒状的腐烂状态，变色区域的大小和厚薄依发病程度不同而不同。侵染的深度与侵染时间长短、品种抗病性和温湿度等条件有关。侵染时间长，温度、湿度适合病原菌生长发育，侵染深；

图 2-9　马铃薯晚疫病块茎症状

图 2-10　马铃薯晚疫病块茎切开后症状

感病品种侵染程度较抗病品种深。健康的组织与发病组织之间没有明显的界线，细小、褐色的足状病变由外向内逐渐伸入块茎。在冷凉、干燥的贮藏条件下，块茎的病斑发展较为缓慢，如果没有其他杂菌的感染，只表现为组织变褐色，是晚疫病的干腐型，几个月后，可以形成轻微的凹陷。当温度较高、湿度较大时，病变可蔓延到块茎内的大部分组织，此时，次生微生物（细菌和真菌）经常随着致病疫霉的侵染而侵入组织，导致块茎部分完全被破坏，此种情况为湿腐型，并出现复杂的特征，想确定腐烂的主要原因很困难。

果实发病症状：果实感染晚疫病，其病斑多出现在靠近果柄的位置，前期也会出现墨绿色的水渍状病斑，后期变成褐色，同时会有凹陷，严重时会导致果实腐烂（图 2-11）。

图 2-11　马铃薯晚疫病浆果症状

二、病原物

马铃薯晚疫病病原体为致病疫霉菌，属于真菌界鞭毛菌亚门卵菌纲霜霉目。菌丝无隔，在寄主细胞间生长，以吸器伸入寄主细胞内吸取养料。病斑上的白霉即为病菌的孢囊梗和孢子囊（图 2-12）。孢囊梗分枝，每隔一段着生孢子囊处具膨大的节。

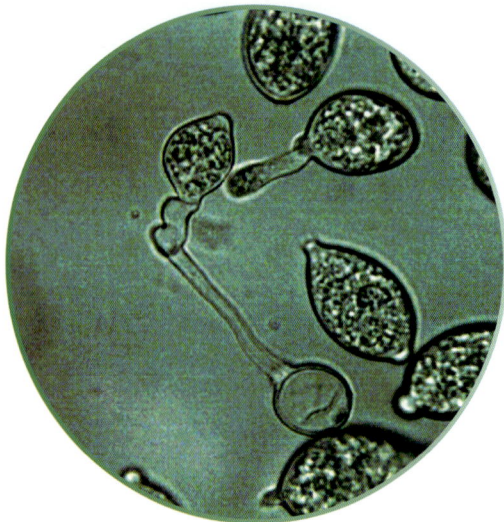

图 2-12　马铃薯晚疫病病菌孢子囊

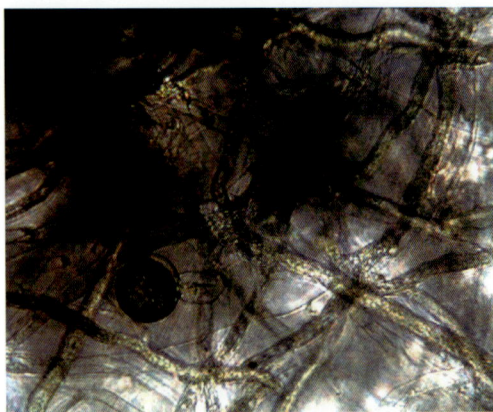

图 2-13　马铃薯晚疫病病菌卵孢子

孢子囊柠檬形，大小为（2 ~ 38）μm×（12 ~ 23）μm，一端具乳突，另一端有小柄，易脱落，在水中释放出 5 ~ 9 个肾形游动孢子。游动孢子具鞭毛 2 根，失去鞭毛后变成休止孢子，萌发出芽管，生长穿透钉侵入寄主体内。菌丝生长适温为 20 ~ 23 ℃，孢子囊形成适温为 19 ~ 22 ℃，10 ~ 13 ℃形成游动孢子，温度高于 24 ℃，孢子囊多直接萌发，孢子囊形成要求相对湿度高。

卵孢子是致病疫霉菌的有性孢子（图 2-13）。卵孢子为球形，厚壁或薄壁平均直径为 10 ~ 40 μm，无色至浅色，常不满器。卵孢子具厚壁，内含大量贮藏物质，一般需经过一定时期的休眠后才能萌发，具抵抗不良环境的作用。卵孢子通常呈浅黄色至深色，其面色主要与产生卵孢子基物的营养成分有关。卵孢子外有藏卵器包被。藏卵器壁大多光滑，少数有泡状突起，1 个藏卵器内包含 1 个卵孢子，藏卵器具柄，在藏卵器柄的着生处或附近着生有雄器。雄器单细胞，无色透明，近球形至圆筒形，围生或侧生。卵孢子经休眠后，遇适宜条件时萌发。营养丰富时卵孢子萌发产生的芽管直接发育成菌丝，低营养条件下芽管顶端形成孢子并释放游动孢子。

三、病害循环

马铃薯晚疫病病菌的最初侵染源是土壤中存活的致病疫霉菌和马铃薯种薯，在温度和湿度条件适宜的情况下，病原体经过一定时期的营养生长，分化出孢囊梗，并在顶端产生孢子囊，孢子囊萌发释放出游动孢子（图 2-14）。游动孢子经一定时期的游动、休止，鞭毛收缩形成细胞壁，转变为休止孢。萌发长出芽管，随各种媒介漂移。在存在自由水的情况下，休止孢萌发的芽管从气孔或表皮侵入组织，在寄主细胞间隙中发展成菌丝，以吸器伸进细胞内吸取养分，发育形成新的菌丝体。晚疫病病菌属于异宗配合卵菌，当两种不同类型的菌丝体（A_1和A_2）生长在一起，A_1交配型产生 α1 性激素，可诱导A_2菌株分化出藏卵器和雄器；A_2交配型产生 α2 性激素，可诱导A_1菌株分化出藏卵器和雄器。A_1和A_2交配型菌株一旦分化出藏卵器和雄器，单个菌株的雌

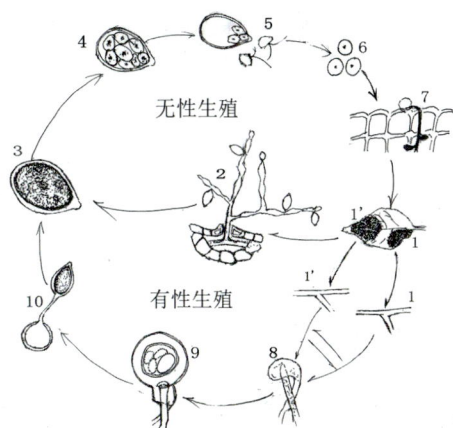

图 2-14　马铃薯晚疫病病菌繁殖过程

雄配子体可以交配产生可育的卵孢子。条件适宜的情况下，卵孢子开始发育，卵孢子壁出现，加厚。卵孢子壁内层来源于卵孢子内质原生体，外层来源于卵周体。发育成熟时，卵孢子出现一个卵质体。卵孢子通常需要一段时间的休眠才能萌发，萌发前长出芽管，芽管发育成菌丝，有时芽管顶端形成芽孢子囊。芽孢子囊进一步萌发，形成孢子囊，然后，与无性生殖过程相同，侵染植物组织，形成一个完整的有性世代。当卵孢子存在时，其能够在土壤中越冬，成为次年主要的初侵染源（图 2-15）。

→ 无性繁殖
→ 有性繁殖

图 2-15　马铃薯晚疫病病害循环

四、流行条件

马铃薯晚疫病病菌属于低温、高湿型病害，病菌喜日暖夜凉高湿的条件。相对湿度90%以上，19～22 ℃条件下，有利于孢子囊的形成，冷凉（10～13 ℃保持1～2 h）有水滴存在，孢子囊萌发产生游动孢子；温暖（24～25 ℃持续5～8 h）有水滴存在，孢子囊直接产出芽管。当条件适于发病时，病害可迅速暴发，从开始发病到田间枯死，最快不到15 d。此病在多雨年份容易流行成灾，忽冷忽暖，一般日暖而不超过24 ℃，夜凉而不低于10 ℃，多露、多雾或阴雨，相对湿度在90%以上时，有利于发病，病害极易流行。马铃薯现蕾开花阶段是晚疫病侵染发生与流行的重发期，贮藏期病菌通过病健薯接触，经伤口或皮孔侵入使健薯染病，窖内通风不好、湿度大，利于病菌扩展。

近年一些专家研究发现，马铃薯晚疫病可以在其生长各个时期发生，病害流行需要高湿、凉爽的环境条件。有时虽然中心病株出现，但由于天气干旱，空气干燥，相对湿度低于90%或不能连续超过90%，即不能形成流行条件，被侵染的叶片干枯后病菌不会蔓延造成大面积流行。晚疫病流行条件具体如下：

（1）品种的抗病性较差是马铃薯晚疫病的发生原因之一。马铃薯不同品种对晚疫病的抗病力有很大差异，一般株型直立、叶片具有茸毛的较抗病，积极选育和推广种植抗病品种是防治晚疫病的重要措施。

（2）种薯带菌。带菌的种薯播种后，病菌在土壤中扩散传播给其他植株，或通过耕作、雨水侵染其他植株，逐渐形成发病中心。病株上的孢子囊落到地面随水进入土壤，侵染块茎，使薯块感病。北方马铃薯主产区晚疫病的初侵染源主要是带菌的种薯，温室、大棚番茄发生的晚疫病，也可能成为当地马铃薯晚疫病的初侵染源。重茬种植使在土壤中和病残体上越冬的病原菌在第二年继续侵染马铃薯，也是马铃薯晚疫病发生流行的重要原因。地块选择不当、地势低洼、排水不良、土壤黏重的地块均有利于晚疫病的发生流行。

栽培管理不当，整地质量差，偏施氮肥，群体密度偏大，田间通透性差，管理粗放，植株长势瘦弱，种植者对马铃薯晚疫病为害认识不到位，忽视预防或错过预防时期等，也是马铃薯晚疫病发生流行的重要原因。

五、防治措施

1. 选用抗病品种

目前推广的抗病品种主要有中薯 3 号、克新 1 号、克新 13 号、克新 18 号、坝薯 10 号、冀张薯 3 号等多个脱毒品种，具有较强的抗病能力，晚疫病流行年受害较轻，在一定程度上可有效抑制晚疫病蔓延，这些品种可因地制宜选用。

2. 选用无病种薯，减少初侵染源

做到种薯收获后放于室内阴凉通风处摊开 2 ~ 3 d，使薯皮伤口愈合。贮藏前去掉块茎表面泥土，剔除病薯、畸形薯和受伤薯块，贮存在通风、干燥的室内，堆放厚度不超过 50 cm，表面用麻袋等不透明物遮盖。冬藏入窖、出窖、打破休眠、切块等过程中，每次都要严格剔除病薯，有条件的要建立无病留种地，进行无病菌薯块留种。播种前用药剂拌种，一般每 100 kg 种薯用 2.5%（咯菌腈）悬浮种衣剂 50 ml，均匀喷施在薯块表面。

3. 加强病害监测预警

通过建立不同区域气候模式的病害预测系统，增强防治马铃薯晚疫病的预见性和计划性，及时发布病情发展趋势，避免盲目施药，降低生产成本，减少化学药剂对环境的压力，提高防治工作的经济效益、生态效益和社会效益，使之更加经济、安全、有效。每年可针对当年气候状况和气象预报，确定马铃薯晚疫病防治的时期、重点区域、主推药剂等。在马铃薯现蕾前后要对田间仔细调查，查看有无病株出现。

4. 发现病株，及时报告，统一组织处理

对初发病区，只感染叶片的要摘除病叶，严重的要拔除病株，集中带出地外埋掉或烧毁。一般在相对湿度 90% 以上，最低气温不低于 7 ℃，最高气温不超过 30 ℃，持续时间在 10 h 以上的条件下，田间有可能出现中心病株（闵凡祥，2013）。中心病株出现后，如仍保持日暖夜凉高湿的天气，病害便会很快蔓延至全田。发现中心病株后应立即拔除，并在距发病中心 30 ~ 50 m 的范围内，每亩用 72% 霜脲锰锌可湿性粉剂 80 ~ 100 g 兑水，由外向内喷雾，封闭中心病区。中心病区处理后，及时进行全田加密喷药，控制病害发展蔓延。喷药时做到仔细周到、宁重毋漏，喷药人员出地走同一条路线，随退行随喷药，出地后对鞋、裤喷药消毒，防止人为传播菌源。

5. 加强栽培管理

选择土质疏松、排水良好的地块，降雨后及时排水，以降低田间湿度，创造不利

于病害发生的环境条件，有效控制病害的发生和流行。适期早播，促进植株健壮生长，增强抗病能力。改平作为起垄种植，合理密植，可有效改善田间小气候，增强通风透光性。中耕培土 2 ~ 3 次，避免块茎裸露，可减少游动孢子囊对块茎的侵染。

6. 实施统防统治，提高防治效果

坚持以防为主、防治结合、统防统治的原则，分期全面防控马铃薯晚疫病。苗期在齐苗后，当苗高 15 cm 左右时，应用保护性杀菌剂，每亩选用 75% 代森锰锌可湿性粉剂 150 g 兑水 40 L 喷防；现蕾期应用保护加治疗药剂，每亩可选用 58% 甲霜灵＋锰锌可湿性粉剂 100 g 或 72% 霜脲＋锰锌可湿性粉剂 100 g；花期每亩可选用 69% 烯酰＋锰锌（安克锰锌）可湿性粉剂 100 g，或 72.2% 霜霉威＋盐酸水剂 50 ~ 60 ml，间隔 7 d 防治 1 次，连喷 2 ~ 3 次（王云龙，2014）。如马铃薯晚疫病大面积发生，用药剂量上可增加 15%。为减少抗药性，可多种药剂交替使用。

7. 马铃薯"一喷三防"措施

马铃薯现蕾后，若早疫病、晚疫病、二十八星瓢虫等病虫害混合发生，应用"一喷三防"技术统防统治，即采用杀菌剂、杀虫剂、微肥混合喷施，一次施药兼治多种病虫害，降低防控成本，达到节药、防病、防虫、防早衰之目的。杀虫剂每亩可选用 4.5% 高效氯氰菊酯乳油 25 ml 或 10% 吡虫啉可湿性粉剂 30 g。杀菌剂每亩可用 72% 霜脲＋锰锌可湿性粉剂 100 g 或 58% 甲霜灵＋锰锌可湿性粉剂 100 g 或 69% 烯酰＋锰锌可湿性粉剂 100 g 或 43% 戊唑醇悬浮剂 10 ml，微肥加入 99% 可溶性磷酸二氢钾 100 g，兑水 40 L 混合喷雾，安全间隔期 10 d 以上。

第四节　马铃薯镰刀菌干腐病

马铃薯镰刀菌干腐病是贮藏和播种期最主要的块茎病害之一。据报道，因马铃薯镰刀菌干腐病导致窖贮的损失率高达 60%，该病害广泛存在于世界各马铃薯种植区。

一、症状

在贮藏和准备播种期间，种薯的切面是主要的侵染点，机械伤或其他创伤是贮藏期主要的侵染点。马铃薯块茎贮藏时间为 1 个月时，块茎伤口上的病斑呈可见的小褐色斑，随着病原菌慢慢侵染，病斑上面的表皮下陷和皱缩，当被侵染的组织干枯时，一般形成同心环（图2-16）。含有菌丝和孢子的孢子座，可以从死亡的皮层上突出，腐烂的块茎皱缩并变成干腐。内部坏死的部分变褐，从淡黄褐色至暗栗褐色；色浅时，具有发展且模糊的边缘（图2-17）；较暗时，边缘明显。较老的发病块茎呈现多种颜色，形成以菌丝孢子为边缘的洞穴，发病块茎僵硬萎缩或呈干腐状，不可食用。

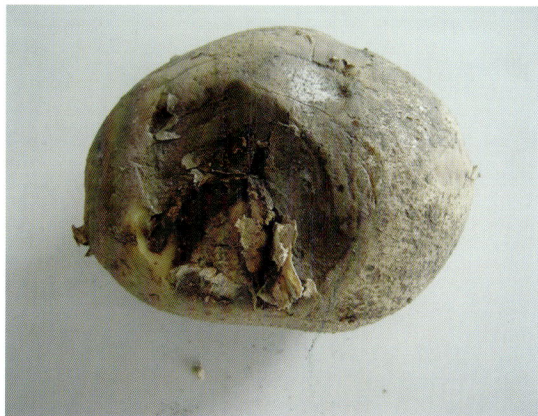

图2-16 马铃薯镰刀菌干腐病块茎症状

当贮藏相对湿度达到95%以上时，软腐病菌常常是通过镰刀菌病斑侵染块茎并使块茎迅速腐烂的，病斑合并，发出难闻的臭味，变成黑色黏稠状物。在田间低温湿润的土壤里，播种的块茎经常被继发性病原物侵入，当一些镰刀菌单独或与软腐病菌复合侵染时，种薯切块部分全部腐烂，腐烂从表面向内部扩展；当病斑发展时，芽眼被破坏，被侵染种薯块茎萎缩，被侵染切块的凹斑可能不明显，病斑表面呈褐色，下面的坏死组织有较小的洞穴（图2-18）。坏死组织可以吸引土壤里的昆虫，如谷物种蝇，以及其他欧氏杆菌的媒介昆虫。复合侵染块茎，导致出苗后的植株大小悬殊，或严重缺苗断垄。较小植株出苗后，生长缓慢，并且黑胫病发病率高。

图2-17 马铃薯镰刀菌干腐病切开块茎症状

图2-18 马铃薯镰刀菌干腐病播种时的腐烂症状

二、病原物

马铃薯干腐病是由镰刀菌引起的，据统计，世界上引起马铃薯干腐病的病原有 10 种之多，不同国家或地区镰刀菌的种类不同。东北区域主要类型为拟枝孢镰孢（*Fusarium. sporotrichioides*）、茄病镰孢（*F.solani*）、接骨木镰孢（*F. sambucinum*）、拟丝孢镰孢（*F. trichothecioides*）、燕麦镰孢（*F.avenaceum*）和茄病镰孢变种（*F. solani var.*coeruleum）等 6 种类型。

茄病镰孢变种每天生长 3 cm，在马铃薯蔗糖琼脂（potato saccharose agar，PSA）培养基上气生菌丝薄绒状，白色、灰色至淡蓝色，间有苍绿色分生孢子座或黏孢团，初看像青霉菌污染，实为大型分生孢子堆，培养至此阶段小孢子很少，基物表层肉色至蓝色，培养基不变色。病原菌形态特征为小型分生孢子在基物生长初期数量多，后期少，卵形、肾形，无隔或偶有 1 隔，大小为（10.0 ～ 20.0）μm×（3.7 ～ 50.0）μm。大型分生孢子马特型，相似于茄病镰孢，多数 3 ～ 5 隔，大小为（27.0 ～ 50.0）μm×（3.5 ～ 5.7）μm。厚垣孢子球形，单生、对生或串生，直径 7 ～ 10 μm。产孢细胞在菌丝上形成的多为很长的单瓶梗，（62 ～ 200）μm×（3 ～ 4）μm；在分生孢子座上产孢细胞分枝多，有长有短，报道该病原菌能产生毒素（图 2-19）。

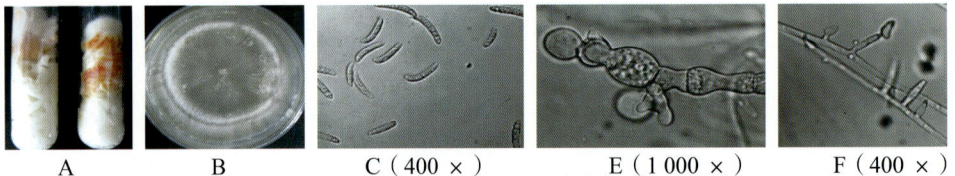

A　　　　　B　　　　　C（400 ×）　　　　E（1 000 ×）　　　　F（400 ×）

图 2-19　茄病镰孢变种培养性状和形态学特性

茄病镰孢每天生长 2.5 ～ 4.5 cm，在 PSA 培养基上气生菌丝薄绒状，白色至浅灰色，间有土黄色分生孢子座，基物表层肉色至淡蓝色，培养基不变色。在 Bilai's 上气生丝稀少，白色，间有土黄色分生孢子座。在米饭上白色至淡咖啡色。病原菌形态特征为小型分生孢子数量多，卵形、肾形，壁较厚，大小为（8.0 ～ 16.0）μm×（2.5 ～ 4.0）μm。大型分生孢子较胖，马特型，即孢子最宽处在中线上部，两端较钝，顶胞稍尖，基胞有圆形足跟，壁较厚，2 ～ 8 隔，大小为（10.0 ～ 74.3）μm×（3.0 ～ 7.0）μm。产孢细胞在气生菌丝上长出的为长筒形单瓶梗，长可达 200 μm 以上，少分枝。在分生孢子座上长出的分枝多，成簇，长短不一，但总有长的梗，这可区别于尖孢镰孢的产孢细胞，后者是短的单瓶梗。厚垣孢子多，圆形，壁光滑或粗糙，在菌丝或孢子顶端或中间单生、对生，直径 6 ~ 10 μm。有性阶段子囊壳橘黄色，近圆形，直径 100 ~ 210 μm。子囊棍棒形，内含 8 个子囊孢子。子囊孢子无色，椭圆形，具 1 分隔，分隔处稍缢缩，大小为（9.3 ~ 15.0）μm×（6.0 ~ 8.0）μm。能产毒（图 2-20）。

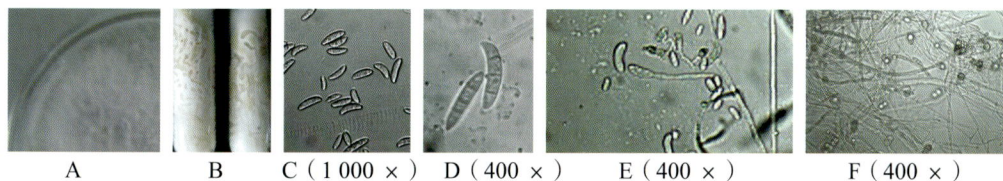

A　　B　　C（1 000 ×）　　D（400 ×）　　E（400 ×）　　F（400 ×）

图 2-20　茄病镰孢培养性状和形态学特性

拟枝孢镰孢每天生长 2.5 ~ 5.0 cm，在 PSA 培养基上气生菌丝棉絮状，后有粉状，初白色至玫瑰色，后变锦葵红，间有浅驼色，基物表面石竹紫，基物无色至淡黄色。在 Bilai's 培养基上菌丝少，轮状，白色至肉色，在米饭上黄色至石竹紫。病原菌形态特征为小型分生孢子多，瓜子形、椭圆形、纺锤形等，0 ~ 2 隔，大小为（5.8 ~ 20.0）μm×（2.8 ~ 4.0）μm。大型分生孢子纺锤形或稍弯成镰刀形，顶胞楔形，基部楔形或有足跟，2 ~ 6 隔，多数 3 隔，大小为（15.0 ~ 44.2）μm×（3.0 ~ 6.0）μm，多数（20 ~ 35）μm×（3 ~ 4）μm。厚垣孢子球形，串生或单生，直径 7 ~ 10 μm。产孢细胞复瓶梗或呈多芽生（图 2-21）。

燕麦镰孢每天生长 2.1 ~ 3.8 cm，在 PSA 培养基上气生菌丝绒状至棉絮状，草珠红色为主，夹有土黄色，基物表面苋菜红，培养基无色，有的菌株长粉红色黏孢团。在 Bilai's 培养基上菌丝白，基物表面淡红，在米饭上枣红色至黄色。病原菌形态特征为小型分生孢子偶见，长圆筒形，大小为（21 ~ 27）μm×（2 ~ 4）μm。大型分生孢子外形细长，略弯，两端渐尖，基胞足跟明显或不明显，3 ~ 8 隔，多数 5 隔，大小为（28 ~ 100）μm×（2.5 ~ 5.0）μm，多数（34.0 ~ 80.0）μm×（3.5 ~ 4.0）μm。产孢细胞多为单瓶梗，在分生孢子座上多分枝，在早期培养中偶见复瓶梗（图 2-22）。

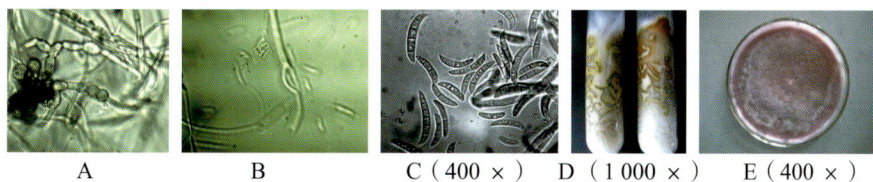

A　　B　　C（400 ×）　　D（1 000 ×）　　E（400 ×）

图 2-21　拟枝孢镰孢培养性状和形态学特性

接骨木镰孢每天生长 2.0 ~ 3.4 cm，在 PSA 培养基上气生菌丝状，初期白色至玫瑰红，后变枣红色，有时长黏孢团，基物表面黄色至枣红色，基物无色。在 Bilai's 上菌丝少，白色至米色，有橘黄色黏孢团。在米饭上米色至浅驼色，间有枣红色。病原菌形态特征为小型分生孢子。大型分生孢子新月形，弯曲，较短，孢子背部弧形，腹部较平，两端较尖，顶部类似长三角形或稍弯，基胞足跟明显或不明显，分隔清楚，3 ~ 6 隔，大小为（20.0 ~ 45.0）μm×（3.5 ~ 5.0）μm，多数 3 隔，大小为（20.0 ~ 35.0）μm×（3.5 ~ 5.0）μm。厚垣孢子球形，直径 5 ~ 10 μm，产孢细胞单瓶梗，在分生孢子座上簇生，多分枝，在菌丝上单生。和黄色镰孢的区别是接骨木镰孢的孢子较小，顶胞较窄和弯曲较明显，可产生毒素（图 2-23）。

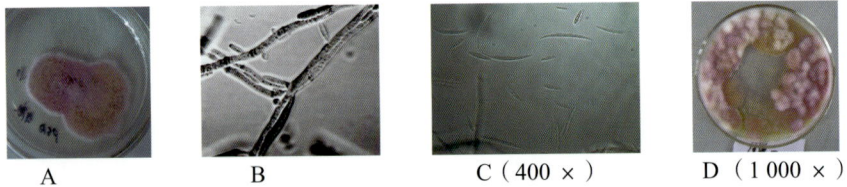

A　　　B　　　C（400×）　　　D（1 000×）

图 2-22　燕麦镰孢培养性状和形态学特性

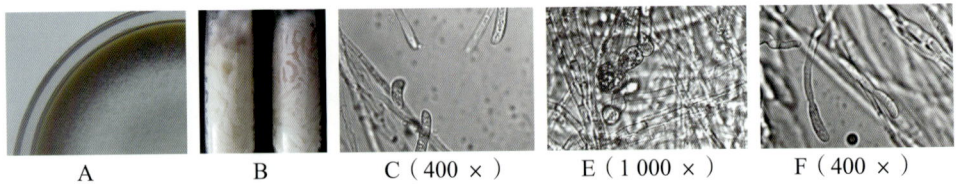

A　　　B　　　C（400×）　　　E（1 000×）　　　F（400×）

图 2-23　接骨木镰孢培养性状和形态学特性

拟丝孢镰孢每天生长 2 ~ 3 cm，在 PSA 培养基上气生菌丝薄绒状，肉色，甘草黄色至淡咖啡色，有蜜黄色分生孢子座，培养基表面蜜黄色，基物无色，培养基后期长墨绿色小菌核，直径 1 mm 左右。在 Bilai's 培养基上菌丝少，白色，有蜜黄色分生孢子座。米饭上玫瑰粉色。小型分生孢子未见。大型分生孢子镰刀形，比较短胖，背部弧形，腹部较平，顶胞三角形略弯，基胞楔形或乳突状，1 ~ 5 隔，多数 3 ~ 5 隔，大小为（17 ~ 32）μm×（4 ~ 7）μm。后垣孢球形、椭圆形，直径 10 ~ 15 μm，产孢细胞单瓶梗（图 2-24）。

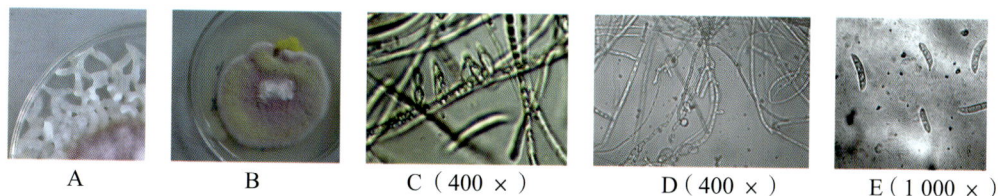

图 2-24　拟丝孢镰孢培养性状和形态学特性

注：“A”是 PSA 培养基上镰刀菌菌落形态；“B”是在米饭培养基上菌落形态；“C”是大型分生孢子显微镜下形态；“D”是小型分生孢子显微镜下形态；“E”是厚垣孢子显微镜下形态；“F”是产孢细胞显微镜下形态。

三、病害循环

镰刀菌在田间土壤中存活多年。病原菌通常在块茎表面繁殖生长，块茎表面病原菌通过接触马铃薯贮藏工具存活于其表面，通过运输、切种过程导致伤口侵入块茎。被侵染的块茎进一步腐烂，污染土壤。在被污染的土壤中，病原菌又附着在被收获的块茎表面。

四、流行条件

不同品种的马铃薯块茎对腐皮镰刀菌和粉红镰刀菌感病性不同。据研究显示，没有品种对两个病原物完全免疫，某些品种对两者表现耐病性。收获时，块茎对病原物侵染表现耐病。在贮藏期间感病性提高，约在早春种植时期达到高峰。伤口愈合能够减少侵染。在细胞壁中的木栓质沉淀不能阻止侵染，可是伤口的表皮层可以阻止侵染。在 21 ℃充足的通风和湿度条件下，伤口的表皮层可在 3 ~ 4 d 愈合完毕。但是在较低的温度下，愈合速度放慢。在 15 ℃时，侵染条件较为适宜，形成伤口表皮层的时间大约需要 8 d；在 15 ℃或更低的温度下，伤口愈合根本没有效果。

当相对湿度较高以及温度达 15 ~ 20 ℃时，干腐病发展最迅速。相对湿度约 70% 时，不影响腐烂的发展速度。可较低的温度就会阻碍病原物侵染和病害发展。在马铃薯最低的安全温度下，该病害继续发展。

如果土壤的温度和湿度对马铃薯迅速萌芽和出苗是合适的，播种后的种薯或芽块则不致造成腐烂。在块茎被切芽块前，把冷的种薯放在 20 ~ 25 ℃的条件下存放 1 周，可减少腐烂和促进芽的生长。在种植前或播种到土壤中时，被污染的芽块遇到低温或干燥的条件，持续几天或几周，植株生长将受到严重的危害。播种后土壤过湿，将增加欧氏杆菌的继发性侵染。

五、防治措施

（1）及时清除病株残体。

（2）马铃薯入窖前，需将窖内清扫干净，可用咯菌腈喷雾，并用硫黄粉熏蒸消毒。

（3）马铃薯入窖时，应剔除病、伤、虫咬的块茎，并在阴凉通风处堆放 3 d 左右，使块茎表面水分充分蒸发，伤口愈合再入窖。

（4）窖期管理：窖内保持通风干燥，窖温控制在 1 ~ 4 ℃，发现病烂薯及时汰除。

（5）适时灌溉，生长后期注意排除田间积水，降低田间湿度。

（6）收获时避免伤口，收获后对病薯进行汰除，健薯充分晾干后再入窖，严防碰伤。

（7）种薯切块后，采用杀菌剂包衣，伤口愈合后，立即播种在温暖和湿润的土里，促进快速出苗。

（8）用未污染的容器和工具运送、播种马铃薯种薯。

第五节　马铃薯镰刀菌枯萎病

马铃薯镰刀菌枯萎病是致病性尖孢镰刀菌（*F. oxysporum*）寄生引起的一种土传性真菌病害，其分布范围广，为害严重。病原菌从根部为害马铃薯植株，引起维管束坏死，造成植株枯萎。该病在很多地区已有发生，部分区域发生程度相当严重。据报道，在马铃薯种植区，枯萎病的平均发病率为25% 左右，严重地块发病率高达 70% ~ 80%。马铃薯枯萎病的为害日益严重，不仅导致马铃薯减产、商品性下降，更成为中国马铃薯产业持续发展的制约因素。

一、症状

马铃薯镰刀菌枯萎病发病后，地上部表现为植株萎蔫枯死（图 2-25）。发病初期，下部叶片表现为垂萎，特别是中午或强光下更为明显，而清晨和傍晚可恢复正常；随着病情的发展，叶片由下而上逐渐萎蔫枯死，剖开根茎部可见维管

图 2-25　马铃薯镰刀菌枯萎病植株症状

束变褐色或黑褐色；切开染病的块茎，维管束呈虚线状褐变（图 2-26），湿度大时，病部常产生白色至粉红色菌丝。田间一般在马铃薯花期开始表现症状。

图 2-26　马铃薯镰刀菌枯萎病切开后植株症状

二、病原物

马铃薯镰刀菌枯萎病病原称尖镰孢菌（*F. oxysporum* Schlecht.），属半知菌亚门真菌。子座灰褐色，大型分生孢子在子座或黏分生孢子团里生成（图 2-27），镰刀形，弯曲，基部有足细胞，多为 3 个隔膜，大小为（19.0 ~ 45.0）μm×（2.5 ~ 5.0）μm，5 个隔膜的大小为（30.0 ~ 60.0）μm×（3.5 ~ 5.0）μm。小型分生孢子有 1 ~ 2 个细胞，卵形或肾脏形，大小有（5.0 ~ 26.0）μm×（2.0 ~ 4.5）μm，多散生在菌丝间，一般不与大型分生孢子混生。厚垣孢子球形，平滑或具褶，大多单细胞，顶生或间生，大小为 5 ~ 15 μm。该菌还可侵染番茄、球茎茴香、甜瓜、草莓等。据 Rakhimov 和 Khakimov 报道，马铃薯枯萎病是由镰刀菌的 5 个不同种引起的，即茄病镰刀菌（*F. solani*）、夹孢镰刀菌（*F. oxysporum*）、串珠镰刀菌（*F. moni-liforme*）、雪腐镰刀菌（*F. nivale*）、接骨木镰刀菌（*F. sambucinum*）。

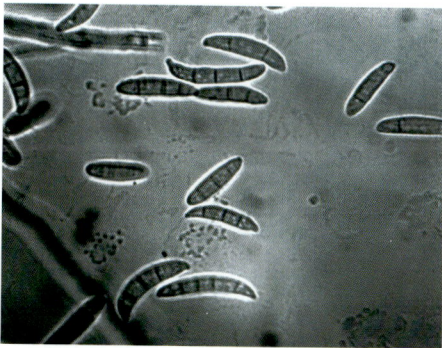

图 2-27　马铃薯镰刀菌枯萎病病原菌孢子

三、病害循环

马铃薯枯萎病病菌的菌丝和厚垣孢子均可越冬，病残体、病薯以及土壤为越冬场所。翌年，在田间湿度大、土温高于 28 ℃的条件下，病原菌萌发产生菌丝，菌丝先附着在根毛上，从根毛进入根后，接着从根外表皮侵入，然后产生毒素，这些毒素损伤寄主植物根部，降低根的活力，为病原菌以后的定殖打下基础。紧接着尖孢镰刀菌分泌降解酶类来降解细胞壁，使果胶等堵塞导管，导致植物萎蔫，最终致死。虽土壤带菌和病薯带菌均能引起马铃薯枯萎病，但土壤带菌是主要的初侵染源。该病一般在开花前后表现症状，下层叶片最先表现出萎蔫，清晨和傍晚萎蔫状可恢复；随后上层叶片逐渐表现出萎蔫，最终导致马铃薯整株萎蔫枯死，剖开茎秆可见维管束变褐；侵染块茎后，切开病薯脐部可见维管束呈褐色虚线状（图 2-28）。地势较低，土质黏重，雨后易积水，种植密度过大，田间通透性差，管理粗放，缺肥缺水，植株长势差，发病重。

图 2-28　马铃薯镰刀菌枯萎病切开后脐部症状

四、防治措施

（1）与禾本科作物或绿肥作物等进行 4 年轮作。

（2）建立无病种薯田，生产无病种薯，通过消灭初侵染源，根治马铃薯枯萎病，但在实际农事操作中几乎做不到。

（3）适当的农业措施也可降低马铃薯枯萎病的发病率，选择地势较平坦、不易积水的地块进行栽培，垄覆膜栽培，合理密植，避免田间积水，雨后及时排除田间积水，合理施肥，可显著提高马铃薯的抗病能力。研究发现，合理增施尿素可以降低马铃薯枯萎病的发病率。收获后及时清除田间病残体。

（4）可用阿米西达 3 000 ～ 5 000 倍液或咯菌腈悬浮种衣剂 4 000 ～ 5 000 倍液，噻菌灵或多菌灵 500 ～ 600 倍液于种植扦插苗前处理根系及茎基部。在定植、移苗或换盆后使用阿米西达 3 000 ～ 5 000 倍液或咯菌腈 4 000 ～ 5 000 倍液灌根处理一次。在植株营养生长的中后期，每隔 14 ～ 21 d 使用阿米西达 3 000 ～ 5 000 倍液和咯菌腈 4 000 ～ 5 000 倍液轮换灌根 2 ～ 3 次，即可有效防治镰刀菌枯萎病的为害。

第六节　马铃薯粉痂病

马铃薯粉痂病 [*Spongospora subterranea*（Wallr.）Lagerh.] 是马铃薯主要土传病害之一，主要为害马铃薯的块茎和根部。

一、症状

马铃薯粉痂病主要为害块茎及根部，有时茎也可染病。块茎染病，初在表皮上现针头大的褐色小斑，外围有半透明的晕环，后小斑逐渐隆起、膨大，成为直径 3 ~ 5 mm 不等的"疤斑"，其表皮尚未破裂，为粉痂的"封闭疤"阶段。后随病情的发展，"疤斑"表皮破裂、反卷，皮下组织现橘红色，散出大量深褐色粉状物（孢子囊球），"疤斑"下陷呈火山口状，外围有木栓质晕环，为粉痂的"开放疤"阶段（图 2-29）。染病于根的一侧长出豆粒大小单生或聚生的瘤状物。

图 2-29　马铃薯粉痂病块茎症状

二、病原物

粉痂病"疤斑"破裂散出的褐色粉状物为病菌的休眠孢子囊球（休眠孢子团），由许多近球形的黄色至黄绿色的休眠孢子囊集结而成，外观如海绵状球体，直径 19 ~ 33 μm，具中腔空穴。休眠孢子囊球形至多角形，直径 3.5 ~ 4.5 μm，壁不太厚，平滑，萌发时产生游动孢子。游动孢子近球形，无胞壁，顶生不等长的双鞭毛，在水中能游动，静止后成为变形体，从根毛或皮孔侵入寄主内致病。游动孢子及其静止后所形成的变形体成为本病初侵染源。

三、病害循环

病菌以休眠孢子囊球在种薯内或随病残物遗落在土壤中越冬，病薯和病土成为翌年本病的初侵染源。病害的远距离传播靠种薯的调运，田间近距离传播则靠病土、病肥、灌溉水等。休眠孢子囊在土中可存活 6 年，当条件适宜时，萌发产生游动孢子，游动孢子静止后成为变形体，从根毛、皮孔或伤口侵入寄主；变形体在寄主细胞内发育，分裂为多核的原生质团；到生长后期，原生质团又分化为单核的休眠孢子囊，并集结为海绵状的休眠孢子囊球，充满寄主细胞内。病组织崩解后，休眠孢子囊球又落入土中越冬或越夏。

四、流行条件

初侵染源主要来自带有休眠孢子囊的土壤或块茎。在侵染初期，冷凉、潮湿的土壤和而后逐渐变成干燥的土壤等条件，适合病原菌侵染马铃薯块茎和根。粉痂病休眠孢子囊在土壤里可以存活 6 年。在温度 16 ~ 20 ℃时，被侵染的块茎和根发展成瘿瘤，至少需要 3 周时间。粉痂病在田间发生的条件为，土壤 pH 值为 4.7 ~ 7.6。研究显示，化学肥料对粉痂病发病率的影响是微乎其微的。但是，在土壤中增加硫或氧化锌能减弱粉痂病的严重度。近来的研究表明，往土壤里增施硫或氧化锌能降低粉痂病的数量。有研究表明，休眠孢子通过动物的消化道仍然可以存活。马铃薯粉痂病病菌是帚顶病毒的传播媒介。因此，防治粉痂病能同时降低帚顶病毒发病率。

五、防治措施

（1）使用抗病品种，但生产中没有完全对粉痂病免疫的品种。

（2）严格执行检疫制度，对病区种薯严加封锁，禁止外调。

（3）根据气候和土壤条件，进行 3 ~ 10 年的轮作。

（4）种植无病种薯，把好收获、贮藏、播种关，剔除病薯，必要时可用 2% 盐酸溶液或 40% 福尔马林 200 倍液浸种 5 min，或用 40% 福尔马林 200 倍液将种薯浸湿，再用塑料布盖严闷 2 h，晾干播种。

（5）增施基肥或磷钾肥，多施石灰或草木灰，改变土壤 pH 值。加强田间管理，提倡高畦栽培，避免大水漫灌，防止病菌传播蔓延。

第七节 马铃薯银色粗皮病

马铃薯银色粗皮病大概在所有主要的马铃薯种植区域都有发生。

图 2-30 马铃薯银色粗皮病块茎症状

一、症状

马铃薯银色粗皮病初期病斑小，局部发生，淡褐色，圆形，具有不明显的边；逐渐扩展，最后覆盖大部分块茎。被侵染的部分有明显的银色光泽，特别是在表面潮湿的时候。颜色可以随着老化变深。如果块茎表面大部分被侵染，贮藏时将因过度失水而皱缩（图 2-30）。表皮红色的品种可以失去颜色。黑点和银色粗皮病在块茎表面上可以产生相同的危害。有的银色粗皮病斑的边缘比较清楚，并常常由于分生孢子梗和分生孢子的形成而呈烟霉状，银色粗皮病斑没有菌核。

二、病原物

茄长蠕孢 [*Helminthosporium solani* Dur. & Mont.（异名 *Spondylocladium* atrovirens Harz.）]，菌丝体无色，有隔膜，分枝，随着老化变成褐色。分生孢子梗不分枝，分隔，从细胞末端轮生分生孢子。分生孢子大小为（7 ~ 8）μm×（18 ~ 64）μm，可多到 8 个隔膜，暗褐色，基部圆形，末端尖。

三、病害循环

该菌的传播大部分来自被侵染的种用芽块，少部分由土壤传播。在起薯之前，侵染通过皮孔和皮层发生。菌丝体仅在皮层里的细胞间和细胞内扩展。

四、流行条件

病害发展需要较高的湿度。成熟的块茎在土壤里保持较长时间，使病害变得更严重。侵染最低的条件是 3 ℃和 80% 的相对湿度。病害在贮藏期继续加重，如果块茎保持在较高的相对湿度和较高的温度条件下，侵染可进一步发展。幼嫩病斑比老病斑形成更多的孢子。一些品种较其他的品种更易感病。

五、防治措施

（1）用无病的种薯，或用苯菌灵处理种薯。

（2）块茎成熟时及时收获。

（3）用温暖的空气加强贮藏区的通风，使块茎变干。在低温下贮藏块茎，要使伤口愈合，避免其他贮藏病害。

第八节　马铃薯黄萎病

马铃薯黄萎病（*Verticillium wilt*）又称"早死病"或"早熟病"，在全世界温带地区广泛分布，主要是由大丽轮枝菌（*Verticillium dahliae* Kleb.）和黑白轮枝菌（*Verticillium alboatrum* Reinke & Berth）引起的典型的土传兼种传维管束真菌性病害。其病菌可在土壤中持久存在，又可随种子调运而远距离传播，引起系统性侵染，使马铃薯整株带病，最终导致马铃薯病株早期死亡，因病减产 40% ~ 60% 不等，严重影响马铃薯的高产、稳产和经济效益。该病菌寄主范围较广，除了对马铃薯有较强致病力外，还可侵染大豆、棉花、苜蓿、番茄和三叶草等多种植物，引发黄萎病，对农业生产具有较大危害。

一、症状

马铃薯黄萎病在植株上的症状表现为下部叶片发病，自下而上逐渐发展，发病初期由叶尖沿叶缘变黄，从叶脉向内黄化，病叶叶脉及附近叶肉仍表现为绿色，后由黄变褐干枯，但不卷曲，直到全部复叶枯死，不脱落（图 2-31 至图 2-34）。病叶呈"西瓜叶状"或"鸡爪状"病斑。在炎热和阳光充足的天气条件下，地下根茎染病初症状不明显，当叶片黄化后，削一个长而斜的切口，切口维管束变成淡褐色，后地上茎的

图 2-31　马铃薯黄萎病植株叶片症状

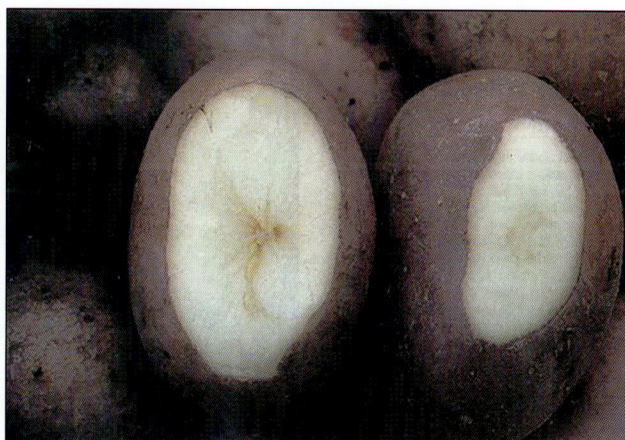

▲ 图 2-32　马铃薯黄萎病块茎症状

◀ 图 2-33　马铃薯黄萎病植株茎部症状

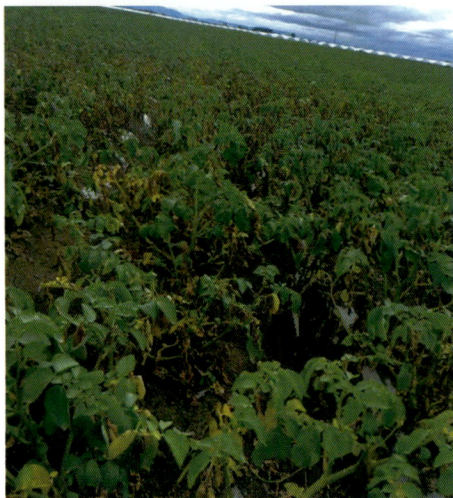

图 2-34　马铃薯黄萎病全田症状

维管束也变成褐色。通常，叶片常在复叶一侧和植株一侧黄化，另一侧颜色正常，农民俗称"半身不遂"。块茎染病始于脐部，维管束变浅褐色至褐色，纵切病薯可见"八"字半圆形变色环。严重的维管束变色，通过块茎可以扩展到茎的髓部，变色的维管束长的达 1 m 以上。在严重被侵染的块茎里可形成洞穴；粉红或棕褐色变色可以绕芽眼发展，或在被侵染的块茎表面形成不规则的斑点，这种症状易与中等病情的晚疫病相混淆。

二、病原物

能够为害马铃薯引起黄萎病的病原有 6 种，分别为黑白轮枝菌（*Verticillium alboatrum* Reinke & Berth）、大丽轮枝菌（*Verticillium dahliae* Kleb.）、非苜蓿生轮枝菌（*V. nonalfalfae* Inderb.）、云状轮枝菌（*V. nubilum Pethy*-bridge）、三体轮枝菌（*V. tricorpus* Isaac）和变黑轮枝菌（*V. nigrescens*）。其中，大丽轮枝菌和黑白轮枝菌对马铃薯为害最重，是马铃薯黄萎病的主要病原，还是我国重要的植物检疫对象。其他 4 种病原菌在马铃薯生长期或贮藏期营弱寄生或腐生生活，对马铃薯的为害相对较小。

大丽轮枝菌为土传植物病原真菌，根据该病原菌在马铃薯葡萄糖琼脂（potato dextrose agar，PDA）固体培养基中所形成的菌落特征，将大丽轮枝菌分成 3 种培养型：菌核型、菌丝型和中间型。①菌核型的特征：菌落中央为白色的气生菌丝团，菌丝体较致密，通常为绒毛状或棉絮状，白色气生菌丝团周围为布满基质内的黑色微菌核，菌落由中央向四周发散辐射状条纹，基质内分生孢子数量较多；②菌丝型特征：菌落表面为质地较硬的白色菌丝团，菌丝均为致密绒毛状，且颜色较均一，菌落底部一般为淡褐色，无由中央向四周发散的辐射状条纹，分生孢子数量中等；③中间型特征：该类型的大丽轮枝菌菌落形态通常介于菌核型和菌丝型之间，菌落表面为灰白色的菌丝团，菌丝团较致密，呈葡萄状或棉絮状，菌落底部为黑色，通常具有辐射状条纹，孢子数量中等，微菌核数量较少。大丽轮枝菌生活史可分为三个阶段：休眠期、寄生期和腐生期。休眠期是指大丽轮枝菌与寄主分离，主要以菌丝体、孢子和微菌核形式在土壤中生存。寄生期是指大丽轮枝菌遇到合适的寄主时，孢子或微菌核萌发产生菌丝体，由寄主根尖或下胚轴侵入根部，通过表皮层进入维管束，并产生分生孢子，分生孢子再随蒸腾流扩展到植株各个部位。腐生期是指大丽轮枝菌侵染至寄主各个组织器官中，植株叶片出现黄萎症状，如叶片脱水、失绿，甚至导致寄主死亡。病原菌在这个时期会产生大量厚垣孢子，形成微菌核，并随植物残体埋入土壤，开始下一个生活史。由此可见，微菌核、厚垣孢子和黑色菌丝体在大丽轮枝菌对寄主的侵染和长期存活过程中起至关重要作用。

黑白轮枝菌在 PDA 培养基上形成的菌落为乳白色，致密，平铺，气生菌丝发达，边缘整齐，2 ~ 3 周后菌落中部背面为灰黑色（因产生暗色休眠菌丝），2 周时菌落直径达 4.5 ~ 5.5 cm。营养体为有隔菌丝，菌丝直径 2 ~ 4 μm，透明或浅色，胞壁较薄；初次从感病植株分离至人工培养基上培养时，可产生黑色菌丝束，即菌丝膨大，胞壁增厚，形成念珠状的暗褐色休眠菌丝，有时暗褐色休眠菌丝可集结而形成瘤状菌丝结，但不产生微菌核。在寄主上产生的分生孢子梗可分枝，有横隔膜，基部 1 ~ 3 个细胞处细胞壁加厚，颜色较深但透明，略膨大，基部宽 4 ~ 8 μm，向上渐细至 3 ~ 4 μm 宽，长 100 ~ 300 μm；梗上通常有 2 ~ 3 层轮生的产孢细胞，偶有 7 ~ 8 层，每层间隔 30 ~ 40 μm，每轮有 1 ~ 5 个小分枝，即产孢细胞，多为 3 ~ 4 个。产孢细胞瓶状，直或微弯，基部有隔膜，3 ~ 4 μm 宽，向上顶端渐细至 1 μm 宽，24 ~ 32 μm 长；末端的产孢细胞长 30 ~ 46 μm。黑白轮枝菌分生孢子梗基部会形成放射状、暗色菌丝体，此为其独有特征，但人工培养基多次转接后此特征易消失，且分生孢子梗会略微变长变窄。分生孢子于产孢细胞顶端连续产生，聚集形成易散的孢子球，分生孢子单胞无色，长卵圆形，第一次形成的大小为（6.0 ~ 12.0）μm×（2.5 ~ 3.0）μm，后因产孢量的增加，孢子略微变小，为（3.0 ~ 7.0）μm×（1.5 ~ 3.0）μm，偶有 1 个横隔。

三、病害循环

该病属于典型的土传维管束病害。病原菌主要以带病种薯、带病种薯包装物及病土进行远距离传播，雨水和灌溉水都能近距离传播。病菌以休眠菌丝和菌核在土壤中、病残体及薯块上越冬。翌年条件适宜，通过根毛、伤口、枝条和叶片进行侵染。侵入后的菌丝在细胞内和细胞间向木质部扩展。分生孢子进入维管束内可大量繁殖，并随液流迅速向上向下扩展至全株，导致萎蔫，并使组织中毒变褐色。病原菌可以在数小时萌发，产生分生孢子。

四、流行条件

黑白轮枝菌一般比大丽轮枝菌更易致病，温暖的土壤条件（22 ~ 27 ℃）有利于大丽轮枝菌的生长，黑白轮枝菌在较低的温度（16 ~ 27 ℃）下有较强的致病性。作物轮作影响土壤内接种体的繁殖，三年轮作可有效地减少土传接种体。当轮作中包括谷物、其他禾本科和豆类时，接种体自然减少。当马铃薯连续种植几年，或与易感染的作物轮作，土壤中的接种体增加，从而提高轮枝菌黄萎病的发病率，是病害发生流行的重要因素。

田间土壤里的接种物，或黏附在马铃薯块茎表面的被污染的土壤，在导致萎蔫病症状方面，比来自维管束变色的种用块茎的接种物更重要。自相矛盾的是，有时带有维管束变色的种用块茎，经常产生没有萎蔫的、生长茂盛的植株，而且与没有维管束变色的一样健康。接种物通过污染的土壤黏附在块茎上而进行远距离的传播，通过污染的工具或灌溉水，从一块地传播到另一块地。接种物还可以通过气流传播，或通过根的接触，从一株传到另一株。

五、防治措施

（1）选育抗病品种。选种时剔除带病种薯，选择脱毒无病种薯进行栽培，在切种时，要用酒精对切刀进行消毒。

（2）重视生物有机肥的使用，使用基肥时每亩地施用有机肥以改良土壤，抑制土壤中有害菌的滋生和繁殖，减少土传病害的发生。

（3）播种前进行拌种处理，马铃薯切块完成后放置在阴凉通风处阴干，然后再使用甲基托布津进行拌种以减轻病害的发生。

（4）与非茄科作物实行 4 年以上轮作，以减轻土传病菌的滋生。

（5）选择适宜当地种植的品种，合理密植，确保田间通风透光，减轻病害的发生。

（6）在马铃薯生长的中后期，加强肥水管理，控制氮肥的用量，追肥以高钾冲施肥为主。在马铃薯薯块膨大期，可以使用微量元素水溶肥进行冲施，以补充植株所需要的营养，促进植株生长，增强植株的抗病能力。

（7）发病重的地区或田块，在播种前 15 ~ 20 d 使用 50% 多菌灵 +40% 五氯硝基苯拌土撒施进行土壤消毒；发病初期可以使用多菌灵叶面喷施进行防治，此外可以使用琥胶肥酸铜等药剂灌根进行防治。

由上可知，在马铃薯的种植中，应做好种薯的选择和消毒、加强田间栽培管理、重视肥水管理，以减轻和预防黄萎病的发生。

第九节　马铃薯粉红腐烂病

马铃薯粉红腐烂病之所以如此命名，是因为感病组织遇到空气后会逐渐变为粉红色，其后变成黑色，但这不是诊断的标准。粉红腐烂病在贮藏中很少发生，但能引起相当严重的腐烂。

一、症状

马铃薯粉红腐烂病在任何生长期均可能发生，一般收获期发生较重，最初症状是植株萎蔫，病害发生在茎基部，叶片褪绿、萎蔫变干和脱落，可能产生气生块茎。病害发生在根部时，导致根、匍匐茎和块茎组织被杀死，茎上病斑可以扩展到茎基部叶片上，叶片边缘水浸状，坏死呈淡褐色，维管束变色。坏死茎和根呈褐色和黑色，易与黑胫病相混淆。

图2-35　马铃薯粉红腐烂病块茎症状

块茎一般通过伤口侵染，也可通过芽或皮孔侵染。病害均匀地发展，使块茎腐烂，通常发展的边缘有一条透过表皮可见的黑线（图2-35）。腐烂部分上面的表皮，白色品种上呈褐奶油色，皮孔下面的组织呈暗褐色至黑色。腐烂的组织保持完整，但是呈海绵状。如果挤压切开的块茎，可出现一种澄清的液体（图2-36）。暴露在空气里，被侵染组织的颜色逐渐变

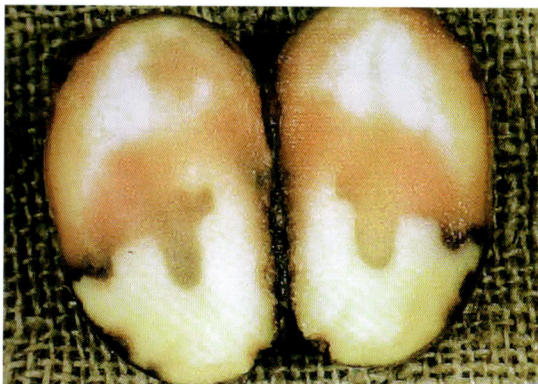

图2-36　马铃薯粉红腐烂病块茎切开后症状

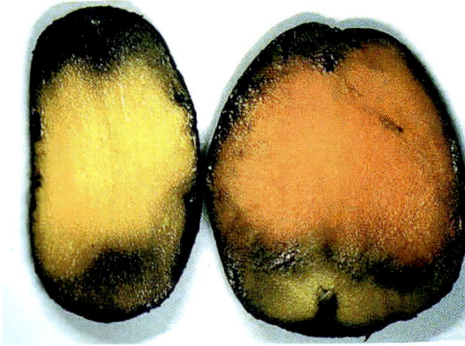

图 2-37　马铃薯粉红腐烂病块茎暴露在空气
里的症状

成橙红色（在 20 min 以后）、褐色和黑色（在约 1 h 以后）。腐烂块茎的内部组织过一些时候呈黑色（图 2-37）。

二、病原物

马铃薯粉红腐烂病最常见的病原菌是马铃薯疫霉绯腐病菌（*Phytophthora erythroseptica* Pethybr.）。孢子没有乳状突，形状多变，椭圆形或倒架形，大小为 43 μm×26 μm，藏卵器直径 30 ~ 35 μm，有光滑的孢壁，1 μm 厚，随着成熟可以渐渐变成黄色。雄器雄生，椭圆形或角形，大小为（14 ~ 16）μm×13 μm；卵孢子有 2.5 μm 厚的壁，几乎充满藏卵器。

该病菌最适生长温度是 24 ~ 28 ℃，最高生长温度是 34 ℃。当连续更换矿物质溶液和水时，或在具有煮大麻籽的水中生长时，无性繁殖结构在菌丝体团里形成。有性器官在琼脂培养基里大量形成。隐地疫霉（P. cryptogea Pethyb）、德雷疫霉（P. drechsleri Tucker）、大雄疫霉（P. megasperma Drechsler）和寄生疫霉（P. parasitica Dastur）也可侵染马铃薯诱发植株或块茎产生腐烂，引起与马铃薯疫霉绯腐病菌相似的症状。隐地疫霉单一菌株在培养几星期后仅形成少量有性器官，可是当与互补的樟疫霉的菌株一同生长时能迅速地形成有性器官。隐地疫霉繁殖结构的大小与德雷疫霉相似，但是它的最佳生长温度（22 ~ 25 ℃）比德雷疫霉的温度（28 ~ 31 ℃）低些。大雄疫霉有侧生的雄器，并且它有较大的卵孢子（平均 41 μm，其他种为 24 ~ 25 μm）。寄生疫霉的孢子囊有乳突，其他种疫霉无乳突。

三、病害循环

马铃薯疫霉绯腐病菌是土壤传播的，并在土壤中存活有大量的特有的游动孢子、孢子囊或卵孢子。孢子囊或卵孢子可以作为接种体在土壤里存活，其中卵孢子是重要的繁殖体，可以作为传播初侵染源感染植株。马铃薯植株整个生长阶段都是非常敏感的，尤其是接近收获的成熟时期，植株更易发病，表现出红腐病症状。

四、流行条件

在排水不良、雨水过量和灌溉过量时，土壤湿度接近饱和的条件下，马铃薯粉红腐烂病最易发生并发展。土壤中存在大量腐烂的植株残体，增强了水的吸收和保持能力，也易于导致该病害发生。在潮湿土壤里，病害发展拥有宽泛的温度范围，但是最严重的是在 20 ~ 30 ℃之间。

五、防治措施

（1）在排水良好的土壤上种植。

（2）在生长季节的后期避免过量灌溉。

（3）及时清除病株残体。

（4）马铃薯入窖前，应将窖内清扫干净，可用咯菌腈喷雾，并用硫黄粉熏蒸消毒。

（5）马铃薯入窖前，应剔除病、伤、虫咬的块茎，并在阴凉通风处堆放 3 d 左右，使块茎表面水分充分蒸发。伤口愈合后再入窖；窖内保持通风。

第十节 马铃薯湿腐病

马铃薯湿腐病又称多水的伤疤腐烂和壳腐烂，主要是土壤中的几种真菌（*Pythium debaryanum*，*P. ultimum* 和 *P. splendens*）引起的马铃薯块茎性腐烂，属于真菌界真菌门鞭毛菌亚门藻状菌纲霜霉目，最初症状易与晚疫病症状混淆，后期易与粉腐病和细菌性软腐病混淆，可以在任何种植马铃薯的地方发生。

一、症状

马铃薯湿腐病病原菌只侵染块茎。最初在碰伤的块茎表皮周围出现变色、水浸状凹陷区域。当病害发展时，块茎出现肿大，表皮是湿的。内部有病的薯肉与健康组织被一个黑色分界线清晰地分开。腐烂的组织是多孔的、湿的，一般有洞出现。当切面暴露在

图 2-38 马铃薯湿腐病症状

空气中时，病变组织逐渐地变成灰色、褐色，最后几乎变成黑色，偶尔呈粉红色。被侵染的组织呈现受冻组织的烟灰色。块茎被侵染后，几天内可以完全烂掉，即使稍加压力，也可引起皮层裂开和大量的液体溢出（图 2-38）。在贮存期间，被侵染的块茎全变成薄皮状的薯壳，切开后块茎迅速烂掉。

二、病原物

马铃薯湿腐病是由终极腐霉（*P. ultimum* Trow）、德氏腐霉（*P. debaryanum* Hesse）和华丽腐霉（*P. splendens* Braun）引起的真菌性病害。病原菌共同特征为卵孢子光滑、壁厚、球形，直径为 14.2 ~ 19.5 μm，在分枝的多核菌丝体上顶生。顶生孢子囊呈球形，直径为 12 ~ 29 μm；间生时桶形，大小为（17 ~ 27）μm×（14 ~ 24）μm。

终极腐霉菌落在玉米粉琼脂（corn meal agar, CMA）培养基上呈放射状。菌丝发达，分枝繁茂，粗 2.3 ~ 9.8 μm。菌丝膨大体近球形，多间生，少数切生或顶生，直径 14 ~ 32 μm，平均为 23.4 μm。藏卵器球形、平滑，多顶生，较少间生，切生较罕见，直径 13 ~ 30 μm，平均为 22.4 μm。雄器囊状、弯曲，多同丝生，无柄，紧靠藏卵器形成，偶尔有下位生和异丝生，大小为（7.7 ~ 15.5）μm×（5.5 ~ 10.3）μm，平均为 10.87 μm×6.79 μm；授精管明显可见，粗约 1.5 μm；每一藏卵器有雄器 1 ~ 2 个。卵孢子球形、平滑，不满器，直径 10 ~ 25 μm，平均为 19.2 μm，壁厚 0.9 ~ 2.8 μm，平均为 1.92 μm，内含贮物球和折光体各 1 个。终极腐霉孢子囊不产生游动孢子，从有病的马铃薯组织里分离菌丝是非常困难的。

德氏腐霉菌丝直径在 5 μm 左右，孢子囊球形至卵形，直径为 15 ~ 27 μm，间或萌发生芽管或脱落。藏卵器球形，顶生或间生，表面平滑，直径为 15 ~ 25 μm。卵孢子球形、平滑，不充满藏卵器内腔，直径为 10 ~ 18 μm，壁较薄，约为 1 μm，萌发生菌丝；每一藏卵器附有雄器 1 ~ 6 个，雄器不在藏卵器附近形成。

终极腐霉与德氏腐霉之间的主要区别在于：

（1）终极腐霉的雄器从藏卵器菌丝生出柄，而德氏腐霉的雄器则从远离藏卵器的菌丝生出长柄。

（2）前者的每个藏卵器与一个雄器交配，后者的每个藏卵器则与几个雄器交配。

（3）前者的卵孢子壁较厚，约为 15 μm，而后者的较薄，约为 1.0 μm。

（4）前者卵孢子内的贮藏养料球为亚球形，而后者的则为扁椭圆形；前者不常产生游动孢子，而后者则常产生。

华丽腐霉菌丝发达，有分枝，无隔膜，生长旺盛时呈白色棉絮状。孢子囊丝状、圆形或近圆形，产生游动孢子引起侵染。

三、病害循环

腐霉属病原菌生活在土壤里，只有通过伤口才能进入块茎。因此，侵染通常发生在收获、分级时，很少在种植时发生。在种植后，当土壤温度开始升高时，切开的薯块极易感染。在炎热干燥的天气下，收获的未成熟、碰伤块茎易导致腐烂面损失严重。相对的高温和通气不良，导致大量腐烂；在冷凉的条件下，可以完全被抑制。

四、流行条件

腐霉属病原菌表现出很强的水生习性，生长在水中或土壤内，或寄生于水藻、水霉、水生植物和陆生植物的根或近地面部分；寄生性弱，多从伤口侵入为害抵抗力弱的植株或器官，但破坏力强，可迅速引起腐烂，成为猝倒病、根腐病、基腐病和果腐病的重要病原菌。本属菌类喜高温高湿，菌丝生长以 25 ～ 30 ℃之间最为迅速，对酸的抵抗力弱。

五、防治措施

（1）延迟收获，使块茎皮成熟，将损失降到最低程度。

（2）收获时，尽可能小心，避免对块茎造成机械损伤。

（3）如果贮藏期间腐烂，应增加通风，尽快使块茎冷凉和干燥。

第十一节　马铃薯黑痣病

马铃薯黑痣病主要由立枯丝核菌（*Rhizoctonia solani* Kuhn）引起，属半知菌亚门真菌，又称立枯丝核菌病、茎基腐病、丝核菌溃疡病、褐色粗皮病，是以带病种薯和土壤传播的土传病害，主要为害幼芽、茎基部及块茎。马铃薯种植面积逐渐扩大，重茬问题较为普遍。在马铃薯种植区，黑痣病日趋严重，且发病较为普遍，一般可造成马铃薯减产 15% 左右，个别年份可达全田毁灭，严重影响了马铃薯的产量和品质。

一、症状

马铃薯发芽块茎播种到田里出芽后，幼芽顶部出现褐色病斑，使生长点坏死，不再继续生长，因输导组织受阻，其叶片则逐渐枯黄卷曲，植株容易斜倒死亡（图 2-39），此时常在土表部位再生气根，产出黄豆大的气生块茎。地下块茎发病多以芽眼为中心，生成褐色病斑，往往造成不出苗或晚出苗，这样就出现了苗不全、不齐、细弱等现象。马铃薯黑痣病在苗期主要感染地下茎，地下茎上出现指印形状或环剥的褐色病斑，薯苗植株矮小和顶部丛生，严重的植株可造成立枯、顶端萎蔫，顶部叶片向上卷曲并褪绿。茎秆上发病先在近地面处产生红褐色长形病斑，后渐扩大，茎基全周变黑，表皮腐烂。在近地表的地上茎表面，往往产生灰白色菌丝层，茎表面呈粉状，容易被擦掉，粉状下面的茎组织是正常的。匍匐茎感病，为淡红褐色病斑，匍匐茎顶端不再膨大，不能形成薯块；感病轻者可长成薯块，但非常小；也可引

图 2-39 马铃薯黑痣病植株症状

图 2-40 马铃薯黑痣病块茎症状（一

图 2-41 马铃薯黑痣病块茎症状（二）

起匍匐茎乱长，影响结薯，或结薯畸形。受侵染的植株，根量减少，形成稀少的根条。在成熟的块茎表面形成形状不规则的、坚硬的、颗粒状的黑褐色或暗褐色的菌核，也就是真菌休眠体，不容易冲洗掉，而菌核下边的组织完好，也有的块茎因受侵染而造成破裂、锈斑、末端坏死、龟裂、变绿、畸形等（图2-40，图2-41）。

二、病原物

马铃薯黑痣病是立枯丝核菌（图2-42至图2-44）侵染引起的土传病害，广泛存在于自然界中，寄主范围广，可引起多种植物病害（Adams，1988）。该菌由Kuhn于1858年发现并命名，具有以下形态学特征：初期营养菌丝无色，直径一般为5 ~ 14 μm，细胞多核，生长较快；菌丝为直角、近直角或锐角分枝，近分枝处有隔膜且缢缩；不存在锁状联合，不产生分生孢子，没有菌素结构；生长后期形成褐色至黑色，质硬，球形、近球形或不规则形状的菌核，直径为0.25 mm（陈万利，2012；Neate，1987）。

菌核是立枯丝核菌的休眠结构，抗逆性强，能在土壤中存活6年之久（Butler and Bracker, 1970; Gilligan et al.,1996; Coley-Smith and Cooke, 2003）。菌核的形成分为三个阶段：初始阶段、膨大阶段和成熟阶段。初始阶段菌丝聚合，菌落表面形成不密切的白色气生菌丝团；随着菌丝生长，菌丝团进一步膨大并逐渐变为黄褐色；最后菌丝团脱水，硬化，变黑，形成成熟的菌核（Townsend, 1957）。在自然条件下，土壤作为立枯丝核菌菌核的生存环境，其

图2-42　马铃薯黑痣病立枯丝核菌培养基生长状态

图2-43　马铃薯黑痣病立枯丝核菌菌核

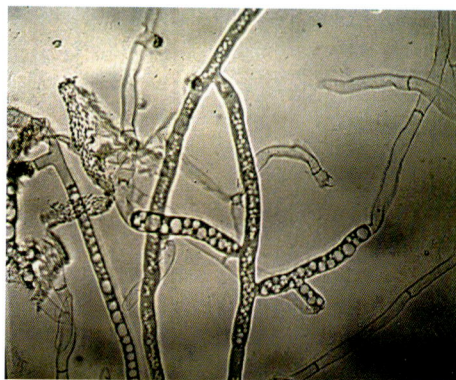

图2-44　马铃薯黑痣病立枯丝核菌菌丝及分枝

理化性质对菌核的形成以及存活起到了决定性的作用。研究表明，相比于细沙土和黏土，粗沙土更适合菌核的形成（Papavizas, 1968; Lewis, 1979）；干燥的土壤环境有利于菌核的存活（Benson and Baker, 1974; Ploetz and Mitchell, 1985）；当土壤温度为 10 ~ 15 ℃时有助于菌核的形成（Benson and Baker, 1974; Papavizas et al.,1975）；菌核多富集于深度为 15 cm 之上的土层中，在土表或深度大于 30 cm 的土层中检测不到菌核的存在，这可能与土壤中的气体环境有关（Ko and Hora,1971; Hiremath et al.,1985, Benson and Baker, 1974; Papavizas et al.,1975）。除此之外，土壤中的微量元素也会直接或者通过影响土壤中微生物结构间接影响立枯丝核菌菌核的形成（沈会芳等，2002; Moromizato et al.,1991; Kannaiyan and Prasad, 1983）。

根据菌丝亲和能力，马铃薯黑痣病被分为 13 个不同的菌丝融合群（anastomosis groups, AGs），分别为 AG1–AG13（Carling et al., 2002）。根据培养性状、寄主范围、致病性和基因序列差异等因素，菌丝融合群又被划归为不同的融合亚群（Kuninaga et al., 1997; Kuninaga et al., 2000; Nicoletti et al., 1999; Carling et al., 2002）。其中，AG3 被认为是引起马铃薯黑痣病的主要菌丝融合群类型（Bandy et al.,1988; Balali et al., 1995; Virgen-Calleros et al., 2000; Ceresini et al.,2002; Campion et al., 2003; Woodhall et al., 2013）。除此之外，AG1、AG2、AG4、AG5、AG7、AG8、AG9、AG10、AG12 和 AG13 也可以侵染马铃薯（Yanar et al.,2005; Campion et al.,2003; Woodhall et al., 2007; Balali et al.,1995; Virgen-Calleros et al.,2000; Woodhall et al.,2012; Yang and Wu, 2013; Yang and Wu, 2012; Carling et al.,1998; Carling et al.,1987），但是其侵染症状不明显，对马铃薯生产造成的危害远远不及 AG3（Carling et al.,1987; Carling et al.,1998; Bains and Bisht,1995; Woodhall et al.,2007）。

三、病害循环

马铃薯黑痣病以菌核在块茎上或土壤里越冬，或菌丝体在土壤里的植株残体上越冬，它的存活结构主要在植株残体上，病菌可在土壤中存活 2 ~ 3 年。第二年春季，当温度、湿度条件适合时，菌核萌发侵入马铃薯幼芽、幼苗，特别是有伤口时侵入更多更快。在生长季节又可侵入根、地下茎、匍匐茎、块茎。新块茎上形成的菌核，或在土壤里越冬的菌核，下一年根据环境条件又可发生侵染。带病种薯是第二年初侵染来源，也是远距离传播的最主要途径。

四、流行条件

高湿度和低地温有利于病害发生。一般混杂品种发病重，新品种和种性纯度高的发病轻，山区发病重，平川水地发病轻。马铃薯黑痣病的流行首先是菌源条件，谭宗九和郝淑芝研究发现，很少轮作或不轮作的土地，丝核菌的存活数量会增加；使用被丝核菌污染的种薯，等于给所种的马铃薯接种上了丝核菌；第二是环境条件，较低的土壤温度和较高的土壤湿度有利于丝核菌的侵染，同时土温低、湿度大，种薯幼芽生长慢，在土中埋的时间长，增加了病菌的侵染机会。最适宜病害发展的土壤温度是18 ℃，而病害随着温度的提高而减少。结薯后土壤湿度太大，特别是排水不良，新薯块上的菌核（黑痣）形成会加重。

五、防治措施

（一）农艺措施

（1）选地整地：与禾本科、豆类等非茄科作物进行轮作，避免重、迎茬；地势应平坦，易排涝；播前深耕，耙耱整地，做到深、松、平、净。

（2）选种：选用适于本区域种植的马铃薯抗病品种。选用无病健康种薯，在播种前4 d切块，切刀用4‰的高锰酸钾进行消毒。在阴凉条件下摊晾，让切口充分愈合，切块质量为30 ~ 50 g。

（3）合理施肥：施足底肥，增施有机肥，适时追肥，促使植株健壮，避免后期衰弱，增强抗病能力。每亩施农家肥1 500 kg，马铃薯专用复合肥或NPK三元复合肥30 kg，现蕾期追施尿素20 kg。

（4）适期播种：发病重的地区，尤其是高海拔冷凉山区，要特别注意适时晚播和浅播，以提高地温，促进早出苗，减少幼芽在土壤中的时间，减少病菌的侵染。种植密度要适宜，注意通风透光，起垄栽培，雨后及时排水，收获后及时清除残体。

（5）田间发现病株，应及时拔除，在远离种植地块处深埋，病穴内撒入生石灰等消毒。提前杀秧，使薯皮充分老化，减少机械收获时的薯块损伤，降低窖储干腐病的发病率。

（二）化学措施

（1）药剂拌种：将切好后的种薯块用滑石粉、甲基托布津、阿米西达拌种，混合比例为滑石粉：甲基托布津：阿米西达：种薯 =50 kg ： 500 g ： 200 ml ： 1 000 kg。

（2）沟施：用 25% 的阿米西达悬浮剂在垄沟进行喷雾，每亩施用 40 ~ 60 ml，使土壤和芽块都沾上药液，然后覆土。最好使用带喷药装置的马铃薯播种机一次完成开沟、播种、喷药、覆土，省工、省力、效果好。

（3）土壤消毒：用二氧化氯土壤消毒剂（5 kg/ 亩）以大水漫灌进行土壤消毒。

（4）叶面喷施：现蕾期开始，每 10 d 对叶面喷施甲基立枯磷乳油 40 ml/ 亩或噻呋酰胺 10 g/ 亩，共喷施 3 次。

（三）储运措施

（1）入窖时严格剔除病、伤和虫咬的块茎，并在阴凉通风的地方预贮 3 ~ 5 d，使块茎表面水分充分蒸发，使一部分伤口愈合，形成木栓层，防止病菌侵入。

（2）贮藏前用多菌灵、甲霜灵锰锌等药剂处理块茎，或在贮藏期间使用烟雾剂处理，使病薯病害部位表层干枯，可有效防止病菌向邻近块茎侵染。

第十二节　马铃薯炭疽病

马铃薯炭疽病又称黑点病，是马铃薯生长期间容易感染的一种普通病害，能够导致叶色变浅，植株萎蔫变褐枯死。

一、症状

马铃薯炭疽病在块茎、匍匐茎、根和地上及地下的茎上呈现出大量点状的黑色菌核（图 2-45 至图 2-50）。症状多样，从根、地下茎和匍匐茎的腐烂，到地上部叶片的变黄和萎蔫。叶片症状首先在植株顶部发生，而后发展到中部和基部，可能与其他的枯萎病原物相混淆（如轮枝菌和镰刀菌）。地下茎和匍匐茎上的病，也与马铃薯的丝核菌病害相类似。皮层组织的严重侵染，将引

图 2-45　马铃薯炭疽病植株症状（一）

起皮层脱落。随着从土壤里移出，根由于脱皮，可以呈现一种"纤维状"症状。当茎枯萎变干时，皮层组织容易被割掉。维管束内呈紫晶色是常见的。茎的外部和内部形成大量菌核，较高的相对湿度将抑制刚毛的发展。

图 2-46　马铃薯炭疽病植株症状（二）

图 2-47　马铃薯炭疽病叶片症状

图 2-48　马铃薯炭疽病叶片背面症状

图 2-49　马铃薯炭疽病茎上症状

图 2-50　马铃薯炭疽病块茎症状

植株地下部分的严重腐烂和植株的早期死亡，可引起块茎体积减小。当起薯时，变干的匍匐茎碎枝带有或没有菌核，它们常常附着在块茎上。在块茎发展的任何阶段，匍匐茎可以严重被害，病斑通常长 15 ~ 45 mm。菌核可以在块茎表面上发展，在施肥期间，块茎上的灰白色部分与银色粗皮病类似。

二、病原物

黑色刺盘孢 [*Colletotrichum atramentarium* Berk. & Br.）Taub.（异名：*Colletotrichum coccodes*（*Wall*）Hughes）] 称球状炭疽菌，属半知菌亚门真菌。病原菌在类培养基上，包括在马铃薯葡萄糖琼脂培养基上呈白色表生的菌丝体。菌核的直径从 100 μm 到 0.5 mm，排列成同心环，有产生大量分生孢子和刚毛的分生孢子盘。刚毛黑褐色，较硬，顶端尖锐，有隔膜 1 ~ 3 个，聚生在分生孢子盘中央，大小（42 ~ 154）μm×（4 ~ 6）μm。分生孢子梗离生，或呈栅栏状排列，近于透明，圆筒形，有时稍弯或有分枝，偶生隔膜，无色或浅褐色，大小（16.0 ~ 27.0）μm×（3.0 ~ 5.0）μm。分生孢子圆柱形，单胞无色，内含物颗粒状，大小（7.0 ~ 22.0）μm×（3.5 ~ 5.0）μm。孢子堆上的孢子呈黄色至粉红色，取决于培养基的 pH 值。孢子透明，有 1 ~ 3 个油滴，基部末端渐细；顶端圆形，大小为（17.5 ~ 22.0）μm×（3.0 ~ 7.5）μm。在培养基上生长适温为 25 ~ 32 ℃，最高 34 ℃，最低 6 ℃。

三、传播途径

该病菌主要以菌丝体在种子里或病残体上越冬，翌春产生分生孢子，借雨水飞溅传播蔓延。孢子萌发产出芽管，经伤口或直接侵入。生长后期，病斑上产生的粉红色黏稠物内含大量分生孢子，通过雨水溅射传到健薯上，进行再侵染。高温、高湿发病重。菌丝体和菌核常从地面上下几厘米内茎基部的皮层侵入。在某些情况下，菌丝体可迅速地长到茎的维管束柱，进入叶片，甚至侵染绒毛。

四、流行条件

带病种薯可成为重要的初侵染源。高温潮湿有利于发病。马铃薯生长中后期遇雨、露、雾多的天气，有利于病害蔓延。田间管理粗放，土壤贫瘠，排水不良，病害较重。

该病原物不是一个活跃的土壤栖居物，但在土壤里能存活较长的时期。黑色刺盘孢一般认为是一种低等的病原物，在不利的条件下，常与一种或几种附加的病原物共同侵染，致使它的重要性难于鉴别。马铃薯炭疽病常常与轻沙壤土、氮肥不足、高温和排水不良等关系密切。因为对黑色刺盘孢不重视和经常缺少鉴别，对病害防治做得很少。

五、防治措施

严格挑选种薯，实行无病薯种植，播种前可选用25%溴菌腈可湿性粉剂600倍液，或70%甲基托布津可湿性粉剂600倍液浸种5～10 min杀灭病菌。

重视栽培防病，选择土质肥沃的壤土种植，及时清除病残体。增施有机底肥，避免出现高温高湿条件及田间积水。

发病初期进行药剂防治，可选用40%多·硫悬浮剂400倍液，或25%咪鲜胺可湿性粉剂1 200倍液，或10%苯醚甲环唑水分散粒剂6 000倍液，或25%溴菌腈可湿性粉剂600倍液，或40%敌菌灵2 000倍液，或30%吡唑醚菌酯乳油2 000倍液，或2%加收米水剂800倍液，或6%氯苯嘧啶醇可湿性粉剂1 500倍液，或25%丙环唑乳油1 000倍液，或50%敌菌灵可湿性粉剂400倍液，或5%胂铁胺剂500倍液，或70%甲基托布津可湿性粉剂600倍液喷雾，7～10 d防治1次，连续防治2～3次。也可选用50%甲基硫菌灵可湿性粉剂500倍液、50%多菌灵可湿性粉剂800倍液、80%炭疽福美可湿性粉剂800倍液、70%甲基硫菌灵可湿性粉剂1 000倍液加75%百菌清可湿性粉剂1 000倍液，防效优于单用上述杀菌剂。

第十三节　马铃薯灰霉病

马铃薯灰霉病是一种马铃薯疾病，可侵染叶片、茎秆，有时为害块茎。生长后期，叶上症状明显。病斑多从叶尖或叶缘开始发生，呈V字形向内扩展，初时水渍状，后变青褐色，形状常不规整，有时斑上出现隐约环纹。受害残花落到叶片上产生的病斑多近圆形。湿度大时，病斑上形成灰色霉层。后期病斑部碎裂、穿孔。

一、症状

严重时发病部位沿叶柄扩展，殃及茎秆（图2-51），产生条状褪绿斑，发病部位产生大量灰霉。块茎偶有受害，收获前不明显，贮藏期扩展严重。病部组织表面皱缩，

皮下萎蔫，变灰黑色，后呈褐色半
湿性腐烂，从伤口或芽眼处长出霉
层。有时呈干燥性腐烂，凹陷变褐，
但深度常不超过 1 cm。

二、病原物

致病菌为灰葡萄孢霉。病菌菌
丝发达，有隔；分生孢子梗长而粗
壮，褐色，较直，上部具分枝，分
枝上生出小梗，小梗顶端膨大，聚

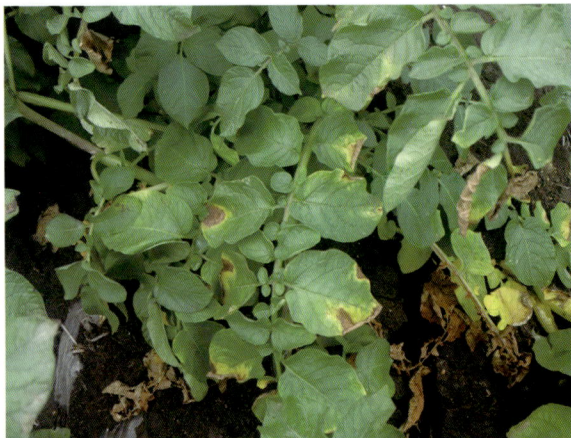

图 2-51　马铃薯灰霉病茎部症状

生葡萄穗状分生孢子；分生孢子椭圆至卵形，单胞，无色。后期病菌可产生深褐色、
球形或扁粒状的菌核。

灰葡萄孢（*Botrytis Cinerea* Pers.）产生葡萄状丛生的分生孢子。分生孢子椭圆形
至卵形、单细胞，大小（9.0 ~ 15.0）μm×（6.5 ~ 10.0）μm，产生在分生孢子梗
的顶端，灰霉子实体在腐烂着的叶柄、茎、花和块茎及菌核上产生。核呈硬的黑色
的不规则形，1 ~ 15 mm，稳固地贴附在基上。有性阶段为富克尔核盘菌 [*Sclerotinia
fuckeliana*（de Bary）Fuckel（syn. Botryotiniafuckeliana（de Bary）Whetz）] 较罕见，
具有子囊盘，直径 1.5 ~ 7.0 mm，高 3 ~ 15 mm。分生孢子梗多分枝，顶端膨大，
产生葡萄穗状丛生的分生孢子；分生孢子球形至卵形，单细胞，无色或浅褐色，大小
（7.0 ~ 10.0）μm×（6.5 ~ 10.0）μm；在培养基上易形成菌核，菌核形状不规则，
黑色，坚硬。刺伤接种，薯块发病。

三、流行条件

病菌越冬场所广泛。菌核在土壤里，菌丝体及分生孢子在病残体上、土表、土内
及种薯上均可越冬，成为翌年的初侵染来源。在田间，病菌分生孢子借气流、雨水、
灌溉水、昆虫和农事活动传播，由伤口、残花或枯衰组织侵入，条件适宜，多次进行
再侵染，扩展蔓延。病菌发育喜 16 ~ 20 ℃的低温和 95% 以上的高湿，湿度影响尤
为重要。低温高湿、早春寒、晚秋冷凉时发病重。重茬地、密度过大、冷凉阴雨等病
害易于侵染。干燥、阳光充足时病斑扩展受到抑制。增施钾肥可降低块茎侵染比率。
收获后块茎在低温高湿下贮存，不利于伤口愈合，会加重侵染和腐烂。

四、防治措施

（1）严格挑选种薯，尽量减少伤口。

（2）重病地实行粮薯轮作，大垄栽培，合理密植，降低郁蔽度。

（3）春季适当晚播，秋薯适当早收，避开冷凉气温，增施钾肥，提高植株抗性。

（4）适当灌水，提高地温，增强伤愈力，清除病残体，减少侵染菌源。

（5）预防：在花前 8 ~ 10 d 和谢花后分别使用"霉止" 30 ml 兑水 15 L 进行喷雾。治疗："霉止" 50 ml+ 大蒜油 15 ~ 20 ml 喷雾，5 ~ 7 d 1 次，连用 2 ~ 3 次，病情控制后，转为预防。

（6）75% 可湿性粉剂 600 倍液，或 40% 多·硫悬浮剂 600 倍液，或 50% 乙烯菌核利可湿性粉剂 1 000 倍液，或 50% 腐霉利可湿性粉剂 1 000 倍液，或 65% 甲霜噁霉灵可湿性粉剂 1 000 倍液，或 60% 多菌灵可湿性粉剂 800 倍液。

第十四节 马铃薯尾孢菌叶斑病

马铃薯尾孢菌叶斑病是马铃薯上常见的叶斑病，分布广泛，全国普遍发生。

一、症状

该病主要为害叶片和地上部茎，块茎未见发病。叶片染病初生黄色至浅褐色圆形病斑，扩展后为黄褐色不规则斑，有的叶斑不太明显。潮湿条件下，叶背现致密的灰色霉层，即病原菌的分生孢子梗和分生孢子（图 2-52）。

二、病原物

马铃薯尾孢菌叶斑病病原称绒层尾孢菌 [*Cercospora concors*(Casp.)Sacc.]，属半知菌类（无性类）、丛孢纲、丛梗孢目、暗丛梗孢科、尾孢属真菌。子座上密生多分枝、屈膝状的分生孢子梗，具分隔

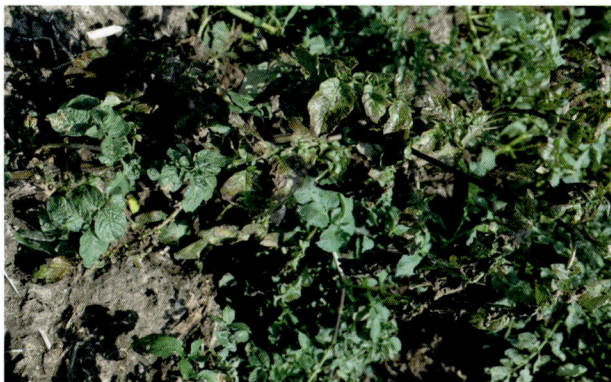

图 2-52 马铃薯尾孢菌叶斑病症状

0～6个。分生孢子近无色或浅褐色，圆筒形或倒棍棒形，直或略弯，两端钝圆，大小（14～80）μm×（3～6）μm，长度变化较大。

三、流行条件

以菌丝体和分生孢子在病残体中越冬，成为翌年初侵染源。生长季节为害叶片，经分生孢子多次再侵染，病原菌大量积累，遇有适宜条件即流行。

高温高湿有利于该病发生和流行，尤以秋季多雨连作地发病重。

四、防治措施

（1）发病地收获后进行深耕，有条件的实行轮作。

（2）发病初期喷洒50%多霉威（多菌灵加万霉灵）可湿性粉剂1 000～1 500倍液或75%百菌清可湿性粉剂600倍液、50%混杀硫悬浮剂500～600倍液、30%碱式硫酸铜悬浮剂400倍液、1∶1∶200倍波尔多液，隔7～10 d1次，连续防治2～3次。

第十五节　马铃薯白绢病

一、症状

此病主要为害块茎，有时亦为害茎基部。薯块受侵染后，病部密生白色绢丝状白霉，扩展后呈放射状，边缘明显，有光泽，菌丝体扭集在一起形成油菜籽状菌核（图2-53）。菌核初为白色，逐渐变成淡黄色，最后变成红褐至茶褐色，表面光滑，球形至近球形，直径0.8～2.3 mm。剖开病薯，皮下组织变褐腐烂。茎基染病，初期略呈水渍状，病部亦产生绢丝状白霉，后期形成紫黑色近圆形粒状小菌核。

图2-53　马铃薯白绢病症状

二、病原物

病原菌是齐整小核菌（*Sclerotium rolfsii* Sacc.），属半知菌亚门真菌，主要为害马铃薯块茎。有性态为 *Atheliarolfsii*（Cursi）Tu. & Kimbrough.，称罗耳阿太菌，属担子菌亚门真菌。菌丝无色，具隔膜；菌核由菌丝构成，外层为皮层，内部由拟薄壁组织及中心部疏松组织构成，初白色，紧贴于寄主上，老熟后产生黄褐色圆形或椭圆形小菌核，直径 0.5 ~ 3.0 mm。高温高湿条件下，产生担子及担孢子。担子无色，单胞，棍棒状，大小 16.0 μm×6.6 μm，小梗顶端着生单胞无色的担孢子。此外，有报道 *Corticiumrolfsii*（Sacc.）Curzi 称罗耳伏革菌，也是该病病原。

三、流行条件

齐整小核菌以菌核或菌丝遗留在土中或病残体上越冬。菌核抗逆性强，耐低温，在 −10 ℃或通过家畜消化道后仍可存活，自然条件下经 5 ~ 6 年仍具萌发力。条件适宜时菌核萌发产生菌丝，侵染薯块，或从根部、近地表茎基部侵入，形成中心病株，后在病部表面生白色绢丝状菌丝体及圆形小菌核，再向四周扩散。菌丝不耐干燥，发育适温 32 ~ 33 ℃，最高 40 ℃，最低 8 ℃，耐酸碱度范围 pH 值为 1.9 ~ 8.4，最适 pH 值为 5.9。在田间，病菌主要通过雨水、灌溉水、病残体、肥料及农事操作等传播蔓延。在六七月份高温潮湿条件下，马铃薯地湿度大或栽植过密，行间通风透光不良，施用未充分腐熟的有机肥及连作地发病严重。贮藏期温度过高、湿度高时此病也易发生。

四、防治措施

（1）发病重的地块应与禾本科作物轮作，有条件的可进行水旱轮作，使病菌彻底腐烂坏死。深翻土地，把菌核翻到土壤下层，不能萌发，或萌发后不能出土，可减少该病发生。

（2）选用抗病、无伤、无病的种薯，并用浸种剂闷种。可用 50% 多菌灵可湿性粉剂 500 倍液浸种薯，或用福尔马林 200 倍液浸种薯 2 h 后切成块。

（3）地膜覆盖栽培，可防治土中病菌为害地上部植株。生长期加强调查，在未形成菌核前及时清除病株，病穴用生石灰消毒。

（4）施用充分腐熟的有机肥，适当追施硫酸铵、硝酸钙则发病少。

（5）调整土壤酸碱度，结合整地，每 667 m² 施消石灰 100 ~ 150 kg，使土壤呈中性至微碱性。

（6）发病初期，可用 20% 利克菌（甲基立枯磷）乳油 800 ~ 1 000 倍液灌穴或喷浇 1 ~ 2 次，隔 15 ~ 20 d 1 次；或用 30% 吡唑醚菌酯乳油 1 000 倍液，或 45% 噻菌灵悬浮剂 1 000 倍液喷浇；也可用 40% 五氯硝基苯 1 kg，加细干土 40 kg，混匀后撒施于茎基部土壤上；或喷洒 50% 拌种双可湿性粉剂 500 倍液、50% 混杀硫或 36% 甲基硫菌灵悬浮剂 500 倍液、20% 三唑酮乳油 2 000 倍液，隔 7 ~ 10 d 1 次。

第十六节　马铃薯癌肿病

一、症状

马铃薯癌肿病被害块茎或匍匐茎由于病菌刺激寄主细胞不断分裂，形成大大小小花菜头状的瘤，表皮常龟裂，癌肿组织前期呈黄白色，后期变黑褐色，松软，易腐烂并产生恶臭（图 2-54，图 2-55）。病薯在窖藏期仍能继续扩展为害，甚者造成烂窖，病薯变黑，发出恶

图 2-54　马铃薯癌肿病症状（一）

臭。地上部，田间病株初期与健株无明显区别，后期病株较健株高，叶色浓绿，分枝多。重病田块部分病株的花、茎、叶均可被害而产生癌肿病变。

二、病原物

病菌内寄生，其营养菌体初期为一团无胞壁裸露的原生质（称变形体），后为具胞壁的单胞菌体。当病菌由营养生长转向生殖生长时，整个单胞菌体的原生质就转化为具有一个总囊壁的休眠孢子囊堆，孢子囊堆近球形，大小（47×100）μm ~（78×81）μm，内含若干个孢子囊。孢子囊球形，锈褐色，大小（40.3 ~ 77.0）μm×（31.4 ~ 64.6）μm，壁具脊突，萌发时释放出游动孢子或

图 2-55　马铃薯癌肿病症状（二）

合子。游动孢子具单鞭毛，球形或洋梨形，直径 2.0 ~ 2.5 μm；合子具双鞭毛，形状如游动孢子，但较大。在水中均能游动，也可进行初侵染和再侵染。

　　此病的病原菌为内生集壶菌，是一种专性寄生菌。据报道，目前世界上已鉴定出的马铃薯癌肿病病菌生理小种有 8 种。马铃薯癌肿病的病原菌菌体内生，不用菌丝繁殖，形成孢囊堆，被有膜的孢子囊，由孢子囊释放出游动孢子，孢子囊内有 200 ~ 300 个游动孢子。春季温度 8 ℃以上，湿度充足时，癌肿病组织腐烂，越冬的休眠孢子囊在土中释放出大量单核游动孢子。游动孢子可进行再侵染，或在外界条件不适时交配成结合子发育而形成游动孢子。游动孢子单鞭，使之能在土壤中移动而到达寄主细胞表面，而后游动孢子失去鞭毛进入寄主细胞。

三、病害循环

　　病原菌以休眠孢子囊形式存活于病组织内或随病残体遗落土中越冬。休眠孢子囊抗逆性很强，甚至可在土中存活 25 ~ 30 年，当条件适宜时，休眠孢子囊萌发产生游动孢子和合子，从寄主表皮细胞侵入，经过生长产生孢子囊。孢子囊可释放出游动孢子或合子，进行重复侵染，并刺激寄主细胞不断分裂和增生。在生长季节结束时，病菌又以休眠孢子囊转入越冬。

四、流行条件

病菌对生态条件的要求比较严格，在低温多湿、气候冷凉、昼夜温差大、土壤湿度高、温度 12 ~ 24 ℃的条件下，有利于病菌侵染。本病目前主要发生在四川、云南，而且疫区一般在海拔 2 000 m 左右的冷凉山区。此外，土壤有机质丰富和酸性条件有利于发病。影响该病发生和流行的环境条件主要是土壤温度、湿度和酸碱度。雾日多、阴雨日多、空气湿度大的地方也有利于病害发生和流行。

五、防治措施

（1）严格检疫，划定疫区和保护区，严禁疫区种薯向外调运，病田的土壤及其上生长的植物也严禁外移。

（2）选用抗病品种，但品种间抗性差异非常大，如云南的马铃薯"米拉"品种表现高抗，可因地制宜选用。

（3）发病严重地块不宜再种马铃薯，一般发病地块应根据实际情况改种其他非茄科作物。

（4）加强栽培管理，做到勤中耕，施用净粪，增施磷钾肥，及时挖除病株集中烧毁。

（5）必要时对病地进行土壤消毒。

（6）及早施药防治，在坡度不大、水源方便的田块，可于 70% 植株出苗至齐苗期，用 20% 三唑酮乳油 1 500 倍液浇灌；在水源不方便的田块，可于苗期、蕾期喷施 20% 三唑酮乳油 2 000 倍液，每 667 m^2 喷调配好的药液 50 ~ 60 L，有一定防治效果。

第三章　马铃薯主要细菌病害

第一节　引　言

一、概述

在植物病理学中，细菌性病害占有特殊的地位。它们作为传染性病害与真菌和病毒性病害有许多共同特点，但在发病特征和防治上又有显著区别，是植物病理学的独立分支。在植物病害中，虽然由细菌引起的病害种类、受害植物种类及危害程度仅次于真菌性病害，但是细菌病害的发病程度近年来却有上升加重的趋势。在马铃薯病害中，细菌病害主要有青枯病、环腐病、黑胫病和疮痂病等。随着马铃薯产业的发展，马铃薯细菌病害发生越来越频繁，为害面积广泛，严重影响了马铃薯的产量和品质，制约了马铃薯产业可持续发展。

细菌与真菌的区别，主要在于真菌感染的植物一般症状有霉状物、粉状物、锈状物、丝状物及黑色小粒点，而细菌则无这些，细菌病害症状主要表现为"菌脓"，这是田间诊断的重要区别。细菌的单细胞结构不像真菌具有菌丝体那样可以固定在植物的角质层，它透入植物体只有两个途径：一是通过非角质化部分（根毛、柱头、伤口等）侵染，二是通过天然孔口侵染（气孔、水孔、蜜腺等）。因此，健康的植物对细菌提供的侵入面积比真菌小。细菌一旦进入植物体内，只能在细胞间隙或木质部导管的死细胞里繁殖，不能透入完整的活细胞。细菌最适于在轻度碱性的介质里繁殖，而植物体液的 pH 值为 5 ~ 6，这不是理想的环境。真菌比较喜欢微酸性，因此在植物体内寄生就胜过细菌。细菌不形成孢子，只能在潮湿环境里生存，一般在干燥的空气中很快死亡。细菌的传播是短距离的，风雨是主要的传播媒介，但也能通过收割工具、昆虫和灌溉水来传播。其通过候鸟可以传播较远，而真正长距离的运送则是人类的活动，人们可把染病的种子带到世界各地。

二、侵染病状类型

（1）叶枯型。由马铃薯环腐杆状杆菌侵染引起，马铃薯受侵染后，最终导致叶片枯萎，如马铃薯环腐病。

（2）青枯型。一般由假单孢杆菌侵染植物维管束，阻塞输导通路，致使马铃薯茎、叶枯萎，如马铃薯青枯病和粉红芽眼病等。

（3）溃疡型。由链霉属菌所致，后期病斑木栓化，边缘隆起，中心凹陷，呈溃疡状，如马铃薯疮痂病。

（4）腐烂型。多数由欧文氏杆菌侵染植物后引起腐烂，如马铃薯黑胫病和软腐病。

上述病状类型，马铃薯真菌性病害也有类似表现，但在病症上有截然区别。经过农业技术人员田间取样研究发现：细菌病害的病症无霉状物，而真菌病害则有霉状物（菌丝、孢子等）。

三、病害鉴别方法

细菌病害的病症无霉状物，而真菌病害则有霉状物（菌丝、孢子、粉状物等）。马铃薯细菌病害的主要鉴别方法如下：

一是斑点型和叶枯型细菌性病害的发病部位，先出现局部坏死的水渍状半透明病斑，在潮湿时，叶片的气孔、水孔、皮孔及伤口上有大量的细菌溢出黏状物——细菌脓。如马铃薯青枯病、环腐病等的确诊，就可据此判断。

二是青枯型和叶枯型细菌病害的确诊依据，用刀切断病茎，观察茎部断面维管束有无变化，并用手挤压，即在导管上流出乳白色黏稠液——细菌脓。观察细菌脓的有无，可与真菌引起的枯萎病相区别。鉴别马铃薯青枯病和枯萎病就可用此法。

三是腐烂型细菌病害的共同特点是，病部软腐、黏滑，无残留纤维，并有硫化氢的气味。而真菌引起的腐烂则有纤维残体，无臭气。鉴别马铃薯软腐病和黑胫病常用此法。

四是经观察病状及田间分布，初步诊断为马铃薯细菌性病害后，要进一步确诊，还需进行实验室鉴定。

第二节　马铃薯黑胫病

马铃薯黑胫病，又称黑脚病、茎基腐，是侵染马铃薯茎和薯块的细菌性病害，在马铃薯生长期的各阶段均可发病。马铃薯黑胫病在东北区域各产区都有不同程度的发生，田间发病率一般为 5% 左右，有的地区已有逐年加重为害的趋势，严重的地块田间植株发病率高达 20% 以上。它的为害，可造成田间缺苗断垄减产，还可造成田间和窖藏期间薯块的大量腐烂，并造成品质和商品率下降，经济损失严重。该病已成为东北区域马铃薯的重要病害之一，必须引起高度重视，做好防治工作。

图 3-1　马铃薯黑胫病植株叶片症状

一、症状

马铃薯黑胫病是马铃薯细菌性软腐病的一种，主要侵染根茎部和薯块，在马铃薯生长期的各阶段均可发病。田间发病情况根据薯块带菌量多少决定。受侵染植株的叶片、根、块茎呈现一种典型的黑褐色腐烂（图3-1至图3-3）。幼苗发病，一般株高 15 ~ 20 cm 时开始出现症状，感病植株较矮，节间缩短，叶片上卷，生长衰弱，叶色褪绿。由于植株茎基部和地下部受害，影响水分和养分的吸收和传导，所以早期病株很快萎蔫枯死，不能结薯，且根系完全被破坏，很容易从土中拔出，纵剖茎部可见维管束变褐色。块茎发病始于脐部，可以向茎上方扩展至全茎，病茎基部组织变黑腐烂，皮层髓部均发黑，表皮组织破裂，根系极不发达，并发生水渍状腐烂。除去周围的土壤，可看到一

图 3-2　马铃薯黑胫病根部症状

图 3-3　马铃薯黑胫病块茎症状

直延续到母薯变黑部分，地下部病害进一步发展，薯肉完全变成湿软腐败物质，用手挤压皮肉不分离，湿度大时，薯块黑褐色，腐烂，散发出酸臭的气味。病轻的，只脐部呈很小的黑斑，有时能看到薯块切面维管束呈黑色小点状或断线状。重病植株的病薯，在收获时呈腐烂状。种薯染病腐烂成黏团状，不发芽，或刚发芽即烂在土中，不能出苗。

二、病原物

马铃薯黑胫病的病原菌为欧氏杆菌变种胡萝卜软腐欧氏菌马铃薯黑胫亚种 [*Erwinia carotovora subsp.atroseptica* (Van Hall) Dye]，有时胡萝卜软腐欧氏杆菌变种胡萝卜软腐欧氏杆菌胡萝卜软腐致病变种 [*E.carotovora var. carotovora*(JoneE, carotovora)Dye][*Erwinia carotovora subsp. carotowora*(Jones)Bergey et al.] 也引起黑胫病。有报道称，已从具有黑胫病症状的马铃薯植株中分离出了菊欧氏杆菌 *E. chrysanthemi pv. chrysanthemi* Burkholder、McFadden et Dimock。黑胫病欧氏杆菌变种和胡萝卜软腐欧氏杆菌变种是单个细胞，菌体短直杆状，极少双连，具荚膜，大小为（0.5 ~ 1.0）μm×（1.0 ~ 3.0）μm，革兰阴性菌，有周生鞭毛，不形成芽孢，是兼性厌氧型细菌（图 3-4）。黑胫病欧氏杆菌变种从麦芽糖和甲基糖苷形成酸，由蔗糖产生还原物质，能发酵葡萄糖产出气体，菌落微凸乳白色，边缘齐整圆形，半透明反光，质黏稠。在洋菜培养基或肉汁培养基里，该菌适合温度 10 ~ 38 ℃，最适合温度 25 ~ 27 ℃，高于 45 ℃不能生长，失去活力。

图 3-4　马铃薯黑胫病病菌革兰染色

三、病害循环

黑胫病初侵染源主要来自种薯表面和内部组织，用切刀切割种薯是病害扩大传播的主要途径。病菌主要通过伤口侵入寄主，在切薯块时扩大传染，引起更多种薯发病，再经维管束髓部进入植株，引起地上部发病。播种后，随着带病种薯腐烂，施放大量细菌，一般情况下，细菌可以短时间存活在土壤中，在土壤温暖干燥的条件下，可以延长细菌在土壤中存活的时间。病原菌也可侵染植株茎，存活于植株根际，也可在一些杂草根际存活。同时，病原菌也可存活于土壤水中或灌溉水中，细菌可以通过灌溉进行侵染和传播。随着植株生长，侵入根、茎、匍匐茎和新结块茎，并从维管束向四周扩展，侵入附近薄壁组织的细胞间隙，分泌果胶酶溶解细胞壁的中胶层，使细胞离析、组织解体，呈腐烂状。田间病菌还可通过灌溉水、雨水、种蝇的幼虫和线虫传播，经伤口侵入致病。后期病株上的病菌又从地上茎通过匍匐茎传到新长出的块茎上。无伤口的植株或已木栓化的块茎不受侵染。贮藏期病菌通过病健薯的接触经伤口或皮孔侵入使健薯染病。

四、流行条件

黑胫病病害发生程度与温湿度有密切关系，气温冷凉时（一般低于 18 ℃），有利于病菌传播侵染，东北区域马铃薯产区非常利于黑胫病发生。土壤中的欧氏杆菌存活时间取决于土壤温度，而土壤湿度影响较小。在 2 ℃时，病原菌可存活 80 ~ 100 d，但是，温度较高时存活时间较短。研究结果显示，欧氏杆菌在土壤中半衰期，–29 ℃时大约是 0.8 d，0 ℃时是 8 d，7 ℃时是 5.6 d，13 ℃时是 4.1 d，18 ℃时是 0.8 d，24 ℃时是 0.6 d。在温度高于 25 ℃的干燥条件下，块茎较少受到侵染，因为病原菌存活较少。病菌在干燥和高温条件下，比在冷凉和潮湿条件下传播距离短。播种块茎出苗后，土壤潮湿冷凉，紧接着高温，有利于黑胫病发生，较高土壤温度能够促进种薯腐烂和幼苗死亡。黑胫病导致的损失，较温暖地区比冷凉地区严重。如果土壤温度达到 30 ~ 35 ℃，胡萝卜软腐欧氏杆菌变种可以引起典型的黑胫病侵染。镰刀菌侵染可诱发黑胫病发展。增施氮肥可抑制黑胫病发生。雨水、昆虫和喷灌可导致欧氏杆菌传播，机械收获会导致传播病害。

五、防治措施

（一）严格执行检疫制度

无病区不能盲目调运种薯，需要调入时，必须经过严格检验，严防病薯传入；未经检验者一律不得作为种薯使用。病区要严格封锁，严禁种薯向外调运。同时，应从无病区调种，淘汰本地感病品种是防治黑胫病的根本措施。

（二）选用抗病品种

克新 3 号、克新 4 号、东农 303、紫花 851 及一些当地品种等抗病性较强，可在黏重土壤和低洼地等土壤条件较差地块种植。费乌瑞它品质优，抗病性较差，只适宜作为优质品种搭配种植，种植地点应选择旱地或水田。

（三）选用无病种薯，建立无病留种田

1. 整薯播种

为了避免切刀传染，采用小整薯播种，可大大减轻为害。小整薯播种可比切块播种减轻发病率 50% ~ 80%，提前出苗率 70% ~ 95%，增产二三成。但小整薯要用上一年从大田中选择无病且农艺性状好的种薯，收获时单收单藏，或用从无病区调入的种薯。选用健薯，汰除病薯。

2. 切刀消毒

黑胫病容易通过切刀进行传染，所以在切薯时要做好切刀消毒。操作时准备 2 把刀、1 盆药水，在淘汰外表有病状的薯块的基础上，先削去薯块尾部进行观察，有病的淘汰，无病的随即切种，每切一薯块换一把刀。消毒药水可用 5% 石炭酸、0.1% 高锰酸钾、5% 食盐开水或 75% 酒精。切块用草木灰拌种后立即播种。

3. 药剂浸泡种薯

黑胫病菌存在于维管束中，一般药剂很难杀死薯块内部的病菌。药剂浸泡种薯，可用 0.05% ~ 0.10% 春雷霉素溶液浸泡种薯 30 min 或用 0.2% 高锰酸钾溶液浸泡种薯 20 ~ 30 min，然后取出晾干播种。

（四）加强栽培管理

合理安排播种期，尽量早播种，早出苗，幼苗生长期避开高温高湿天气。薯田要开深沟，耙高畦，雨后及时清沟排水，降低田间湿度。科学施肥，施足基肥，控制氮肥用量，增施磷钾肥，增强植株抗病能力。及时培土，要进行 1 ~ 2 次高培土，防止薯块外露。

（五）及时摘除病株

发现病株应及时全株拔除，集中销毁，在病穴及周边撒少许熟石灰。后期病株要连同薯块提前收获，避免同健壮植株同时收获，防止薯块之间传播病害。对留种田最好细心摘除病株，以减少菌源。

（六）实行轮作

重茬会加重病害，实行 3 ~ 4 年的轮作制就可以避免病菌感染。黑胫病在土壤黏重、低洼高湿的地块发病严重。因此，在轮作时，还要注意避免在高湿涝洼地上栽培马铃薯。

（七）药剂防治

发病初期可用6%春雷霉素水剂喷雾，也可选用40%氢氧化铜600～800倍液防治，或用20%喹菌酮可湿性粉剂1 000～1 500倍液喷洒，或20%噻菌铜600倍液喷洒，也可用波尔多液灌根处理。

第三节　马铃薯细菌性软腐病

马铃薯细菌性软腐病是由几种欧氏菌单独或混合侵染，为害贮藏期马铃薯块茎的一种细菌病害。其遍布全世界马铃薯产区，每年不同程度地发生，是欧美国家马铃薯的主要病害之一。一般年份减产3%～5%，常与干腐病复合感染，引起较大损失。

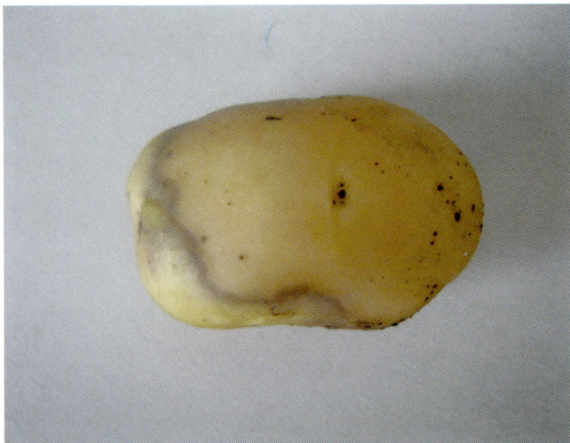

图3-5　马铃薯软腐病块茎症状

图3-6　马铃薯软腐病块茎切开后症状

一、症状

马铃薯软腐病主要为害叶、茎及块茎。叶染病时，近地面老叶先发病，病部呈不规则暗褐色病斑，湿度大时腐烂。茎部染病多始于伤口，再向茎干蔓延，后茎内髓组织腐烂，具恶臭，病茎上部枝叶萎蔫下垂，叶变黄。块茎染病多由皮层伤口引起，初呈水浸状，后薯块组织崩解，发出恶臭（图3-5，图3-6）。

二、病原物

马铃薯软腐病病原菌主要有3种，分别是胡萝卜软腐欧氏杆菌胡萝卜软腐致病变种 [*Erwinia carotovorasubsp.carotovora*(Jones) Bergeyetal]、胡萝卜软腐欧氏杆菌马铃薯黑胫亚种 [*E.carotovorasubsp.*

atroseptica（VanHall）Dye] 和菊欧氏杆菌 [*E.chrysanthemi pv. chrysanthemi* Burkholder. McFadden et Dimock]。菌体直杆状，大小（1.0 ~ 3.0）μm×（0.5 ~ 1.0）μm，单生，有时对生，革兰染色阴性，靠周生鞭毛运动，兼厌气性。氧化酶阴性，接触酶阳性。

三、病害循环

病原菌潜伏在薯块的皮孔内及表皮上，遇高温、高湿、缺氧，尤其是薯块表面有薄膜水，薯块伤口愈合受阻，病原菌即大量繁殖，在薯块薄壁细胞间隙中扩展，同时分泌果胶酶降解细胞中胶层，引起软腐。腐烂组织在冷凝水传播下侵染其他薯块，导致成堆腐烂。在土壤、病残体及其他寄主上越冬的软腐细菌在种薯发芽及植株生长过程中可经伤口、幼根等处侵入薯块或植株。胡萝卜软腐欧氏杆菌马铃薯黑胫亚种引起植株软腐病，病菌可从蔓内侵入新薯块。带菌种薯是该菌远距离和季节间传播的重要来源，在田间还借风雨、灌溉水及昆虫等传播。

四、流行条件

软腐病是细菌性病害，胡萝卜软腐欧氏杆菌变种和胡萝卜软腐欧氏杆菌马铃薯黑胫亚种是软腐病的常见病原。这两种病原属厌气细菌，易在水中传播。软腐病的侵染循环与黑胫病相似。一般易从其他病斑进入，形成二次侵染、复合侵染。早前被感染的母株，可通过匍匐茎侵染子代块茎。温暖和高湿及缺氧有利于块茎软腐病的发生。地温在 20 ℃以上，收获的块茎会高度感病。通气不良、田里积水、水洗后块茎上有水膜造成的厌气环境，利于病害发生发展。施氮肥多也会提高感病性。

五、防治措施

（1）马铃薯生长中期遇干旱应小水勤浇，避免大水漫灌，雨后及时排除积水。

（2）发现带有马铃薯软腐病病株及时拔除，并用石灰消毒。

（3）初发病喷施 50% 琥胶肥酸铜可湿性粉剂 500 倍液，或 14% 络氨铜水剂 300 倍液，或喷施 12% 绿乳铜乳油 600 倍液，或喷施 50% 百菌清可湿性粉剂 500 倍液。

（4）适时安全收获。凡机械损伤的薯块不入窖贮藏。

（5）加强贮藏期管理，做到干净、干燥、通风。堆放薯块不超过 30 cm，10 d 左右翻拣 1 次，随时剔除带有马铃薯软腐病的烂薯。

第四节　马铃薯青枯病

马铃薯青枯病又叫细菌性枯萎病、马铃薯褐腐病，是由青枯假单胞菌或茄假单胞菌，又被称为茄科雷尔氏菌（*Ralstonia solanacearum*，R. *solanacearum*）引起的具有细菌性和毁灭性的土传病害。青枯病是马铃薯病害中仅次于晚疫病的第二大病害，是为害最为严重的细菌性病害（Priou et al.,2006），对马铃薯产量和品质均有较大的影响。青枯病造成 80 多个国家的 153 万 hm^2 马铃薯减产，每年损失超过 95 000 万美元（Patil et al.,2012）。马铃薯青枯病在我国南方发病严重，轻者损失 10%，重的地块产量损失达 50% 左右，甚至绝收。

一、症状

幼苗和成株期均能发生马铃薯青枯病，一般幼苗期较少显症，多在现蕾开花后表现急性显症，染病植株比健株稍矮缩，叶色较浅，在晴天的午间一般是上部个别小叶或复叶出现萎蔫，晚间及清晨尚可恢复，以后逐渐加重，4 d 后致全株叶片萎垂不能再恢复，全株茎叶萎蔫死亡，但仍保持青绿颜色，叶片亦不脱落，随后叶脉逐渐变褐，茎部亦出现褐色条纹，有时 1 个主茎或 1 个分枝萎蔫，其他茎叶生长正常（图 3-7）。当气温偏低时，感病植株茎秆基部纵剖面维管束呈褐色。地下部分发病一般

图 3-7　马铃薯青枯病植株症状

先从匍匐茎与薯块相连处的脐部开始，所以脐部组织最先出现黄褐色症状，地茎表皮颜色无明显变化。病株所结块茎染病较轻，外表无明显症状，严重时，芽眼部逐渐变暗，块茎外皮龟裂，髓部软腐溃烂，后期脐部和芽眼两者均可自然溢出乳白色菌脓，但薯肉和皮层并不分离，病薯块横断面维管束呈黑褐色点状环。溢出物黏在块茎表面，可以与土壤混合，导致土壤附着在块茎表面，被侵染块茎留在土壤中继续腐烂，次生微生物将它转化成黏性物，由一薄层皮层或表皮包裹着（图3-8）。后期整个块茎内部腐烂成空洞。此病对马铃薯有潜伏侵染，外表虽无明显症状，但因细菌已侵入并潜伏薯块内，在贮运销售期间，若条件合适就会继续发展，致引起块茎大量腐烂。

图 3-8　马铃薯青枯病块茎症状

青枯病菌简单鉴定方法：切取一段发病植株主茎，将其浸入透明玻璃试管中，病原菌主要是大量细菌细胞外黏液，通过表面张力，会自然通过维管束导管流下（图3-9）。制成压片，在显微镜下，可以清楚地看到细菌菌脓溢流现象。

图 3-9　马铃薯青枯病菌脓溢流

马铃薯青枯病和环腐病有相似的地方，但也有可区分的症状（表3-1）。青枯病有显著的鉴别特征：在被侵染块茎横切面的木质部上，有灰色至褐色、有光泽的黏液珠。如果取一段被侵染茎的切面放在接触点，然后慢慢抽出一部分，细菌黏液珠变得可见，细菌黏液珠在清中扩展较短距离，随后破裂，消失。

表 3-1 青枯病和环腐病之间的区别

特征	病害	
	青枯病	环腐病
病原物	青枯假单胞杆菌	马铃薯环腐棒状杆菌
革兰染色反应	阴性	阳性
菌脓情况	从维管束组织溢出大量菌脓，通常不用挤压	从维管束组织溢出菌脓，通常须挤压
颜色	灰白	乳白
植株症状	迅速萎蔫，呈绿色，褪绿较少	通常萎蔫有退绿或变黄，后叶脉间坏死
维管束症状	显著变褐，通常茎上明显	茎上变色，常不明显
块茎症状	表面不变色	破裂，分布不规则
芽眼症状	菌脓引起土壤黏着	无土壤黏着现象

二、病原物

青枯假单胞杆菌（*Pseudomonas solanacearum* E.F. Smith）是一种不产生芽孢、无荚膜、革兰氏阴性、分解硝酸盐、形成氨的好氧型杆状细菌（图3-10，图3-11）。菌体短杆状，单细胞，两端圆，单生或双生，端生1～4根极生鞭毛运动，大小为（0.5～0.7）$\mu m \times$（1.5～2.5）μm。在肉汁陈蔗糖琼脂培养基上，菌落圆形或不整形，污白色或暗色至黑褐色，稍凸起，平滑具亮光。在一些复杂培养基上，还可以产生粗糙的菌落，还可能产生黑色素。

青枯假单胞杆菌不能水解淀粉，淀粉中的凝胶体慢慢地被溶解或不能溶解，液化明胶，产生硫化氢，产生吲哚，从而不能使马铃薯腐烂。青枯假单胞杆菌对干燥环境非常敏感，在肉汁培养基中，能够被相对低浓度的盐所抑制。该菌在 10～40 ℃均可发育，

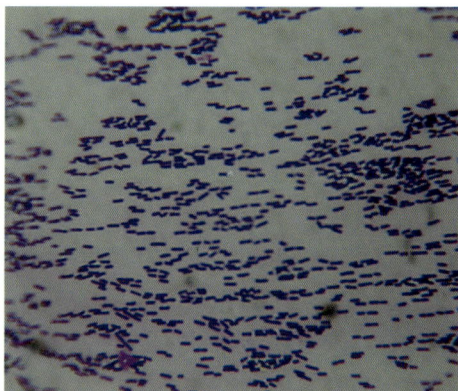

图 3-10 显微镜下马铃薯青枯菌

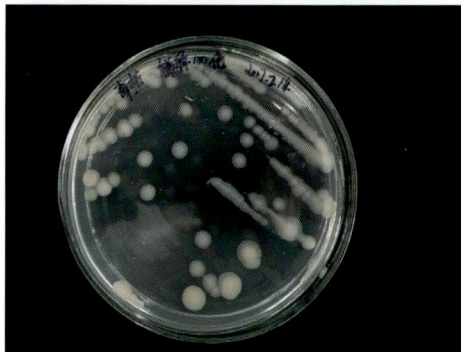

图 3-11 马铃薯青枯菌菌落

最适生长发育温度为 30 ~ 37 ℃，也存在一些菌株在较低的温度下相对生长较好，在土壤 pH 值 7.0 ~ 8.5 都可生长，最适宜 pH 值为 6.6。青枯假单胞杆菌显示不同寄主转化型。侵染马铃薯的菌株，对烟草的毒力是微弱的，而对香蕉是无毒力的；侵染香蕉的菌株，对马铃薯是无毒力的；侵染烟草和番茄的菌株，对马铃薯通常是有毒力的。来自葡萄牙和肯尼亚的青枯假单胞杆菌的一些菌株，在培养基中不发生典型的酪氨酸反应。

青枯假单胞杆菌保持在不通气的液体培养基里，将迅速失去毒力和生活力，并从不动的野生类型转变成无毒的、高运动的变种。有毒力的野生类型的菌落呈不规则圆形，白色，具有粉红色中心无毒力变种的菌落呈不一致的圆形、乳脂状和深红色。用细胞悬浮液在含有 2,3,5- 三苯基四氮唑（TTC）- 蛋白胨 - 酪蛋白氨基酸 - 葡萄糖琼脂的平板上画线，在 32 ℃下培养 36 ~ 48 h 以后，在斜向透光下检查，菌落的特征最容易观察到。

三、病害循环

马铃薯青枯菌的病害循环可以分为土壤中的腐生生活阶段和马铃薯中的寄生生活阶段。青枯菌可以长年存活在潮湿的土壤中（Alvarez et al.,2008）。青枯菌在土壤中感受到马铃薯信号后利用鞭毛游动到马铃薯根际（Wainui et al.,2012; Tans-Kersten et al.,2001; Araud-Razou et al.,1998），通过马铃薯根部伤口、根尖、次级根发生区侵染进入马铃薯细胞间隙，引起外表皮、皮层、内皮层细胞质壁分离，破坏内皮层细胞和中柱鞘细胞后进入根部维管束组织。通过维管束可以快速对整个植株进行系统侵染。在维管束中达到一定浓度后分泌大量胞外多糖，堵塞植株导管，妨碍水分运输，造成马铃薯植株失水萎蔫，最后死亡。病菌随病残组织在土壤中越冬，侵入薯块的病菌在窖里越冬，无寄主可在土中腐生 14 个月至 6 年，青枯菌可在死亡的病植物残体中继续生存，最后又进入土壤，进入下一轮侵染（Genie, 2010）。

四、流行条件

青枯假单胞菌在 10 ~ 40 ℃下均可发育，最适温度为 30 ~ 37 ℃，适应 pH 值为 6 ~ 8，最适 pH 值为 6.6，一般酸性土壤发病重。马铃薯青枯病病菌在水田、旱地中主要通过雨水、灌溉水、肥料、病苗、病土、昆虫、人畜以及生产工具等传播，而且一年当中病菌可重复多次传播和侵染造成病害流行。4 月上中旬连续梅雨，使田间土壤含水量高，雨止转晴，气温急剧升高是该病蔓延流行的主要气候因素。另外，线虫、地老虎等伤根害虫多的地块容易发病。常年连作地块比经常轮作地块发病重，抗病性差的品种发病重。

五、防治措施

（一）农业防治

（1）选用抗病品种是防治青枯病的最佳方法，应选用优质、抗病性强及早熟的品种。

（2）建立无病种薯繁育体系，选留未发生过青枯病的地块进行繁育种薯，利用脱毒技术繁殖原种等，都会遏止青枯病的发生。

（3）青枯病是土传性病害，应大力提倡与非寄主植物进行 2 年以上的轮作。

（4）不施带病菌肥料，尽量施用有机活性肥、生物有机肥或草木灰，如喷施植宝素 7 500 倍液或爱多收 6 000 倍液，施用充分腐熟的有机肥或草木灰改变微生物群落。

（5）大雨后注意及时排水，采用高畦栽培，避免大水漫灌。

（6）发现马铃薯病株后，及时拔除并将其带离种植区域，及时销毁，撒施石灰对其消毒，可以有效地减少马铃薯青枯病病害的蔓延。

（7）利用小整薯代替大薯切块播种，可以避免用刀切块时感染，再利用枯草芽孢菌菌株制成粉状制剂对种薯进行处理。

（二）化学防治

（1）用 72% 农用硫酸链霉素 4 000 倍液，或福尔马林 200 倍液于播前处理种薯，在一定程度上可起到防治青枯病的作用。

（2）发病初期，用药剂灌根。可选用 53.8% 氢氧化铜悬浮剂 1 000 倍液，或 72% 农用硫酸链霉素 4 000 倍液，或 25% 青枯灵可湿性粉剂 800 倍液。隔 7 ~ 10 d 喷洒 1 次，连续用 2 ~ 3 次。用硫酸链霉素或 72% 农用硫酸链霉素可溶性粉剂 4 000 倍液或农抗 "401" 500 倍液、25% 络氨铜水剂 500 倍液、77% 氢氧化铜可湿性微粒粉剂 400 ~ 500 倍液、50% 百菌通可湿性粉剂 400 倍液、12% 绿乳铜乳油 600 倍液、47% 春雷霉素可湿性粉剂 700 倍液灌根，每株灌兑好的药液 0.3 ~ 0.5 L，每隔 10 d 喷洒 1 次，连续用 2 ~ 3 次，可防治马铃薯青枯病。

第五节　马铃薯环腐病

马铃薯环腐病又称转圈烂、黄眼圈、圪缩病，是一种维管束病害，在马铃薯生长期和贮藏期均能发生为害。马铃薯受环腐病为害后，常造成死苗、死株，严重影响产量，一般减产 10% ~ 20%，重的达 30%，个别特别严重的达 60% 以上，甚至绝收。马铃薯环腐病在生长期既可发生于植株茎叶上，也可发生于植株块茎上，严重影响马铃薯大田生长，造成马铃薯产量下降；而且在贮藏期间仍可继续为害，造成块茎腐烂，影响块茎质量。近年来随着脱毒种薯在生产上的大力推广应用，马铃薯环腐病的发生明显减少。

一、症状

马铃薯环腐病属细菌性维管束病害（图 3-12）。由于品种和环境条件不同，马

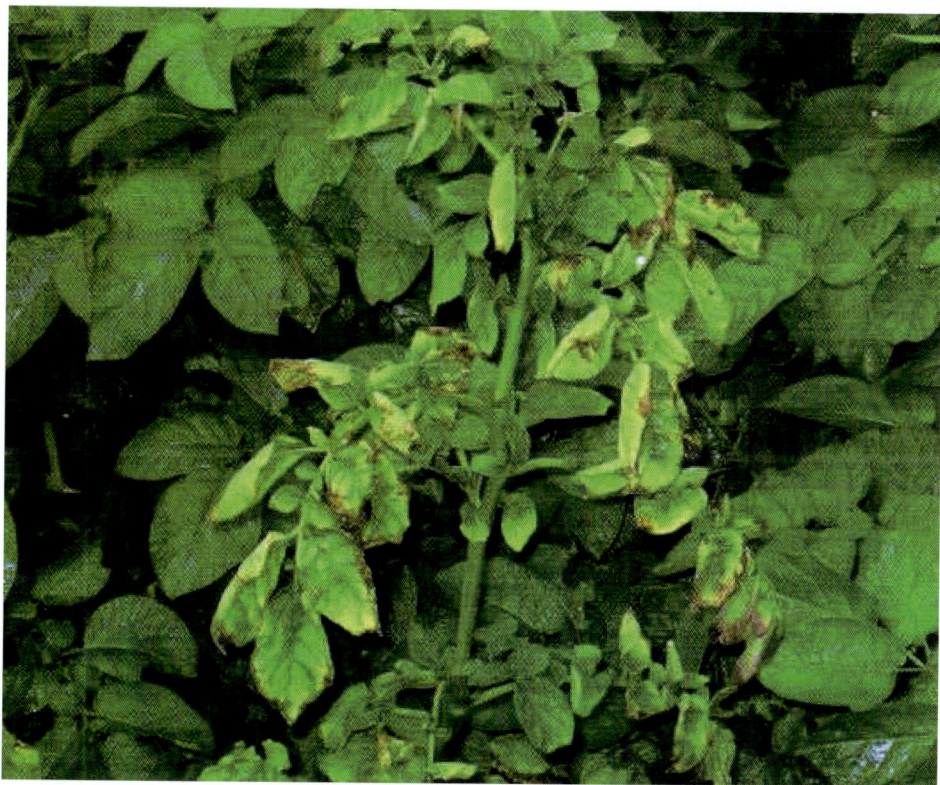

图 3-12　马铃薯环腐病植株症状

铃薯环腐病的症状表现有时差异很大。植株受害后，一般表现为生长迟缓、地上部矮缩、瘦弱、分枝减少、叶片变小，有的植株因受害较晚，症状不明显，仅是顶叶变小，见不到萎蔫症状。只有严重的才表现为萎蔫矮缩。早期受害严重的还可发生死苗等症状。

典型的症状是由于茎秆维管束组织受到破坏而使地上植株发生萎蔫，大多要到生长后期才明显表现出来，自下而上地发展。首先是下部叶片边缘稍微卷曲，萎蔫下垂，呈灰绿色，植株提早枯死，但叶片不脱落，茎秆仍为绿色，随着萎蔫的发展，淡黄色区在叶脉之间发展，叶片上有时也出现发黄斑块，最后枯死。

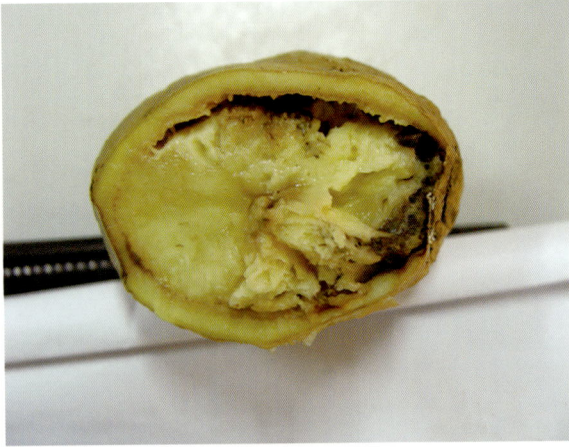

图 3-13 马铃薯环腐病块茎症状

马铃薯环腐病是由于被害块茎末端横断面的维管束环的内部腐烂特征而得名（图 3-13，图 3-14）。压挤发病的块茎，特别是贮藏期发病的块茎，能挤出奶油状、乳酪状的无味细菌菌脓，邻近皮层和髓部可以分离开。受其他病原菌二次侵染，在环腐病发病基础上，引起块茎进一步腐烂，进而掩盖了环腐病的症状。由于二次侵染形成的压力，能引起块茎外表的肿胀，凹凸不平的裂缝和呈现红褐色，特别是在芽眼附近，严重受害的薯块，皮层和

图 3-14 马铃薯环腐病块茎维管束症状

髓部可以分裂开，外部表皮也易爆裂，如有其他微生物侵染，还可使维管束腐烂发黑。一般马铃薯环腐病的典型症状出现在田间，但一些隐性被侵染块茎，在冷藏条件下，多个星期才表现出症状，典型症状出现的位置一般是块茎末端或发病部位。

二、病原物

环腐病菌 [*Clavibacter michiganense* subsp.Sepedonicum (Spieckermann & Kotthoff)Davis,et al. aver and Harris]，异名 [*Corynebacterium sepedonicum* (Spieck.& Kotthoff) Skap-tason & Burkholder] 称密执安棍状杆菌马铃薯环腐致病变种或称环腐棒杆菌，属细菌。革兰染色反应阳性（图 3-15）。菌体呈短杆状，楔形占优势，弯或直杆状细胞。单个细胞占优势，呈"V"和"Y"字形或栅形排列，菌体大小（0.4 ~ 0.6）μm×（0.8 ~ 1.2）μm，单生或偶尔成双，没有荚膜和芽孢，好气型，无鞭毛，不能游动。生长适温为 20 ~ 23 ℃，最低 3 ℃，最高 31 ℃，致死温度为 50 ℃。在所有培养基上生长都是慢的，在葡萄糖洋菜培养基上培养 5 d 后，菌体很少超过 1 mm，在培养基上菌落白色，薄而透明，有光泽。

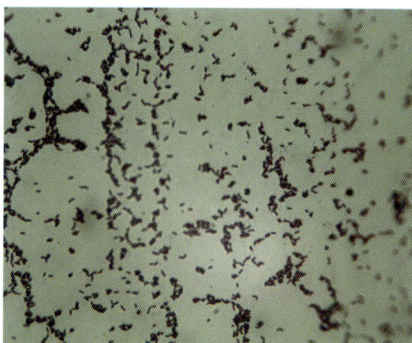

图 3-15 马铃薯环腐病病菌染色症状

三、病害循环

该病原菌主要在被侵染的块茎里越冬，成为翌年初侵染源。病薯播种后，一部分芽眼腐烂不发芽，一部分出土的病芽，病菌沿维管束上升至茎中部或沿茎进入新结块茎而致病。病原菌黏液也可在贮藏室、袋子或筐等物品中存活 9 个月或更长时间，但是在土壤里不能存活。病原菌通过块茎伤口，特别是污染的器械或容器可发生侵染。污染的切薯刀和播种器是病原菌非常好的传播途径。病菌侵染也可通过茎、根、匍匐茎或植物其他部分的伤口发生。有实验显示，通过番茄种子也可传播环腐病菌。环腐病通过根部接种的效率最高，有利于症状的发展。细菌主要存活在维管束里，而后侵染木质部的薄壁细胞和邻近组织，引起维管束环的分离。有报道称，刺吸口器昆虫也能把病害由病株传播到健康植株上。

四、流行条件

病原适宜温度为 20 ~ 23 ℃，最适土温为 19 ~ 23 ℃，16 ℃以下症状出现少，当土温超过 31 ℃时，幼苗生长受到抑制，病害发生轻。在温度适宜的情况下，阴雨连绵、排水不良时发病重。重茬地和地下害虫为害重的地块发病也重。晚播较早播发病重，春播较夏播发病重。结薯集中的品种较结薯分散的品种发病重，切块播种较小薯整块播种发病重。施肥量小，特别是氮肥量偏少的，发病也较严重。

五、防治措施

（一）选育抗病品种

只要做到种薯不带菌，就能达到彻底防治的目的。

（二）严格执行检疫制度

调种要严格进行产地检疫、种薯检验，禁止从病区调种。从源头上切断马铃薯环腐病的种薯传染，做好种薯的选择、消毒工作，防止病薯外调，以免病区扩大。

（三）整薯播种

可采用小型薯块整薯播种，通过实践证明，连续 3 年可大大减低病害发生。

（四）培育无病种薯

在马铃薯种植区内，可精选种薯田块作为无病留种田，通过加强管理，精心培育，拔除病株，力求收获无病种薯。收获时做到单收、单藏，留作种用，获得无病种薯，是解决马铃薯环腐病的有效途径。

（五）做好工具消毒处理，防止传染

首先做好包装材料、盛放容器、农具等的消毒工作，可用漂白粉或福尔马林消毒。其次要做好切刀的消毒工作，切过病薯的切刀可用 5% 来苏水或 75% 酒精或 0.1% 高锰酸钾等药液浸泡或用开水煮沸消毒。

（六）种薯消毒处理

选用种薯质量 0.1% ~ 0.2% 的敌克松，加干细土拌种，或用 50% 甲基托布津 500 倍液浸种薯 2 h，或用 10% 石灰水溶液浸种薯 5 ~ 10 h。

（七）药剂防治

（1）做好播前土壤管理。播前每亩地可用熟石灰 50 kg 进行全田消毒。

（2）及时清理病株。马铃薯生育前期，结合中耕培土，发现病株，及时拔除病株，并携出田外集中堆沤处理，同时在病株下用石灰消毒。

（3）选用药剂。根据经验可用甲基托布津＋叶枯唑（或春雷霉素）＋滑石粉进行

拌种，亦可以用铜制剂（噻菌铜、松脂酸铜、氢氧化铜等）+ 春雷霉素 + 氨基寡糖素进行黏薯块处理，可以控制病菌的蔓延，严重的只能拔除，再用氯溴异菌脲酸等进行穴处消毒。发病初期用 72% 农用链霉素 400 倍液全田喷雾，消毒保护健康植株。或用大生、25% 三唑酮可湿性粉剂 500 倍液、88% 合霉素可湿性粉剂 1 000 倍液或 0.1% 硫酸铜溶液对植株喷雾，发病期用药每隔 7 ~ 10 d 喷 1 次，共喷 2 ~ 3 次。

第六节　马铃薯疮痂病

马铃薯疮痂病（*common scab*）是由植物病原链霉菌引起的一种重要经济性病害，是世界上普遍发生的一种顽固性土传病害，不但影响马铃薯的外观和品质，不耐贮藏，而且会降低薯块的商品价值。由于马铃薯常年种植，没有良好的轮作机制，导致我国大部分马铃薯种植地区深受该土传病害的影响，并且具有逐年加重的趋势。

一、症状

该病主要为害马铃薯块茎（图 3-16），最初在块茎表面产生浅褐色小点，逐渐扩大成褐色近圆形至不定形大斑，一般直径 5 ~ 8 mm（很少超过 10 mm），以后病部细胞组织木栓化，使病部表皮粗糙，

图 3-16　马铃薯疮痂病块茎症状

开裂后病斑边缘隆起，中央凹陷，病斑的形状不规则，呈疮痂状，病斑仅限于皮部，且不深入薯内。被侵染的表皮组织从淡棕褐色到褐色，病斑由表面的木栓层（锈疤）组成。匍匐茎也可受害，多呈近圆形或圆形的病斑。

一般来说，根据疮痂病病斑类型可以分为 3 种，一种是表面的软木层（黄褐色疮痂），一种是凸起的痂（图 3-17），1 ~ 2 mm 高（类

图 3-17　马铃薯疮痂病块茎凸起症状

似粉痂病），还有一种是延伸到块茎内凹陷的痂，7 mm深，其中又将平状病斑分为褐斑型疮痂和网斑型疮痂（图3-18）两种。不同类型病斑的可能成因与病原菌种类、周围环境和品种等因素有关。

图3-18　马铃薯疮痂病块茎网纹症状

二、病原物

马铃薯疮痂病是由属于放线菌目链霉菌属的疮痂病链霉菌（图3-19）引起的土传植物病害。我国以 *S.scabies*，*S. turgidiscabies*，*S. acidiscabies* 三种病原菌最为常见，*S. scabies* 可引起凸起和凹陷的病斑，*S.acidiscabies* 可致使块茎形成平状和凹陷的病斑，*S.turgidiscabies* 可引起凸起状病斑。Natsume 等人

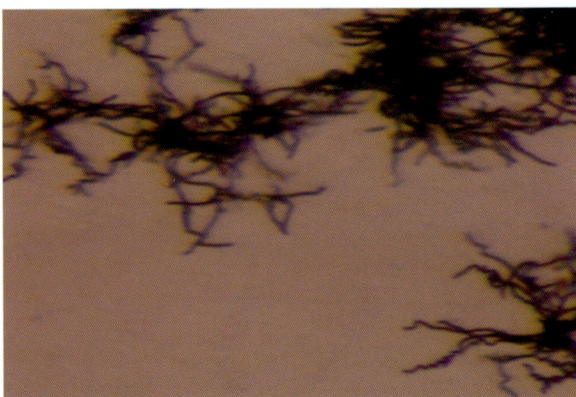

图3-19　马铃薯疮痂病病原菌

研究发现，病原菌产生的毒素种类与病斑的类型有关，在由疮痂链霉菌［*Streptomyces scabies*（Thaxter）Waks.et Henvici）］引起的凹陷病斑中分离出了毒素 thaxtomins 和 concanmycin A，在其他病原菌引起的平状和凸起的病斑中未检测到毒素 concanmycin A。研究表明，毒素 concanmycin A 与毒素 thaxtomins 的协同作用产生了有深坑的凹陷病斑。

疮痂链霉菌具有桶形的分生孢子，大小（0.8 ~ 1.7）μm×（0.5 ~ 0.8）μm。分生孢子梗有分枝，有隔膜，具有长的、卷曲的、顶端分枝的螺旋形"细颈"。链霉菌分类为细菌，因为它们是无核的，具有生化特征，与真菌比更接近细菌的细胞壁，在菌丝形态上它们确实像真菌，但是它们的营养菌丝直径小（大体 1 μm），显著不同于真菌。疮痂放线菌是好气型的，它产生无色的营养菌丝，在许多培养基上产生灰白色、鼠灰色的气生菌丝体，菌落周围培养基经常含有黑色素。在含有低蔗糖（0.5%）的马铃薯琼脂培养基上，产孢良好；在富含蛋白胨的培养基上，产孢稀少至没有。用

含有土壤水琼脂或低蔗糖（0.1% ~ 0.5%）马铃薯琼脂培养基进行稀释平板法培养，疮痂链霉菌通常能成功地直接从病斑下稻草色半透明的组织中分离出来。辐射状的链霉菌菌丝，使来自链霉菌属菌落的光反射与典型的细菌菌落明显不同。在培养时生长温度是 5.0 ~ 40.5 ℃，最适温度是 25 ~ 30 ℃，病原菌适宜生长 pH 值为 5.2 ~ 8.6。

三、病害循环

通过被侵染的马铃薯种薯，疮痂链霉菌已被传播到所有的马铃薯田的土壤里（图 3-20）。然而，有证据说明，在马铃薯被引进之前，致病的链霉菌在自然土壤里是存在的。这些微生物实际上是一种低等的腐生病原物，它们在土壤里腐烂的植株残体上，也可能在活的植株的根部，在动物的饲料里，或在动物粪便的农家有机肥的田地里长期存活。新生菌株以孢子的形式分散传播，病原菌孢子可在植物种子、土壤和泥水中存活，带病的植物种子和土壤是初侵染源。一旦疮痂病链霉菌进入土壤中，它甚至可以在没有马铃薯的情况下存活很长时间，有数据显示，该病原菌在土壤中存活期可达 10 年之久。孢子可以通过植物伤口、气孔、皮孔等部位侵入植物组织内（Locci，1994；Agrios，2005）。孢子的疏水特性使它们也可以通过节肢动物或线虫等动物携带传播。在块茎从开始形成时到膨大四周期间最容易受到致病菌株的侵染。可能是因为它们尚未形成一层保护性的软木胶，所以致病性链霉菌属菌株穿透块茎可被认为是通过幼皮孔发生的。后来被证明疮痂病链霉菌是通过穿透马铃薯细胞壁使侵染薯块的。

四、流行条件

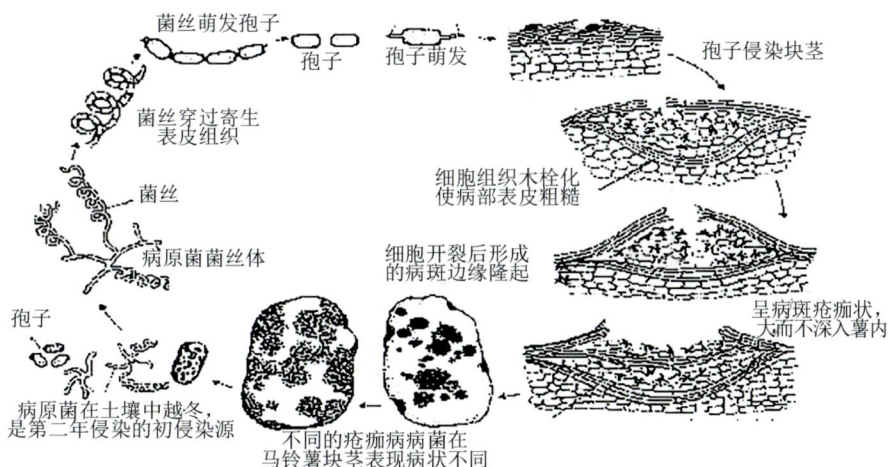

图 3-20　马铃薯疮痂病病害循环

疮痂病受土壤 pH 值、土壤水分、质地、病原遗传变异和病原毒力等多种因素影响。灌溉被应用在较早的防治方法中，较好地控制土壤湿度，从块茎形成期（大约 6 周）开始，保持土壤湿度，可以抵抗疮痂病的侵染。Johansen 等在 2009—2011 年研究，在自然光照、相同气候条件下，随着土壤湿度的增加（在块茎形成期间进行灌溉），疮痂病发病率明显降低；研究人员把不同疮痂病覆盖面积的种薯进行种植，发现种薯在疮痂病的传播中可能占一个次要的地位。关于灌溉可以控制疮痂病的原因，有研究表明，灌溉降低了土壤温度，直接抑制了病原菌生长。Adams 等通过对潮湿和干燥的土壤中生长的马铃薯形成期块茎感染疮痂病发病情况进行分析，研究了马铃薯块茎皮孔发育和表面微生物菌群。结果表明：虽然在块茎形成期增加土壤湿度可以有效控制疮痂病的发生，相对于干燥的土壤，潮湿的土壤中块茎表面放线菌较少，但却有大量的细菌繁殖，疮痂病得到控制，可能是某种形式的微生物拮抗引起的。Wharton 等研究表明，灌溉在抑制疮痂病的同时也可能会促进马铃薯其他病害的发生。

疮痂病研究最广泛的环境因素是土壤 pH 值，土壤 pH 值与马铃薯疮痂病严重程度密切相关，但这种关系经常受其他条件影响。研究表明，疮痂病在 pH 值低于 5.2 或高于 8.5 的土壤中得到了控制。但 Wiechel 等研究表明，通过在土壤中加入硫黄降低土壤 pH 值和用石灰、氧化镁、石膏等物质提高土壤 pH 值后，对疮痂病控制结果并不一致。*S. acidiscabies* 和 *S. turgidiscabies* 等病原菌可以在 pH 值 3.8 以下的土壤中生存，并引起疮痂病。pH 值的高低也严重影响着植物对水分和养分的利用率。

除此之外，可以通过维持和创建土壤条件、土壤熏蒸、土壤消毒、使用有机肥、选择受疮痂病影响较小的田地、实施轮作和选用无病种薯、降低土壤含氧量等方法降低疮痂病发病率，但区域和地点之间以及管理方式的差异，导致控制疮痂病的结果也不稳定。

五、防治措施

（1）用无病种薯，一定不要从病区调种，避免种植有疮痂病的种薯。可选择褐色、红皮、厚皮等抗病品种。

（2）合理轮作。马铃薯属茄科作物，可与谷类作物、豆科、百合科和葫芦科作物等进行 3 ~ 5 年轮作。

（3）加强栽培管理。选择保水性好的菜地种植，避免选择碱性沙壤土。提倡高垄栽培和中耕培土，在块茎形成和形成后 4 ~ 9 周，根据品种、栽培措施和气候条件，保持高的土壤湿度，可减轻发病。科学施肥，除施用氮磷钾肥外，应增施腐熟的有机肥、微生物菌肥及钙镁硼等矿物元素，保证养分齐全，提高植株抗病能力。

（4）药剂防治。土壤消毒，每亩施用 40% 五氯硝基苯粉剂 1 kg；播种前，用 0.2%（甲醛）溶液浸种 2 h，晾干后播种，或用春雷霉素、氧氯化铜或甲基托布津、阿米西达和滑石粉拌种，对种薯消毒；在马铃薯薯块形成初期（马铃薯现蕾前期），可用噻霉酮、辛菌胺等环保药剂进行二次灌根防治，防病初期也可以用代森锰锌进行喷施，隔 7 ~ 10 d 进行 1 次。避免土壤施过量石灰，它能提高土壤 pH 值和降低土壤的钙与磷比率。

第四章 马铃薯主要病毒病害

第一节 引 言

在一定条件下，植物病毒侵入马铃薯体内，并能够寄生和增殖，引起的病害被称为马铃薯病毒病害。马铃薯病毒在寄主细胞中进行核酸（RNA 或 DNA）和蛋白质外壳的复制，组成新的病毒粒体。马铃薯病毒粒体或病毒核酸在植株细胞间转移速度很慢，而在维管束中则可随植物的营养流动方向而迅速转移，使马铃薯植株周身发病。目前已报道的马铃薯病毒、类病毒多达 25 种以上，其中为害严重的主要有马铃薯 X 病毒（PVX）、马铃薯 Y 病毒（PVY）、马铃薯 A 病毒（PVA）、马铃薯 S 病毒（PVS）、马铃薯卷叶病毒（PLRV）、马铃薯 M 病毒（PVM）及马铃薯纺锤块茎病毒（PSTV）等，马铃薯 V 病毒（PVV）、马铃薯黄矮病毒（PYDV）是我国进境植物检疫性有害生物。

一、马铃薯病毒病的发生与为害

除马铃薯晚疫病、青枯病外，病毒病是影响马铃薯生产的主要病害之一，在世界各国马铃薯种植区均有分布。其流行较广，为害较大，导致马铃薯的产量下降和质量变劣，大大降低了马铃薯的利用价值，一般可减产 20% ~ 50%，严重时减产可达 80% 以上，严重制约了马铃薯产业的发展。马铃薯病毒病的加重给世界和我国造成了相当严重的损失，据相关统计和报道，每年全世界因马铃薯病毒病造成的损失已经超过 200 亿美元，在我国造成的损失也高达几亿美元。

蚜虫传播、接触传播和摩擦传播是马铃薯病毒病的主要传播途径。马铃薯一旦被病毒侵染便终身带毒，受病毒感染的马铃薯通过块茎无性繁殖不断积累病毒，并传递给后代。病毒病造成植株的生理功能被破坏，代谢紊乱，活力下降。马铃薯可以受到一种病毒的单独侵染或者几种病毒的复合侵染，因此，在田间表现出的症状复杂多样，难以通过肉眼简单判断出有哪种或哪些病毒侵染。病毒病引起的常见症状有花叶型、坏死型、卷叶型和丛枝及束顶型 4 种类型。一是花叶型症状，叶面出现淡绿、黄绿和浓绿相间的斑驳花叶（有轻花叶、重花叶、皱缩花叶和黄斑花叶之分），严重时叶片皱缩、畸形，全株矮化，有时伴有叶脉透明；二是坏死型症状，叶肉、叶脉、叶柄等部位出现褐色坏死斑，病斑发展连接成坏死条斑，严重时叶片早落，全叶枯死或萎蔫脱落；三是卷叶型症状，植株明显矮化，叶片向内翻转，卷成筒状，质地变硬革质化，易脆裂；四是丛枝及束顶型症状，植株分枝纤细而多，缩节丛生或束顶，叶片小花少，明显矮缩。

目前，马铃薯病毒病没有有效的防治药剂，而脱毒马铃薯种薯生产技术为病毒病的防治提供了一个有效途径。因此，为了获得无毒的种薯和植株，要加强病毒的检测和鉴定，把握好依靠准确高效的检测技术和手段来保证种薯质量这个关键。

二、马铃薯病毒病的主要病原种类

可感染马铃薯的毒源种类多达 40 种，包括病毒（占多数）、类病毒、植物菌原体等，其中多达 15 种病毒是以马铃薯命名的。目前，在我国马铃薯上已经发现的病毒有马铃薯 X 病毒、马铃薯 Y 病毒、马铃薯 S 病毒、马铃薯 M 病毒、马铃薯 V 病毒、马铃薯 A 病毒、苜蓿花叶病毒、马铃薯卷叶病毒、马铃薯纺锤块茎病毒、烟草脆裂病毒、烟草坏死病毒等 10 余种。广泛分布于我国、为害比较严重的马铃薯病毒主要有 6 种，它们分别是 PVX、PVY、PVS、PVM、PVA 和 PLRV，其中分布最为广泛和造成损失最重的是 PVY 和 PLRV。另外，在我国北方为害严重的还有 PSTV。

三、马铃薯病毒病的防治

马铃薯系无性繁殖作物，一旦感染病毒，无有效药剂防治。病毒在薯块内的积累是导致马铃薯品质、产量下降的主要原因。目前马铃薯病毒病的主要防治途径有以下几种：

（一）采用脱毒技术

快速有效的脱毒方法是获得无毒苗、防治马铃薯病毒病、提高马铃薯产量和品质的有效途径。从 1955 年 G.Morel 和 C.Martin 通过茎尖培养获得了无病毒马铃薯植株以来，茎尖脱毒技术得到迅猛发展，现在茎尖培养脱毒法已经成为植物无毒苗生产中应用最广泛的一种方法。当前脱除马铃薯病毒的方法有 4 种：茎尖培养脱毒法、热处理脱毒法、热处理结合茎尖培养脱毒法、化学处理脱毒法。其中在马铃薯上应用最广泛的是茎尖培养脱毒法及其与热处理法相结合的方法。

（二）培育抗病毒品种

抗病毒基因工程原理就是将外源 DNA 或 RNA 导入植物细胞，经过修饰的病原物基因可能通过干扰病原物的增殖和功能而使作物具有抗病性。

目前，抗病毒基因工程的主要策略，即外壳蛋白介导的抗性、复制酶基因介导的抗性、反义 RNA、卫星 RNA、动植物来源的抗病毒蛋白等均已用于马铃薯遗传转化。其中外壳蛋白基因介导的抗性是研究最早，也是目前应用最多的抗病毒基因工程策略，以农杆菌载体为基础的转基因体系在马铃薯上的应用也非常广泛。

（三）建立无病留种基地

建立无病留种基地防治马铃薯病毒病也是较有效的方法之一。可将品种基地建在冷凉地区，繁殖无病毒或未退化的良种，并采用同一品种整薯播种，其间采用"正负选择"和"拔杂去劣"等方法，严格控制病害传播。

（四）防治蚜虫

马铃薯病毒病的传播大多数是以昆虫为媒介特别是蚜虫，蚜传病毒的为害性远超过蚜虫本身的直接取食为害，即使是抗病品种或脱毒种薯，也可能在栽培后期由于蚜虫的传播而造成病毒侵染。因此，在生产中应及时喷药防治蚜虫。

（五）增强栽培防病措施

栽培管理过程也可采用适当的措施减少感染，增强抗性。如采用小整薯播种可防止切刀传病；留种田可搞夏播，使结薯期躲过高温期，增强其抗病能力并在种植马铃薯前消除寄生杂草。要尽可能避免其与茄科、十字花科植物，如甘蓝、辣椒、茄子、番茄等作物相邻。

第二节 马铃薯 Y 病毒病

马铃薯 Y 病毒（PVY）病又称烟草脉带病、烟草脉斑病毒病，是最常见、为害最重的马铃薯病毒病之一。PVY 的普通株系（PVY^O）分布于全世界。在欧洲发现叶脉坏死株系（PVY^N），非洲和南美洲的部分地区也有发现。点刻斜条株系（PVY^C）可能发生在澳大利亚和欧洲的一些地区，但还没有广泛的报道。可单独或与其他病毒混合侵染寄主，如其与 PVX 混合侵染，可产生比单一病毒侵染更加严重的症状，植株会出现重花叶、条斑垂叶坏死、条斑花叶、点条斑花叶等症状（图 4-1，图 4-2），同时会导致马铃薯出现质量退化、产量下降等现象，严重时减产 80% 以上。中国马铃薯 PVY 感染率在气温较高的南部地区显著高于纬度高、海拔高的冷凉地区，造成中国中原和南部低海拔地区的很多马铃薯种植区不能自行留种，必须从东北、西北和西南等高海拔、发病较轻的地区调种，或直接购买脱毒种薯，这一举措使生产成本大幅提高。PVY 还可侵染多种植物，如烟草、辣椒和番茄等，每年均造成严重的经济损失。

图 4-1 PVY 病及花叶皱缩症状

图 4-2　PVY 病重花叶症状

一、为害症状

　　马铃薯上的症状，随着病毒株系和马铃薯品种的不同而变化（图 4-3 至图 4-6）。严重程度的范围，从微弱的症状到严重的叶片坏死，以致被侵染的植株死亡。总的来说，PVY^O 和 PVY^C 较 PVY^N 引起更严重的症状。PVY^N 在当季植株上引起轻型斑驳（最初侵染），在由带毒块茎产生的植株上也产生轻型斑驳（二次侵染）。如果侵染发生在生长季节后期，叶片症状就不会出现。可是，来自这种植株的块茎会携带病原。

　　PVY^O 的初始症状因马铃薯品种不同而异，叶片呈现坏死、斑驳或黄化，叶片脱落，有时过早地死亡。叶片坏死，开始是斑点或环形斑，引起叶片衰萎，从植株上脱落或悬挂在茎上，与棕榈树相似。有时这些症状仅出现在一穴的一条枝上。

图 4-3　PVY 病脉坏死症状

第二次由 PVY^O 侵染的植株是矮小的，叶片有斑驳和皱缩。有时叶片和茎发生坏死。初次侵染引起的坏死，通常较第二次侵染后的更严重。嫩叶症状是花叶，它与马铃薯 A 病毒（轻微的花叶）诱发的症状不同，它的褪色区较小，且数量多。叶片斑驳在低温（10 ℃）和高温（25 ℃）下会出现隐症。可是在高温下，该病害能通过皱缩和叶片的脉缩来鉴定。

PVY^C 在几个品种上产生点刻至条纹症状，被侵染的植株表现为矮小，未成熟时会死亡。在叶片上的症状和块茎的症状之间，总是存在着一种相关性。在嫩叶上微弱的花叶症状，一般是由 PVY^N 株系诱发的，不伴随发生块茎上的症状。对 PVY^O 侵染在叶片上产生坏死的品种，有时在块茎皮上表现出淡褐色的环。PVY^C 株系可以在一些品种上诱发内部和外部的坏死。

图 4-4　PVY 病块茎症状（一）

图 4-5　PVY 病块茎症状（二）

图 4-6　PVY 病引起环斑坏死初期症状

二、病原物

PVY 是一种具有弯曲的、线状的、螺旋形结构的病毒粒体，大小为 11 μm ×（680 ~ 900）μm。可根据在烟草、多花酸浆、马铃薯和其他寄主上系统症状的严重程度，区分不同的株系群。以马铃薯为初始寄主的 PVY 的 3 个主要株系分别为：PVY^O、PVY^C 和 PVY^N。20 世纪 90 年代以来，越来越多的 PVY 株系相继被鉴定，诸如 PVY^Z 和 PVY^E，但这两个株系的报道较少。PVY^O 分离物侵染携带抗病基因 *Nc* 的马铃薯品种（如 King Edward）时不引起过敏反应，侵染携带 *Nc* 抗病基因的马铃薯品种会引起过敏性坏死反应（hypersensitive response，HR），在烟草的系统叶片上可以引起花叶褪绿斑驳；PVY^C 分离物侵染携带 *Nc* 基因的马铃薯品种会引起点刻条纹病斑，有时 PVY^C 侵染烟草引起的症状和 PVY^O 侵染产生的症状区分不开。PVY^N 分离物侵染携带 *Nc* 或 *Nc* 这两个抗病基因的马铃薯品种时不会产生过敏反应，但在大多数马铃薯品种上会引起轻微症状。另外，PVY^N 可以引起烟草

（nicotiana tabacum）叶脉坏死。PVY^Z 分离物侵染带有 *Ny* 和 *Nc* 基因的马铃薯品种时不会引起过敏性坏死反应，PVYZ 病毒侵染含有以上基因的马铃薯品种没有症状表现出来，也不引起坏死，但侵染带有抗性基因 *Nz* 的马铃薯品种（如 Maris Bard、II PentlandIvorv）时会引起坏死反应。PVY^E 分离物侵染具有抗病基因 *Nz* 的马铃薯品种，但这两个株系的报道较少。

三、病害循环

PVY 一般在马铃薯块茎及周年栽植的茄科作物（番茄、辣椒等）上越冬，温暖地区多年生杂草也是 PVY 的重要越冬寄主，这些是初侵染的主要毒源，田间感病的马铃薯植株是大田再侵染的毒源。PVY 主要通过汁液摩擦和蚜虫进行病害传播，病叶和健叶只需摩擦几下，导致叶片上的茸毛稍有损伤，就有可能传染病毒；农事操作也可传播病毒，主要靠植株之间的接触及农事操作时手、衣服、工具等与毒株的接触传毒；蚜虫，尤其桃蚜是 PVY 传播的重要媒介，其次是棉蚜、马铃薯长管蚜、豌豆蚜、粟缢管蚜和桃短尾蚜等。蚜虫传毒效率与蚜虫种类、病毒株系、寄主状况和环境因素有关，蚜虫传播 PVY 为非持久性传播，桃蚜取食 5 s 即可获毒，传毒饲育 10 s 就能将病毒传播到健康株上。

四、病毒流行条件

PVY 发病流行主要与气候因素、种植结构、单一品种连作、传毒蚜虫和田间管理等多方因素有关。气候的变化在一定程度上可以导致 PVY 类群结构及数量、蚜虫种类及数量、马铃薯本身的抗病性等发生变化，直接或间接影响马铃薯对病毒的抗性，25 ℃以上高温可降低寄主对病毒的抵抗力。马铃薯 PVY 病在我国主要由蚜虫以非持久方式进行传播。近年来随着全球气候变暖，蚜虫的生长时间延长，繁殖代数增加，为害时间延长，使马铃薯感染 PVY 的分布区域扩大，马铃薯 PVY 病暴发的周期越来越短。我国农业产业结构和作物布局发生变化，特别是蚜虫寄生的作物面积增加，有利于蚜虫的越冬和繁殖。如油菜和茄科作物大量种植，导致马铃薯 PVY 病大面积发生。农民的耕地面积逐年减少，导致马铃薯连作年份增多，没有或很少开展轮作，这种情况导致在连作情况下毒源积累，病害逐年加重，马铃薯产量降低。目前，我国很多主要马铃薯产区种植品种单一，常年连作，导致品种抗病性降低，马铃薯 PVY 病加重。田间管理粗放，没有设置防虫网，没有进行苗床消毒、种子消毒，没有对工具进行消毒，在田间吸烟等，都会导致马铃薯植株携带 PVY。

五、综合防治措施

（一）开展 PVY 病预测预报工作

在一定范围内，马铃薯 PVY 病的发生具有一定的规律性。建立马铃薯 PVY 病预测体系，逐步加强研究和预测该病害发生的地区和规律，采取有效措施来开展预防工作，可减少薯农的损失。

（二）选育和推广抗 PVY 强的马铃薯品种和健康的脱毒种薯

选用抗耐病优良品种，是防治 PVY 最经济、有效的手段，如中薯 2 号、中薯 3 号、东农 304 和鄂薯 1 号等。建立无毒种薯繁育基地，采用茎尖组织培养脱毒种薯，可确保无毒种薯种植。

（三）科学合理的大田管理

1. 合理轮作

马铃薯田合理规划主要是指通过减少 PVY 病源来预防 PVY 病。在进行马铃薯田选择时，应避免将薯田安排在油菜、茄科等作物附近。若马铃薯田安排在油菜、茄科等作物附近时，要在马铃薯田与毒源植物之间种植隔离带，隔离带作物可以为玉米、向日葵和谷子等，隔离带的作用是阻碍有翅蚜虫向薯田迁飞传毒。及时清除田间杂草，减少越冬虫源。

马铃薯忌连作作物，每年发生的 PVY 病是存留在土壤内并仅在马铃薯或其他少数作物上能够繁殖的病源所致。研究表明，马铃薯连作时间越长，PVY 病的病株率越高。如果不种植马铃薯或其他同科作物，马铃薯感染 PVY 的概率将大大降低。马铃薯经济效益可观，导致主要种植区追求连片种植、连年种植，忽视了连作加重病虫害的相互侵染、降低马铃薯品质的问题。因此，必须充分认识轮作在防治病害中的作用，开展马铃薯轮作种植。

2. 加强田间管理

加强大田生产管理，合理施肥，均衡营养，在施足氮、磷、钾底肥的基础上可适当提高钾肥用量，以提高马铃薯植株自身的抗病性。精细整地，高垄或高埂栽培。生长期及时中耕除草和培土，适时浇水，严防大水漫灌。

要严格进行田间消毒，操作时要遵循先健株后病株的原则，发现病株要及时拔除，带出马铃薯田深埋销毁，以免病毒传播扩散。同时还需减少农事操作次数，降低传病概率。

（四）喷施药剂防治蚜虫

1. 利用物理措施诱杀蚜虫

蚜虫对黄色有较强的趋性，一般在橘黄色板条上涂满黏油，板条高度与植株高度相同，诱杀有翅蚜虫。当表面粘满蚜虫时，需及时再涂黏油。

频振式杀虫灯目前应用较广，主要是利用蚜虫较强的趋光特性，将光波设在特定的范围内，近距离用光，远距离用波，灯外配以频振高压电网触杀。

2. 利用化学药剂防治蚜虫

使用抗 PVY 制剂可以诱导马铃薯产生对病毒侵染与增殖的抗体，增强马铃薯株抵抗 PVY 的能力。对 PVY 病的防治，主要采取防治蚜虫传病和防治马铃薯株感 PVY 的方法。通过化学药剂防治蚜虫能有效预防 PVY 病的发生，一般在出苗前对马铃薯田杂草及其四周一定范围的蚜虫寄主植物（蔬菜、杂草等）全面喷施 1 次杀蚜剂，可选用 3% 啶虫脒 1 500 倍液、10% 吡虫啉 3 000 倍液等。

必要时在发病初期进行药剂防治，可喷洒 20% 病毒 A 可湿性粉剂 500 倍液，或 1.5% 植病灵乳剂 1 000 倍液，或 NS-83 增抗剂 100 倍液，或抗病毒剂 1 号水。

3. 利用天敌捕食蚜虫

马铃薯田中的异色瓢虫、七星瓢虫和龟纹瓢虫是蚜虫的优势天敌，也是重要的捕食性天敌。

第三节　马铃薯 X 病毒病

马铃薯 X 病毒（PVX）又称马铃薯潜隐病毒或马铃薯轻花叶病毒，为马铃薯 X 病毒属（ *Potexvirus* ）模式成员，是由一条正链 RNA 组成的线性病毒，RNA 长约 6.4 kbp，病毒粒子呈长杆状，大小为 515 nm × 13 nm。PVX 单独侵染时症状较轻，与马铃薯 Y 病毒（PVY）、烟草脉斑驳病毒（TVMV）、烟草蚀纹病毒（TEV）等马铃薯 Y 病毒属病毒复合侵染时症状加剧，造成严重经济损失。PVX 遍布于任何马铃薯种植区，是传播最广泛和最常见的马铃薯病毒之一，并经常侵染马铃薯种苗，导致马铃薯减产

15% 以上。

一、为害症状

PVX 侵染马铃薯植株，不同品种症状表现差异较大，一般在田间被侵染植株可引起轻微花叶症状，但叶片形状、大小不会改变，叶表面不会出现坏死斑点。有些品种会对其产生过敏反应，产生顶端坏死，有的强株系甚至会引起植株矮化。潜隐性病症明显，除非与邻近的 PVX 无毒苗比较，或表现出轻微的斑驳至严重的皱缩的花叶，引起植株矮化、叶片缩小（图 4-7）。PVX 与 PVA 或 PVY 复合侵染健康植株时，可引起叶片卷曲、皱缩或坏死。

图 4-7　PVX 病引起叶片缩小症状

二、病原物

PVX 病毒粒体在电子显微镜下是弯曲的线条状，大小为 515 μm×13 μm。在光学显微镜下，发病植物的组织细胞中常出现纤维状胞质内含体，有时为带状内含体，分散在弯曲的交替层之间，或卷曲的片状内含体之间。病毒粒子内部的 RNA 链具有螺旋对称结构，螺距 3 ～ 4 μm。RNA 的碱基组成比例为，鸟嘌呤占 15.5% ～ 25.0%，腺嘌呤占 26.4% ～ 34.0%，胞嘧啶占 23.0% ～ 30.3%，尿嘧啶占 20.6% ～ 26.0%。病毒线状的正链 ssRNA 分子，在其 5′ - 末端具有帽式结构（m7 G5′ ppp5′ Gp…），在其 3′ - 末端并不具有多腺苷酸（Poly A）结构。病毒粒子的外壳蛋白质由多肽链构成。该组病毒的核酸含量为 5% ～ 6%，相对分子质量为 2.1×10^8，蛋白质含量为 94% ～ 95%，占质粒重的 6%。吸收光谱 260 μm/280 μm，比值为 0.86 ～ 1.40。等电点为 pH 值 4.4 ～ 5.3。本组病毒的稳定性较强。PVX 在 68℃以上的热水中 10 min 或稀释至 100 万倍才丧失侵染性，其病叶榨汁中的病毒，在室温下可存活一年以上。

PVX 根据症状可以区分出环斑株系、斑驳株系及隐症株系等，根据交互保护反应可以区分成 X1、X2、X3 及 X4 株系等。本组病毒的抗原性较强，多数成员均能制备成高效价抗血清供鉴定用。

三、病害循环

PVX 也属于极少的例外，在感病品种上可通过块茎传播，实生种子带毒率很低，但也可成为初侵染来源。病毒可通过汁液传播，在田间风、动物或机械迫使植株接触，根与根或枝与枝的接触都能造成汁液传播。在种植前通过切薯刀或咀嚼口器昆虫（蝗虫）为害，造成植株器官的接触，很容易引起传播。据报道，内生集壶菌（*Synchyrium endobioticum*）的游动孢子可传播病毒，当年感染的植株往往只有一部分块茎带毒，对已形成的块茎，病毒可能已来不及侵入。

四、病害流行及传播

薯块形成期的低温可影响病毒的增殖，当马铃薯分别种植于 25 ℃及 15 ℃恒温的不同土壤中时，高温下，叶内病毒浓度为低温的 1.4 倍，块茎内浓度为 3.6 倍；在平原区已退化的块茎在 3 800 m 海拔的西藏栽培后，花皱叶的症状逐年减轻。生育期长短不同的马铃薯在同时收获的条件下，生育期短、块茎尚未充分成熟的种薯并未减轻退化。在芽眼尚不能萌动的结薯初期，马铃薯植株如处于高温条件，也可能加重退化。同一种薯切成两半，半块春播半块秋播，后者病毒浓度低于前者。

PVX 主要通过马铃薯种薯和种子、真菌和昆虫传播。昆虫传毒介体主要为异黑蝗（Melanophus differentialis）、绿丛螽斯（Tettigonia viridissima）和马铃薯癌肿菌（Synchytrium endobioticum）。马铃薯种薯和马铃薯种子的种传率为 0.6% ~ 2.3%。天然寄主主要有马铃薯、匍匐冰草、藜、番茄、白香草木樨、中型车前草、酸模叶蓼、鹅绒委陵菜、苦荬菜、药用蒲公英等。人工接种可侵染的植物有老枪谷、雁来红、西风谷、苋菜、榆钱菠菜（法国菠菜）、颠茄、甜菜、歪头花、昆诺藜、市藜、酸橙、树番茄、曼陀罗、黄花毛地黄、希腊毛地黄、绒缨菊、千日红、圆叶茛菪、天仙子、小野芝麻、柳穿鱼、假荆芥、假酸浆、克里夫兰烟、心叶烟、黄花烟、普通烟、罗勒、矮牵牛、洋酸浆、异叶酸浆、黄菇娘、披针叶鼠尾草、牛茄子、黄果茄、毛叶冬珊瑚、西瓜叶茄、具角茄、欧白英、冬海红、茉莉状茄、龙葵、冬珊瑚、蒜芥茄、绛三叶草、红三叶草、婆婆纳、兔儿尾苗、蚕豆等。

五、综合防治措施

PVX 病的防治技术主要包括生产脱毒种薯、培育抗病毒品种和利用抗病毒化学药剂三个方面。生产脱毒种薯是目前最主要的防控措施，培育抗病毒品种是今后的发展方向，研发有效的抗病毒化学药剂也是一个重点领域。

（一）生产脱毒种薯

脱除 PVX 的常用方法有热处理脱毒法、茎尖培养脱毒法、热处理结合茎尖培养脱毒法，其中热处理结合茎尖培养脱毒法应用最为广泛，脱毒效果也最显著。PVX 脱毒种薯的生产流程主要分为 4 步，第一步是在实验室利用上述脱毒方法去除 PVX，得到马铃薯组培脱毒试管苗；第二步是在温室或者网室内开展微型薯（也称作原原种，薯块质量 1 ~ 20 g）的生产；第三步是在田间开展原种（薯块质量小于 75 g）的生产；第四步是在田间开展一级种（也称作生产种，薯块质量 50 ~ 100 g）的生产。在脱毒种薯的生产过程中，必须对各级种薯携带 PVX 的情况进行检测，严格控制种薯带毒率。

（二）培育抗病毒品种

常规育种技术是马铃薯抗病毒病育种的主要途径之一，主要是通过杂交等方法，将抗性栽培种、野生种或近缘种的抗病基因引入主栽品种中。目前，研究者们已经分离了多个抗 PVX 的基因。Ritter 等分离定位了 PVX 的极端抗性基因 *Rx*1 和 *Rx*2，并将其引入马铃薯育种材料中；Bendahmane 等在马铃薯栽培种 Cara 中分离了 PVX 的极端抗性基因 *Rx*，并将其定位于 XII 染色体上；Tommiska 等从二倍体栽培种 Solanum phureja IvP35 中分离到 PVX 高敏抗性基因 *Nxphu*，并将其定位到 IX 染色体上。

植物转基因技术是马铃薯抗病毒病育种的一个新途径，主要是通过转基因手段，将具有抗 PVX 功能的外源基因整合到目标马铃薯品种的基因组中，增强其 PVX 抗性。这些功能基因种类较多，主要包括马铃薯自身的抗性基因、PVX 外壳蛋白基因以及其他物种体内的抗性基因。张鹤龄、Doreste 等分别将 PVX 的 *CP* 基因转入马铃薯品种虎头、克新 4 号和 cv.Desiree 中，得到了具有较强 PVX 抗性的转基因株系。Lodge 等将美国商陆的 *PAP* 基因转入马铃薯品种 Russet Burbank 中，得到的转基因后代表现出较强的 PVX 抗性。

（三）利用化学药剂抗病毒病

利用化学药剂对 PVX 进行防治也是一个重点研究方向。研究表明，嘌呤、嘧啶碱基类似物等物质具有抑制 PVX 活性的功能。Huber 等研究发现，8- 氮杂鸟嘌呤、8- 氮杂腺嘌呤和 6- 丙基 -2- 硫代尿嘧啶对 PVX 具有明显的抑制作用。Schulze 等研究发现，6- 氨基尿嘧啶、6- 氨基胸腺嘧啶和 9-（2，3- 二羟基丙基）腺嘌呤具有抑制 PVX 复制的功能。Schuster 等发现，咪唑衍生物类物质病毒唑（利巴韦林）可完全抑制马铃薯茎培养物中 PVX 的增殖，三嗪类衍生物 DHT（2，4- 二酮 - 六氢化 1，3，5-三嗪）等对 PVX 也具有抑制作用。

第四节　马铃薯 S 病毒病

马铃薯 S 病毒（PVS）也称作马铃薯潜隐病毒，是为害马铃薯的主要病毒之一（黄萍等，2009）。PVS 是乙型线形病毒科（*Betaflexiviridae*）麝香石竹潜隐病毒属（*Carlavirus*）的成员（Lin et al.,2014）。PVS 在 1948 年首次报道于荷兰（Bruyn，1952），是在制备 PVA 抗血清的血清试验中发现的，随后在世界各马铃薯种植地区皆有报道，且其分布十分广泛。PVS也是我国马铃薯种植地区常见的病毒之一，在我国北方的内蒙古、黑龙江、辽宁、河北、山东、青海以及南方的广西、湖南、四川、浙江、福建、贵州等地均有报道（吴兴泉等，2011），且带毒率由北向南依次增高，造成我国中南部地区不能自行留种，需从东北等发病较轻的地区调种，给生产造成了巨大的损失（吴兴泉等，2002）。PVS常常与其他病毒复合侵染马铃薯，造成更为严重的危害（German et al.,2001; Manner et al.,1978）。例如，当PVS与PVW、PVX复合侵染时能引起马铃薯减产20%～30%（吴兴泉等，2002）。

一、为害症状

PVS病属于潜隐花叶病类型。因品种和病毒株系不同而异，大部分马铃薯品种上PVS病一般无症状，一些品种上可引起叶脉颜色变深、叶片皱缩、叶尖下卷、叶色变浅、阻碍生长（图4-8）；有的品种感染后产生轻度斑驳、脉带；有的品种感病后变成青铜色，严重皱缩，叶面产生小的坏死斑；有些品种则常常无症状。对该病毒敏感的品种叶片呈古铜色反应（图4-9）。

图4-8 PVS病叶片明脉坏死症状

关于该病毒的株系分化和变异，目前主要根据在鉴别寄主昆诺藜上引起的症状不同，把PVS分为两个株系，即PVS^{O}和PVS^A。前者在昆诺藜上引起局部坏死斑，后者引起系统斑驳症状。这两个株系在马铃薯上引起的症状也不尽相同，前者单独侵

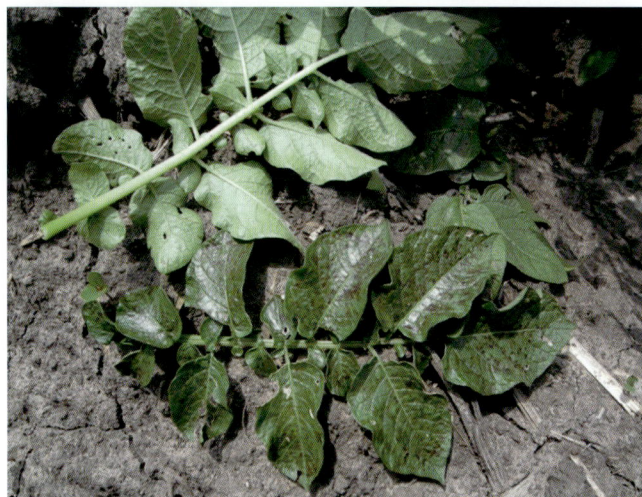

图4-9 PVS病品种叶片呈古铜色症状

染通常为隐症带毒，后者常导致叶片青铜色，并伴有坏死斑点。

二、病原物

PVS 为略微弯曲的线条状无包膜粒子，大小为（600.0 ~ 690.0）nm×（12.0 ~ 12.5）nm，沉降系数 147 ~ 176。单链 RNA，相对分子质量 $2.1×10^6$，蛋白相对分子质量 33 000。钝化温度是 55 ~ 60 ℃，马铃薯粗汁液的稀释限点是 103。在 20 ℃下，体外保毒期大约 4 d。病毒的提纯可用磷酸缓冲液或硼酸缓冲液提取榨汁，用氯仿澄清，4%PEG 沉淀，经 1 ~ 2 次差速离心，可得部分提纯制剂，A260/A280 为 1.52。PVS 抗原性强，通常采用血清学诊断，方便可靠。在开花前取较低部位和中部叶片做样品，检测田间植株最为合适。在生长季节的早期或后期，病毒的浓度可能是低的。

三、病害循环

PVS 主要靠种薯一代代传下去，实生种子带毒率很低，其他茄科等寄主也提供病毒毒源，但也可成为初侵染来源。PVS 由介体传播扩散蔓延，主要通过蚜虫和农事操作进行传播，蚜传病毒则受蚜虫种类、数量和发生的影响。PVS 远距离传播主要通过人为的引种、商品流通等，带毒块茎和种苗是该病毒传播的主要载体。

四、病害流行条件

PVS 的寄主范围较窄，仅能侵染少数的茄科、藜科植物。PVS 能持续存在于马铃薯块茎中并通过种薯调运完成不同地区间的扩散。在马铃薯田块，该病毒很容易通过汁液接触和蚜虫介体传播。传毒介体桃蚜、禾谷缢管蚜、甜菜蚜、鼠李马铃薯蚜等可通过非持久性方式传播病毒（吴兴泉等，2015）。该病毒传播途径广、速度快，无毒种薯种植在大田后可被 PVS 迅速侵染，一季后感病率可达到 70%（吴兴泉等，2002）。

影响 PVS 病的因素主要有三个方面。一是温度。在马铃薯生长季，尤其在结薯期遇上高温，会加重马铃薯的病毒病。因为马铃薯适于在冷凉地区和昼夜温差大的环境下生长，温度过高会抑制植株生长和降低其抗病能力。同时，高温有利于传毒媒介（蚜虫等）的繁殖、迁飞和取食活动，有利于病毒迅速侵染和复制，减弱马铃薯自身的抗病性，因而加重了病毒病害的发病程度。二是蚜虫。在田间有带毒植株的情况下，蚜虫发生的迟早和数量与病毒病发生及流行的轻重成正相关，尤其是田间有翅蚜的数量和迁飞直接影响病毒在田间的传播。三是品种的抗病性。在相同条件下，品种的抗耐病能力不同。此外，栽培和贮藏条件也会影响植株生长和病毒侵染为害的程度。

五、综合防治措施

（一）生产马铃薯脱毒种薯种苗

与一般种子的繁育不同，在栽植脱毒苗及繁殖各级无毒种薯的过程中，需要严防病毒和其他细菌、真菌等病原感染（毛彦芝，2009；孙慧生等，2002）。常采用的脱毒技术包括茎尖脱毒、物理脱毒、化学脱毒。茎尖脱毒的原理是利用病毒在植物体内的分布不均且生长点区域病毒浓度很低的特点，通过离体培养茎尖组织而脱去植物病毒。研究表明，PVS、PVY、PVIA、PLRV、PVA、PVM、PVX 中最难脱毒的是 PVX 和 PVS（肖雅等，2008）。茎尖组织培养成苗后也需要进行病毒检测，确定不含病毒后方可繁殖无毒茎尖苗，生产无毒种薯。物理脱毒方法是指利用高温、X 射线、超声波、紫外线等物理方法处理种薯以灭活病毒。化学脱毒方法是指利用孔雀绿、8-氮鸟嘌呤等病毒抑制剂抑制病毒的复制来达到脱去病毒的目的。

（二）选育马铃薯抗病品种

目前，马铃薯脱毒种薯还未在我国完全普及，且一些脱毒种薯还存在着质量问题，所以选育抗病毒的马铃薯品种是目前防治 PVS 等马铃薯病毒的一个重要手段。马铃薯抗病品种的育种方法主要包括常规育种、倍性育种、生物工程育种等方法。

（三）化学药剂防治

研究发现，一些嘌呤和嘧啶的类似物有抑制马铃薯病毒活性的作用，如三嗪类衍生物 DHT（2，4- 二酮 - 六氢化 1，3，5- 三嗪）及从 DHT 的衍生物中筛选出的 DA·DHT（1，3- 二乙酰 -，4- 二酮 - 六氢化 1，3，5- 三嗪）对 PVS、PVX、PVY、PVA、PVM、PLRV 等病毒均有抑制作用。针对植物病毒的有效治疗药剂目前还未研制出来，但是用于预防的抗病剂在生产中取得了一定的效果。蚜虫是马铃薯病毒病害的主要传毒介体。目前，虽然还没有一种有效的方法制止蚜虫传毒，但可以采取一些无公害生物农药和低毒低残留农药防治蚜虫，从传播途径上切断马铃薯病毒病害的发生，一般常用的农药有啶虫脒、吡虫啉、吡蚜酮、抗蚜威等（肖雅等，2008）。

（四）农业防治

种植抗蚜虫品种、调整作物布局、优化耕作制度、调整收播时期、合理施肥等农业措施可有效地控制蚜虫和其传播的马铃薯病毒病。防控马铃薯病毒病主要以抗病育种为中心，抓好以下各栽培措施（苑智华，2013）：

（1）选用抗病高产良种。

（2）确保留种基地无病，冷凉地区适宜建立品种基地。

（3）对块茎和茎尖进行脱毒培养。

（4）采用种子实生苗块茎留种。

（5）在冷凉季节形成块茎可以增强抗病毒能力，覆盖地膜可以减少蚜虫越冬卵。

（6）要加强栽培管理，合理灌溉施肥，及时淘汰病株和防治蚜虫也可减轻发病。

第五节　马铃薯 A 病毒病

马铃薯 A 病毒病是由 PVA 引起的一种系统侵染多种茄科植物的病毒病，在世界各马铃薯种植区均有广泛分布。马铃薯感染上该病后可造成 40% 以上的减产，是马铃薯生产上为害较严重的病毒病之一。

一、为害症状

根据马铃薯品种和气候的不同，PVA 病在大多数马铃薯品种的叶片上产生轻微花叶症状，是一种褪绿斑驳（图 4-10）。严重感染该病毒的马铃薯病叶会表现为黄化、斑驳、药叶、叶表面粗糙、边缘波浪状或不显症，一些敏感的品种可表现为顶端坏死。感病品种的叶子通常发亮，叶缘向叶背卷曲成线状

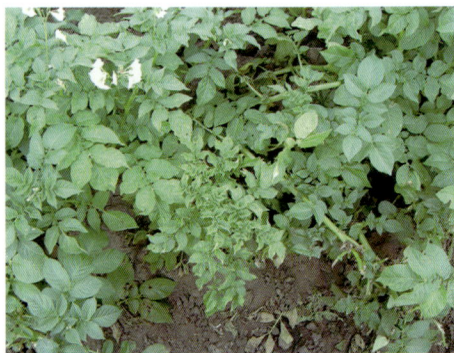

图 4-10　PVA 病植株症状

（图 4-11）。被侵染的植株通常开放一些，茎向外弯曲，茎一般不受影响，偶尔表现为矮化，在高温和光照下，较在多云冷凉天气下，对症状识别更困难，甚至可以完全隐症。虽然当其单独侵染时对马铃薯影响较小，但常与 PVY 或 PVX 复合侵染，引起叶片斑驳、皱缩，严重时早期枯死，减产十分严重。此病于 1975 年在黑龙江省克山

图 4-11 PVA 病叶片症状

县种植的马铃薯品种田里表现轻花叶症的植株中被发现。PVA 病症状表现的严重程度，很大程度上取决于天气条件、马铃薯品种和 PVA 的株系。

二、病原物

PVA 病的病原 PVA 是马铃薯 Y 病毒属（*Potyvirus*）成员，异名为马铃薯轻花叶病毒（*Potato mild mosaic virus*）和茄科病毒 3 号（*Solanum virus* 3）。病毒粒体为弯曲线状，无包膜，长 680 ~ 750 nm，直径 11 ~ 13 nm，核酸类型为正单链 RNA，基因组长约 9.7 kb。外壳蛋白由一种多肽组成，相对分子质量约为 30 000。根据其致病力，可将病毒分为 4 个株系：较温和型、温和型、中度严重型、严重型。致死温度为 44 ~ 52 ℃，稀释终点为 1/40 ~ 1/10，体外存活期为 18 ℃下 12 ~ 18 h，后丧失侵染性，冰冻干燥后病毒失活。PVA 和 PVY 在血清上有亲缘关系，它们在许多测试植物上产生的症状也难以区分，但可利用血清学方法和 Solanum demissum（仅 PVA 可使其产生局部病斑）区分这两种病毒，因为异缘交叉反应得到的结果不同。

三、病害循环

PVA 一般在寄主活体上越冬，在气候温和地区，PVA 在木本植物上（如桃树）越冬，在非木本植物上越夏，也可在另外一些茄属植物上越冬，作为第二年侵染的初侵染源。该病毒近途传播蔓延主要通过蚜虫和汁液机械摩擦媒介传播，该病毒病至少由 7 种蚜虫以非持久性的方式传播，主要是桃蚜、茄沟无网蚜、百合新瘤蚜、马铃薯长管蚜。桃蚜饲毒和接毒各需 20 s，保毒期 20 min，无循环期，具有很高的传毒效率。桃蚜又是马铃薯奥古巴花叶病毒的介体，当带有马铃薯奥古巴花叶病毒的桃蚜侵染 PVA 的病株时，还可再传入马铃薯奥古巴花叶病毒。马铃薯块茎可持久带毒，因此 PVA 可随种薯外运，进行远距离传播和定殖。

四、病害流行条件

我国幅员辽阔，包含温带、亚热带和热带等不同气候类型，加之近些年全球出现了暖冬现象，冬季的气候也趋暖，这为毒源植物的生长、蚜虫的越冬创造了有利条件。随着近些年蔬菜种植业的快速发展，尤其是温室、大棚种植的推广和连续种植，茄属植物面积不断扩大，为 PVA 提供了广泛的寄主。蚜传是 PVA 主要的传播途径，且非持久性传播使杀虫剂对蚜虫的控制效果不理想，往往在杀虫剂发挥效果前，蚜虫已在众多植物上传毒，桃蚜可寄生于多种作物，且迁飞面积广、距离远，再加上四季均有茄科作物，就为桃蚜提供了积累毒源的机会，为 PVA 病的流行提供了基础条件。现有的耕作管理水平无法从根本上有效控制周边杂草和媒介昆虫，这又为 PVA 的传播提供了有利条件，所以 PVA 一旦随植物繁殖材料进入，将很容易在我国定殖、传播和为害。

五、综合防治措施

（一）引进脱毒试管苗

经过脱毒的试管苗基本上可避免携带病毒及其他有害生物，能最大限度降低 PVA 传入我国的风险。引进试管苗同样可以达到引进优良品种、丰富我国茄科作物品种资源的目的。

（二）产地要求和产地检疫

严格执行植物材料输出前的产地要求和产地检验检疫。根据国外 PVA 的发生情况，从事茄科植物繁殖材料生产的单位要避免到 PVA 的地区引种。每年进口国或出口国的检疫人员应在生长季节进行检查，确保种植区内无发病植株。

（三）入境检疫

（1）在繁殖材料进境时出具出口国检疫机关开具的检疫证书。

（2）无原产地政府开具的植物检疫证书或经检疫发现不符合检疫规定的繁殖材料，一律不得入境。入境口岸检疫单位按照植物材料检疫检验标准抽取样品，进行实验室病毒检测。

（3）对脱毒试管苗，也应该进行病毒检测确认。目前可以用 DAS-ELISA 和 RT-PCR 方法对 PVA 进行快速检测。对种子材料，即使检疫结果不携带 PVA，也要进行隔离试种检疫观察，隔离试种结果不带有该病毒，方可作为繁殖材料。

（四）进境后管理措施

（1）进境种子、种苗等繁殖材料必须在严格的隔离条件下进行种植。

（2）整个生长期间都必须进行监测和检验。

（3）相关产品应在隔离条件下进行加工。

（4）残株、根系都必须进行销毁处理，以避免漏检的有害生物扩散释放，使其限制在一个有限的区域内。对种植过国外引进的茄科植物的地块和地区也要采取严格的疫情监测措施。检疫部门应连续 3 年每年都对种植过国外引进的茄科植物的地块及其周围进行一次疫情调查。这样不仅能够保证种植地块实施轮作，也能在一旦有疫情发生时及时采取措施，防止疫情扩散。

第六节　马铃薯 M 病毒病

马铃薯 M 病毒（PVM）在马铃薯品种上广泛分布于全世界，在东欧、俄罗斯和中亚地区较世界上其他地区更为重要。

该病害曾命名为卷叶花叶病。早期的描述，大概不是仅根据 PVM 的单独侵染，因为该病毒经常与 PVX 或 PVS 混合侵染，PVM 的特性仅是最近才明确的。

一、为害症状

地上部的症状范围，从很轻到严重，包括斑驳、花叶、皱缩和卷叶；枝条矮小，嫩叶畸形和扭曲，植株顶部有些卷曲，严重程度与病毒株系、马铃薯品种和环境条件有关。在某些马铃薯品种上，可以形成叶柄和茎的坏死（图4-12）。

二、病原物

PVM粒体呈直的或稍弯的棒状，大小为650 nm×12 nm。钝化温度为65～70 ℃。稀释限点是102～104。体外保毒期为2～4 d（20 ℃），该病毒免疫原性强。

图4-12　PVM病叶片症状

三、细胞病理学和组织病变

大量的PVM棒状体和病毒聚集体，发生在被侵染马铃薯细胞的细胞质里。它们既不是风轮状的，也不是与风轮状有关的结构。在叶绿体、线粒体或核里没有发现病毒粒体和病毒聚集体。

四、病害流行条件

通过带侵染的汁液或块茎机械接种传播，或茎嫁接传播，很容易成功。实生苗传毒还未被证实。大多数PVM株系可由蚜虫以非持久方式传播，如桃蚜、马铃薯长管蚜、药炭鼠李蚜和鼠李马铃薯蚜，但传毒效率很低。不同病毒株系由不同蚜虫传播，其传播效率不同。温度大体在24 ℃及以上时，症状易潜伏。

五、其他寄主

PVM主要侵染茄科，还可侵染许多藜科和豆科的植物，仅用某些PVM分离物在 Chenopodium quinoa 上接种，诱发出局部黑绿或黄色斑点；在千日红上诱发出局部的褪绿环或坏死斑点；在洋金花上的症状是局部褪绿或坏死，继而系统坏死。智利番茄（Lycopersiconchilense）呈现器官弯曲、变形、矮小和脱落。

某些番茄对 PVM 是感染的，但可保持无症状，而对 PVS 是免疫的。

在 *Solanum rostratum* 上坏死是系统的，仅某些 PVM 分离物在 *Nicotiana debneyi* 上引起局部褐色似环形病斑，在菜豆、红腰豆（Red Kidney）的最初的叶片上，表现局部坏死病斑；法国菜豆对 PVM 的定量测定是一种方便和可靠的局部病斑的寄主。

在豇豆上产生局部褐色坏死病斑，烟草和多花酸浆是非感病的。可用 *L.chilense*、马铃薯品种 Kennebec 和 Prinslander 来区分 PVM 的株系。

六、综合防治措施

PVM 病所致的种薯严重退化、产量锐减，已成为发展马铃薯生产的最大障碍。防治本病应以抗病育种为中心，抓好以下环节：

（1）建立无病留种基地（品种基地应建立在冷凉地区，繁殖无病毒或未退化的良种）。

（2）采用无毒种薯，各地要建立无毒种薯繁育基地，原种田应设在高纬度或高海拔地区，并通过各种检测方法汰除病薯，推广茎尖组织脱毒，生产田还可通过二季作或夏播获得种薯。

（3）一季作地区实行夏播，使块茎在冷凉季节形成，增强对病毒的抵抗力；二季作地区春季用早熟品种，地膜覆盖栽培，早播早收，秋季适当晚播、早收，可减轻发病。

（4）改进栽培措施，包括留种田远离茄科菜地；及早拔除病株；实行精耕细作，高垄栽培，及时培土；避免偏施过施氮肥，增施磷钾肥；注意中耕除草；控制秋水，严防大水漫灌。

第七节　马铃薯纺锤块茎病毒病

据可靠报道，马铃薯纺锤块茎病毒（PSTV）病在美国、加拿大、俄罗斯以及中亚的马铃薯种植区均有发生；在南非，该类病毒也引起马铃薯病害。

一、为害症状

在开花之前，蔓上症状很少出现。茎和花梗变得细长、挺直。小的嫩叶边缘向上卷，形成凹槽状，顶端小叶重叠在一起。叶与茎呈锐角，较正常直立。靠近地面的叶片明显变小、挺直，而健叶则靠在地面上。随着时间的推移，病株的生长受到限制，由于与邻近健株互相缠绕，病株变得难以鉴别。重型株系（无斑驳卷缩毒株）引起严重的症状，小叶扭曲，叶面皱缩不平。在某些光照条件下，病株叶表粗糙，与健康叶相比，对光的折射能力要小。

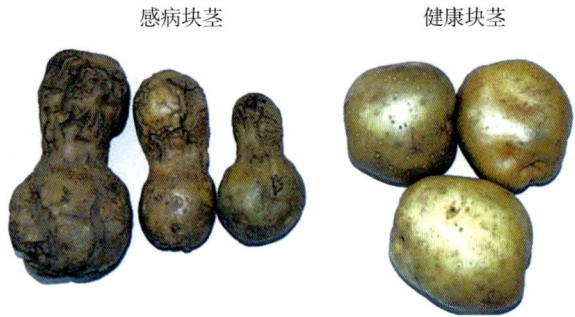

感病块茎　　　　　健康块茎

图 4-13　PSTV 病块茎症状

　　块茎伸长，横断面较圆，某些品种顶端尖（图 4-13），顶端较尖这一特性比块茎伸长还明显。横断面变圆，健康块茎横断面较平是一诊断特性。随着季节的变化，症状变得更明显。皮上锈斑变光滑，红皮变成粉红色，紫皮变成浅薰衣草色。芽眼数量增加，呈"眉状"。坏死斑通常在皮孔周围产生表皮纵向裂缝。某些品种块茎上出现肿瘤，严重畸形。坏死组织可以延伸到块茎薯肉中。来自病株的块茎，有时完全无症状。然而一些健株上的块茎，有时类似于纺锤块茎。因此，通过挑选有病的块茎试图减少纺锤块茎是无效的。

　　在马铃薯中，引起较轻症状的轻度株多于重型株，其比例为 10∶1。轻度株引起产量损失为 15% ~ 25%；重型株引起严重症状，造成产量损失可达 65%。

二、病原物

　　PSTV 是一种类病毒，是一种极小的 RNA 分子。相对分子质量为 10 000 ~ 125 000，呈环状，无蛋白衣壳。钝化温度（10 min）为 75 ~ 80 ℃，在酚处理制备液中为 90 ~ 100 ℃。其他植物类病毒，在番茄上也引起相似的症状。聚丙烯酰胺电泳表明：由 PSTV 所有株系产生的 PSTV 的 RNA 带，在健株中则没有。

三、病害流行条件

　　传播方式主要是机械传播，以人本身传播为主，咀嚼式口器昆虫占次要地位。刺吸式口器昆虫传播还未被证实。它是一种由花粉和种子传播的病害，在马铃薯中还是少见的。

四、其他寄主

在接种 2 ～ 3 周后，重型株在番茄上引起新叶明显皱缩，偏向生长，叶向下卷曲，节间缩短，形成丛顶，继而叶脉坏死也很严重。连续光照（92.9 lx 或更高）会使丛顶严重。轻度株对后接种的重型株有暂时的交互保护作用。因此，这一反应可以用来证实在其他无症状植株上轻度株的存在。

接种 2 ～ 3 周后，天蓬子（*Scopolia sinensisfe*）上出现暗褐色局部坏死斑，继而形成系统坏死。重型株引起的症状比轻度株出现早。最适宜的条件为：富含锰的土壤，温度 18 ～ 23℃，光照 27.9 ～ 37.2 lx。接种前遮阴，接种液为 0.05 mol/L 的 KH_2PO_4、pH 值为 9.0 的缓冲液。某些杀虫剂可有效地阻碍局部病斑的形成。

茄科大多数属的很多种植物为无症侵染。PSTV 会也侵染下列科的植物：苋科、沙参科、石竹科、菊科、旋花科、无患子科和玄参科等。

五、综合防治措施

（1）采用已知不带 PSTV 的种薯，如经政府检测合乎标准的种薯。

（2）通过种植整薯而不是切成芽块做种，避免机械传播病毒，田间操作时避免工具造成叶的接触。

（3）对切刀和其他器具进行消毒，在 0.25% 次氯酸钠溶液或 1.0% 次氯酸钙溶液中浸泡或冲洗。

（4）由于无明显的植株症状，在留种田中拔除病株是无效的。

（5）用整薯（未切的），或将大的块茎用宽的空间隔开，或通过块茎单位的方法种植种薯田。后者有利于病害鉴定，但在切薯过程中却会引起传播的危险。

第八节　马铃薯卷叶病毒病

马铃薯卷叶病毒（PLRV）是最重要的马铃薯病毒性病害之一，广泛分布于世界各马铃薯种植区（Smith，1957），在所有种植马铃薯的国家发生非常普遍。易感品种的产量损失可高达 90%。该病毒在世界上最早发现于 1916 年，是造成马铃薯严重减产的病毒病害。此病害分布广泛，我国许多马铃薯品种感染这种病毒病，在黑龙江

图 4-14 PLRV 病症状（一）

省北部常发现 PLRV 与 PSTV 或紫顶病（即类菌原质体）复合侵染，加重病情，严重减产，一般减产幅度为 20% ~ 80%。减产的程度除多病原物复合侵染因素外，还取决于马铃薯品种和病毒株系，以及栽培条件等。

一、为害症状

当年初次侵染的症状，主要表现为病株顶部的幼嫩叶片直立变黄，小叶沿中脉向上卷曲，小叶基部着有紫红色（图 4-14）。继发性为二次侵染（即用上年 PLRV 初侵

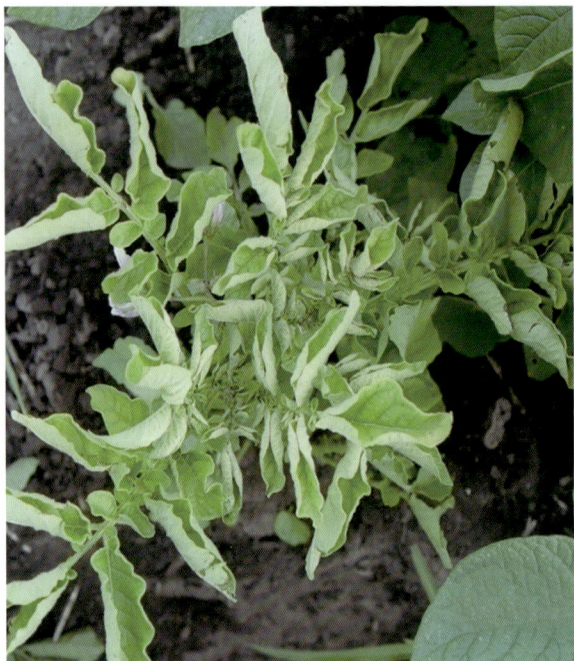

图 4-15 PLRV 病症状（二）

染块茎，在下年做种再发病）的病株症状，表现为全植株症状较为严重，一般在马铃薯现蕾期以后，病株叶片由下部至上部沿叶片中脉卷曲，呈匙状，叶肉变脆呈革质化，叶背又出现紫红色，上部叶片褪绿，重者全株叶片卷曲，整个植株直立矮化（图4-15）。块茎变瘦小，薯肉呈现锈色网纹斑。初侵染病株减产程度小于继发性侵染病株。

二、病原物

PLRV 是马铃薯卷叶病毒属（*Polerovirus*）的代表种，以前将其划为黄症病毒属，病毒粒子球状，等轴对称，直径约为 24 nm，沉降系数 115，浮力密度 1.39 g/cm^3（CsCl），1.34 g/cm^3（Cs$_2$SO$_4$）。核酸含量 30%，单链 RNA，相对分子质量 2.0×10^6，已确定核苷酸序列。蛋白含量 70%，单一组成，PLRV 基因组为 +ssRNA，相对分子质量 2.0×10^6。病毒粒体存在于筛管细胞的细胞质及液泡中，呈散生晶体状排列，致死温度为 70 ~ 80 ℃，体外存活时间为 4 d（洋酸浆汁液）或 12 ~ 24 h（蚜虫提取液）。PLRV 基因组 RNA 全长 6.0 kb，3' 端无 poly A 末端结构，5' 端结合有一个病毒核酸结合蛋白（VPg），基因组共分 6 个读码框架。

三、病害循环

马铃薯卷叶病毒只能通过蚜虫传播或嫁接传播。传播卷叶病毒的蚜虫有十多种，桃蚜是最有效的传毒介体。卷叶病毒为持久性病毒，蚜虫须经过较长时间饲毒才能成为带毒蚜，一旦获毒后，便可跨龄持毒，但不传给后代。带毒无翅蚜可近距离传播，带毒有翅蚜也可随气流迁飞远距离传播。此外，带毒块茎成长的植株或有病的实生苗均为病毒来源。

四、病害流行条件

PLRV 不能通过汁液接触传毒，可通过人工嫁接传毒。在自然条件下，仅由蚜虫传毒。田间最有效的传毒媒介是桃蚜，其他蚜虫如马铃薯长管蚜、百合新瘤蚜和茄沟无网蚜等均可将 PLRV 传播到马铃薯上。蚜虫为持久性传毒。蚜虫须经过长时间饲毒和放毒的全过程。病毒经过蚜虫缘针进入肠道，再由淋巴送到唾腺，病毒在蚜虫体内增殖。从得毒到有传毒能力，其间有一个潜育期，故名为循回性病毒。蚜虫终生带毒。蚜虫在感染 PLRV 的马铃薯植株上取食半小时后，须再经 1 h 才有传毒能力。在人工利用蚜虫传毒时，选用出生 9 d 的蚜虫在 4 ℃条件下饥饿 24 h，在毒株上饲毒 1 ~ 2 h

的传毒效果较好。

五、综合防治措施

防治策略应以采用无毒种薯为主，结合选用抗病品种及治虫防病等综合防治措施。

（1）采用无毒种薯。各地要建立无毒种薯繁育基地，原种田应设在高纬度或高海拔地区，并通过各种检测方法汰除病薯，推广茎尖组织脱毒，生产田还可通过二季作或夏播获得种薯。

（2）培育或利用抗病或耐病品种。在条斑花叶病及普通花叶病严重地区，可选用白头翁、丰收白、疫不加、郑薯 4 号、乌盟 601、克新 1 号和广红 2 号等抗病品种。

（3）出苗前后及时防治蚜虫。尤其靠蚜虫进行非持久性传毒的条斑花叶病毒更要防好。

（4）改进栽培措施，包括留种田远离茄科菜地；及早拔除病株；实行精耕细作，高垄栽培，及时培土；避免偏施过施氮肥，增施磷钾肥；注意中耕除草；控制秋水，严防大水漫灌。

（5）田间已经发病可进行药剂防治以减轻病害，发病初期喷洒抗毒丰（0.5% 菇类蛋白多糖水剂）300 倍液或 20% 病毒 A 可湿性粉剂 500 倍液，或 5% 菌毒清水剂 500 倍液，或 1.5% 植病灵 Ⅱ 号乳剂 1 000 倍液，或 15% 病毒必克可湿性粉剂 600 倍液。

第九节　马铃薯帚顶病毒病

一、为害症状

马铃薯帚顶病毒（PMTV）对马铃薯产量和原种生产均有很大影响。该病可由母株或种薯传给子代，有 40% ~ 75% 的薯块表现出初生或次生症状，受侵薯块的产量损失可达 26%，而且影响薯块的外观，降低商品价值。收获后的马铃薯在贮藏期间若贮藏不当，病斑在薯块上扩展，可进一步影响马铃薯的经济价值。PMTV 病在秘鲁的许多地方发病率可达 10%，1966 年和 1967 年 PMTV 在秘鲁引起 Renacimiento 品种产量损失 30% ~ 40% 和 75%。症状特点为大田里由病薯长成的马铃薯植株常表现

为帚顶、奥古巴花叶和褪绿 V 型纹 3 种主
要症状类型。帚顶症状表现为节间缩短、叶
片簇生，一些小的叶片具波状边缘。其结果
是植株矮化、束生。奥古巴花叶，即植株全
部叶片表现为不规则的黄色斑块、环纹和线
状纹。褪绿 V 型纹常发生于植株的上部叶
片，这种症状不常出现，也不明显。切开病
薯，内部表现为坏死弧纹或条纹，它们会向
薯块内延伸。病薯由自长成的植株所结的薯
块上的症状称次生症状，常表现为畸形、大
的龟裂、网纹状小龟裂和薯表的一些斑纹（图
4-16）。横切面上，内部的坏死和这些表面
纹相连接，髓部的坏死斑常延伸至薯块端部
的生殖根上（图 4-17）。另外，植株症状
表现为帚顶的薯块，其次生症状常比那些植
株叶片表现为奥古巴花叶的薯块更为严重。

图 4-16　PMTV 病的次生症状

二、病原物

病毒的侵染特性常与长的粒子
（300 nm）相关联。核酸可能为单键
RNA。外壳蛋白亚基相对分子质量为
18 500 ~ 20 000。用枯斑三生烟（*Xanthi-nc*）、
三生烟（*Samsun-NN*）、苋色藜做测试寄

图 4-17　PMTV 病症状

主。PMTV 的稀释限点为 10，致死温度 75 ~ 80 ℃，体外存活期 1 d 至 14 周。常用
Samsun-NN 和德伯纳烟作为病毒的繁殖材料。提纯方法是将粗汁液在 9 000 g 下离心
20 min，将上清液和等体积的乙酸乳化，再低速离心，水相和等体积的四氯化碳乳化，
再低速离心。将水相在 100 000 g 下离心 2 h，沉淀悬浮于少量体积的蒸馏水中。4 ℃
下静置 24 h 后，9 000 g 不再离心，上清液即为提纯病毒液。

三、病害流行条件

马铃薯汁液接种能传毒。病毒随土壤中的马铃薯粉痂菌（*Spongospora subterranea*）进行传播。马铃薯粉痂菌寄生于马铃薯的块茎、茎及根部，病毒存在于休眠孢子内部，在其中至少可存活 2 年，带有病毒的粉痂菌释放出的游动孢子可引起根部侵染。然而该病的发生和年降雨量有很大关系。年降雨量少于 760 mm 时，PMTV 很少发生，年降雨量为 760 ~ 1140 mm 或更高时，发病率也增高。在秘鲁，马铃薯帚顶病常发生在海拔 2 500 m 的高原地带，而沿海地区没有发现，这可能是因为高海拔地带昼夜温差大，晚间温度低，有利于 PMTV 症状表现和粉痂菌生存的缘故。在秘鲁的高原地带，全年的降雨量集中在 11 月至翌年 4 月马铃薯生长季节，和苏格兰降雨整年均匀分布不同，因此即使其年降雨量达不到 760 mm，照样能引起较高的发病率。马铃薯粉痂菌是 PMTV 土壤传输的介体，病毒的存活和流行与该菌的行为有密切的关系，由于该菌休眠孢子的状态可以在土壤中存活数年，而 PMTV 即存在于孢子之中，因此，PMTV 在马铃薯种植区的流行，似乎可解释为马铃薯粉痂菌孢子球数量累积的结果。种薯上有携带 PMTV 的粉痂菌孢子球，可能是帚顶病进入新地区的主要途径，由于马铃薯是 PMTV 唯一重要的自然寄主，马铃薯粉痂菌又是它唯一的介体，正像其介体一样，PMTV 是随着马铃薯的传入而传入的。

四、综合防治措施

（1）鉴别寄主反应。取薯块或待薯块种植、发芽后，取芽或长出的叶片，汁液摩擦接种鉴别寄主，观察症状特征。苋色藜接种后 6 d（15 ℃）接种叶上出现蚀纹状坏死环纹，后连续出现同心环纹。单个病斑最终扩展至整个叶片的大部分。烟草（*Xanthi-nc* 或 *Samsun-NN*）20 ℃下接种叶坏死或褪绿环斑，高温时常无症状。病斑类型随环境而变，冬季侵染明显。德伯纳烟接种叶坏死斑或褪绿环斑最先系统感染，叶至褪绿或坏死栎叶纹。接种叶上散生坏死斑，冬季所有植株均被系统感染，夏季只有少数被系统感染。曼陀罗接种叶上为坏死斑或同心坏死环，仅冬季有系统感染。马铃薯汁液接种 Arran Pilot 和 Ulster Sceptre 品种仅接种叶上出现散生的坏死斑，无系统侵染。墙生藜（*Chenopodium murale*）上可出现明显的坏死斑或环纹。

（2）电镜观察及血清学检测。免疫电子显微镜法比常规的电子显微镜法灵敏 1 000 倍，可有效地检测出接种的烟草病汁液和自然侵染的具初生症状的薯块上的病毒粒子。

（3）酶联免疫吸附法（ELISA）。该方法具有设备要求简单等优点，广泛用于病毒检测。据研究，ELISA 是检测马铃薯病叶中 PMTV 的最好方法。互补（cDNA）探针技术能成功地检测到具初生症状（褐色弧纹）薯块中的 PMTV 粒子。但是当薯块表面深度开裂，即出现次生症状时，互补 DNA 方法检测效果不稳定。

（4）组织病理学鉴定。受侵染的 *Xanthi* 烟细胞中含有呈束状聚集的长度短于 300 nm 的杆状病毒粒子，奥古巴花叶和帚顶症状的受侵叶片中含有成束的微管。帚顶症状出现于其微管细胞质、细胞壁和质膜之间以及液泡中。这种微管宽 18 ~ 22 nm，具有 2.5 ~ 3.0 nm 厚的壁。在某些无症状表现的马铃薯叶片中，也可见到这种和 PMTV 有关的微管，其长度为 20 ~ 100 nm。

第五章　马铃薯主要生理性病害

第一节　引　言

马铃薯生长情况和周围环境有着密切的联系，在生长期间，经常受到一些不良因素的影响而产生问题，同时还由于生产人员管理水平不高等因素而呈现出一系列的不良状况，此种因非生物引起的病害被称为生理性病害。从现有的发展情况可以看出，马铃薯生理病害包含了多个方面，大体上表现为黑心病、空心病等，此种现象的发生不利于商品率的提高。

现阶段，在马铃薯种薯生长期间，选取无病害的种薯种植是最佳的途径之一，做好病虫害的防治工作能够提升马铃薯的生产效率，为农民带来良好的收益。不过，在此阶段还存在着一些容易被人们忽视的隐蔽性问题，那就是马铃薯具备一定的生理病害。通常来讲，马铃薯包含了诸多的非寄生病害，这些病害无论是产生的损失还是为害，都是非常大的，因此被称为生理性病害。对于该种病害来讲，大体上包含了两个方面，分别是因为矿物质营养的缺乏导致的生理病及因周围天气因素引起的生理病害。所以，必须加大对这两个方面的控制力度，将生理性病害出现的概率降到最低。

一、马铃薯生理性病害和传染性病害的简易区别

（一）生理性病害具有"三性一无"特点

（1）突发性。病害在发生发展的过程中，发病时间多数较为一致，但往往有突然发生的现象。病斑的形状、大小、色泽较为固定。

（2）普遍性。通常是成片、成块普遍发生，常与温度、湿度、光照、土质、水、肥、废气、废液等条件有关，因此无发病中心，相邻植株的病情差异不大，甚至附近某些不同的作物或杂草也会表现类似的症状。

（3）散发性。多数是整个植株呈现病状，且在不同植株上分布比较有规律，若采取相应的措施改变环境条件，植株一般可以恢复健康。

（4）无病症。生理性病害只有病状，没有病症。

（二）传染性病害具有"三性一有"特点

（1）循序性。病害在发生发展上有轻、中、重的变化过程，病斑在初、中、后期其形状、大小、色泽会发生变化，因此在田间可同时见到各个时期的病斑。

（2）局限性。田块里有一个发病中心，即一块田中先有零星病株或病叶，然后向四周扩展蔓延，病、健株会交错出现，离发病中心较远的植株病情有减轻现象，相邻病株间的病情也会存在着差异。

（3）点发性。除病毒、线虫及少数真菌、细菌病害外，同一植株上，病斑在各部位的分布没有规律性，其病斑的发生是随机的。

（4）有病症。除病毒和类菌原体病害外，其他传染性病害都有病症，如细菌性病害在病部有脓状物，真菌性病害在病部有锈状物、粉状物、霉状物、棉絮状物等。

当然，不管是生理性病害还是传染性病害，在进行诊断鉴定时，为了更加准确，在上述诊断的基础上，还要结合实验室鉴定，才能进一步取得较准确的鉴定结果。

二、研究马铃薯生理性病害的意义

马铃薯的生长发育与外界环境是密切相关的。它在生长发育期，除受病菌侵染而发生病害外，还与生产者的管理水平和自然环境条件的影响有很大的关系。当生长发育过程中遇到不良环境条件影响，或遭受环境中有害物质侵害时，其代谢作用就会受到干扰，生理功能就会受到破坏，从而表现出不良的症状，严重地影响马铃薯的产量和质量。了解和掌握马铃薯不良症状产生的原因，及时采取技术措施，就能减少或避免问题的出现，实现优质丰产。近年来，由于环境因素，马铃薯生理性病害有明显快速发展的势头，为害日益加重，已经成为生产过程中迫切需要解决的重要问题。

第二节　药　害

　　马铃薯连作时间的延长，导致马铃薯病虫害越来越多、越来越重，喷洒在马铃薯植株上的药剂也越来越多。由于农民用药存在随意加量、频繁用药、乱混农药等不规范操作，致使每年的马铃薯均不同程度地产生药害。马铃薯药害现象的产生不仅造成产量损失，而且对马铃薯的商品品质、营养品质以及食品安全都产生威胁，严重影响了马铃薯生产的效益。因此，关注马铃薯科学、安全用药，减少药害，对马铃薯安全高效生产有着非常重要的意义。

一、常见药害的症状

（一）缺苗型

　　种薯在地里不能发芽，或能发芽但在出苗前或出苗后枯死，造成缺苗断垄（图5-1）。

图 5-1　马铃薯药害导致缺苗断垄

（二）斑点型

接触药剂部位形成斑点，或药剂传导到的部位变褐，形成药斑。药斑有褐斑、黄斑、枯斑、网斑等（图5-2至图5-5）。其与生理性病斑的区别在于，前者在植株上的分布往往没有规律性，全田表现有轻有重，而后者通常发生普遍，植株出现症状的部位较一致。其与真菌性病害也有所不同，前者斑点大小、形状变化大，而后者具有发病中心，斑点形状较一致。

图5-2　马铃薯除草剂伤害（一）

图5-3　马铃薯苯氧基类除草剂伤害

图5-4　马铃薯嗪草酮类除草剂伤害

图5-5　马铃薯除草剂伤害（二）

（三）颜色变化型

植株组织未破坏，但整株或部分组织颜色发生变化，如失绿白化、黄化、叶缘或沿叶脉变褐色、全叶变褐凋萎、叶色浓绿等。黄化表现在植株茎叶部位，以叶片发生较多。药害引起的黄化与营养元素缺乏引起的黄化相比，前者往往由黄叶发展成枯叶，发展快，后者常与土壤肥力和施肥水平有关，全田表现较一致，变化产生慢。与病毒引起的黄化相比，后者黄叶常有碎绿状表现，且病株表现系统性症状，病株与健株混生。

（四）形态异常型

形态异常主要表现在作物茎叶和根部，常见的畸形有卷叶、厚叶、植株矮化、植株徒长、茎秆扭曲形成鸡爪状叶、叶片柳叶状、薯块深裂等。如马铃薯植株受赤霉素药害，典型症状就是节间长、新叶变小。

（五）枯萎型

整株表现症状，如嫩茎、嫩叶枯萎，植株萎缩以致枯死。药害枯萎与侵染性病害引起的枯萎症状比较，前者没有发病中心，先黄化，后死株，根茎输导组织无褐变，后者多是根茎部疏导组织堵塞，在阳光充足、蒸发量大时，先萎蔫，后失绿死株，根基部导管变褐色。

二、造成药害的原因

药害的产生主要与农药质量、使用技术、作物和环境条件等因素有关。

（一）药剂原因

农药方面的原因：过量施药或不均匀施药，重复施药；农药混用不当，同时使用2种或2种以上药剂，农药间发生物理或化学变化，引起增毒；施药方法不当，某些农药采用药土法安全而采用喷雾法则容易产生接触性药害，某些除草剂采用超低容量喷雾做茎叶处理容易产生药害；药剂飘移，如麦田、玉米田喷雾2,4-D，会使邻近马铃薯产生药害；土壤残留，如上茬作物使用多效唑、莠去津、磺隆类除草剂等对马铃薯会产生影响；某些农药由于加入表面活性剂毒性升高而产生药害；有的农药微生物降解产物会造成作物药害；因商品名称类似，容器、剂型、色泽类似，导致药剂误用而产生药害。

（二）作物和环境因素

作物和环境因素造成药害的原因：任意扩大药剂使用范围产生药害；不同叶龄和生育期对农药敏感性有差异，施药时间不当，过早或过迟施药、苗弱施药，均会发生药害；环境条件不同会改变马铃薯对农药的敏感性，在不利于马铃薯的生长条件下施药，如在沙质土上施药、将药直接施在种薯上、施药时极端高温或遇低温等恶劣气候条件均有可能产生药害。

三、预防及补救措施

（一）预防措施

1. 农药和水的质量要好

乳油剂农药要求药液清亮透明，无絮状物，无沉淀，加入水中能自行分散，水面无浮油；粉剂农药要求不结块；可湿性粉剂农药要求加入水中能溶于水并均匀分散。稀释农药用水不能用有杂质的硬水。在使用农药时最好加入"柔水通"，优化水质，消除水中有害的盐类，避免不良水质分散农药，可充分发挥农药的药效。

2. 配药浓度要适当

浓度过大是导致作物产生药害的主要原因之一，因此配药时必须准确计算，严格称量，尤其是激素类农药更应如此。

3. 药液要随配随用

药液配好以后不能长时间存放，会发生沉淀或出现有效成分分解的现象，药效会降低，还容易产生药害。

4. 施药次数要适当

施药过频也易引起作物药害。一种农药的施用次数要根据病虫为害频率及药效长短来决定，要因地因时制宜，灵活掌握，原则是不超过作物的耐受力。

5. 选择适宜的天气施药

大部分农药在气温高、阳光充足的条件下药性增强，而且此时马铃薯的新陈代谢加快，易产生药害，尤以毒性高、挥发性大、碱性强的农药表现最为明显。

6. 注意马铃薯植株的生长状况

耐药性差的马铃薯，一般都是生长衰弱以及受旱、涝、风等灾害侵害的，对受害的马铃薯应减少喷药次数，降低喷药浓度。

7. 注意农药混用的禁忌

许多农药混合使用后可产生药害，如乳油剂和某些水溶性药剂，有机磷杀虫剂和碱性的波尔多液、松脂合剂，波尔多液和石硫合剂等。因此禁止农药混合使用。

8. 施药质量要高

喷药要求均匀一致，不能把喷头太靠近植株，不能在植株的某个部位喷药太多。要针对不同的农药品种选择施药器械，如手持喷雾器、机动喷雾器、超低容量喷雾器等。还要根据药剂的性质选择恰当的施药方法，如涂茎、灌根、熏蒸、制毒饵等。

9. 注意农药的残效期

有的农药，特别是土壤处理的农药残效期很长，因此在播种马铃薯的时候要考虑上茬所用的农药种类、使用时间、使用浓度等，或在使用土壤处理的农药时要考虑下茬马铃薯的播种时间。

（二）补救措施

马铃薯一旦产生了药害，需分辨药害的种型，研究产生药害的原因，预测药害产生的程度，采取相应对策。如果药害比较轻，为1级，仅仅叶片产生暂时性、接触性药害斑，一般不需要采取任何措施，作物就会很快恢复正常生长。如果作物药害较重，为2级，叶片此时出现褪绿、皱缩、畸形，生长呈现较明显抑制，这时就必须采取相应的补救措施。如果药害很重，达到3~4级，生长点死亡，此时生长持续严重抑制，导致一部分植株死亡，直接导致大幅度减产，这时就要认真考虑补种、毁种。

发生药害所能采取的补救措施，主要是改善马铃薯生育条件，促进植株生长，增强其抗逆能力。可采取的耕作措施：①覆盖地膜，增加地温和土壤通透性；②依据马铃薯植株的长势情况，补施时采用叶面施肥，或施一些速效的氮、磷、钾肥，也可以喷施一些助壮或助长的肥，生长调节剂尤为重要，是可以促进根系生长的，但一定要根据作物的需求施用，否则会适得其反；③如果地面有积水，要及时排除；④如果发生病虫害，应及时防治。只要有利于作物生长发育的措施都有利于缓解药害，减少损失。具体办法如下：

1. 用清水或弱碱性水淋洗

对药害发现较早的，应该马上喷洒大量的清水淋洗作物，尽量把植株表面的药物冲洗掉。或在清水中加入适量的0.2%小苏打溶液或0.5%~1.0%石灰水，使之呈弱碱性，以加快药剂的分解。如果用错了土壤处理药剂，要用田间排泄水洗药。

2. 迅速追施速效肥

必须在药害发生的地块马上追施尿素以及其他速效肥，以增加养分，加强作物的生长活力，确保早发，保证作物恢复功能。

3. 喷施功能性叶面肥

在叶片上喷洒阿卡迪安（天然海藻精）或天达2116等促进作物快速恢复生长。

4. 利用某些农药作用相反的特性来挽救

如在多效唑发生药害时，可用赤霉素来缓解，前者为植物生长延缓剂，后者为植物生长促进剂。

第三节　马铃薯缺素

马铃薯体内所含的元素不一定是马铃薯必需的。某一元素是否是马铃薯生长发育必需的，并不一定取决于该种元素在植物体内的含量。马铃薯的必需元素是指植物正常生长发育必不可少的元素。

一、缺素症状

马铃薯缺素表现不同症状（图5-6）。

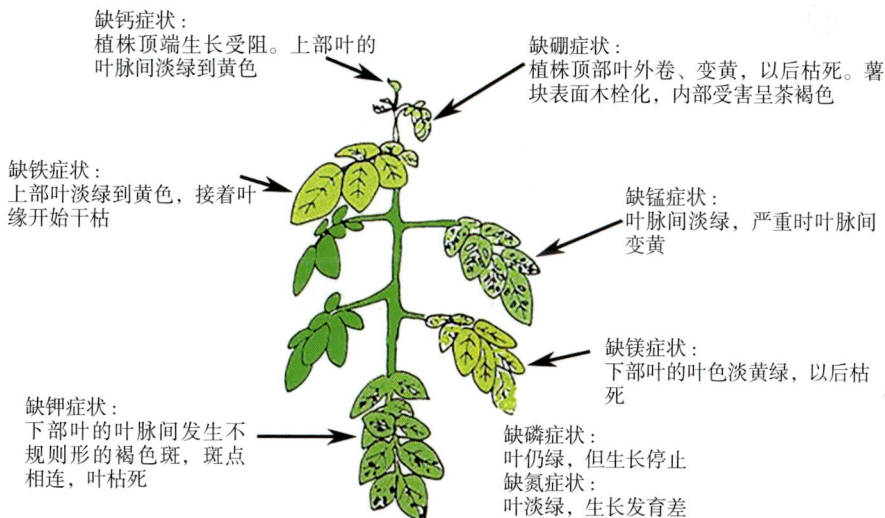

缺钙症状：
植株顶端生长受阻。上部叶的叶脉间淡绿到黄色

缺硼症状：
植株顶部叶外卷、变黄，以后枯死。薯块表面木栓化，内部受害呈茶褐色

缺铁症状：
上部叶淡绿到黄色，接着叶缘开始干枯

缺锰症状：
叶脉间淡绿，严重时叶脉间变黄

缺钾症状：
下部叶的叶脉间发生不规则形的褐色斑，斑点相连，叶枯死

缺镁症状：
下部叶的叶色淡黄绿，以后枯死

缺磷症状：
叶仍绿，但生长停止

缺氮症状：
叶淡绿，生长发育差

图5-6　马铃薯缺素症状

（一）缺氮症状

在充足的磷和钾存在的条件下，足够的氮可促进顶生和侧生的分生组织，加速叶片发育。在植株迅速生长和块茎形成期，应有足够的有效氮。随着植株的生长，氮的需求量会迅速增加，如氮从较低的叶片被输送到较高的叶片里，氮的大部分最终被输送到块茎里。

缺氮的植株一般表现褪绿，生长缓慢、直立、矮小，叶片发白（图5-7）。较低的叶片受影响最严重。叶脉较叶脉间的组织可保持较长时间的绿色。缺氮的程度决定着矮化、褪绿、下部叶片脱落的严重度和产量降低程度。

图5-7　马铃薯缺氮症状

叶片的斑点在大雨或灌水后，发展特别严重。这种斑点从褐色到黑色，直径约1 mm，在一些早熟品种的下部叶片上，病斑可以连在一起，并且施用氮肥后可以缓和。

当氮的毒害发生时，产量降低，根系不发达，叶片向上卷或形成"鼠耳"。氨的毒害可能取决于对植株的有效氮形式，由尿素和磷酸二铵形成的氨和（或）硝酸盐是有毒的。在某些土壤条件下，主要是酸性土壤，铵态氮转化成硝态氮的量减少，发生营养性"卷叶"，是因为硝态氮不能与其他对植株适宜的铵态氮的正常含量充分平衡。

表施尿素，特别是进行得很快时，由于氨的挥发，能引起危害。在尿素颗粒附近，由于氨的挥发和没有渗透性，或盐的影响作用，叶和茎会发展成灼伤的病斑。

（二）缺钾症状

钾是作物正常生长所必需的，并且在植株内是高度活跃的。

早期出现不正常的黑绿色、蓝绿色或有光泽的叶片，是缺钾的一种可靠的症状。淡绿斑（直径大于1 mm）出现在较大叶片的叶脉之间，类似轻度的花叶。当钾严重短缺时，较老的叶首先变成青铜色，然后坏死。早期衰老，从植株的中部到顶部，叶缘向上卷曲。叶片小，呈杯状，聚集到一起，卷曲，叶片上表面呈青铜色。叶片全都变成青铜色是主要症状，叶背面经常有暗黑色的斑点，斑点可以结合并引起边缘坏死。

在阳光充足、晴朗的天气后，紧接着多云下雨，在 4 d 内症状会迅速发展。坏死是严重的，外观上类似早疫病。茎轴纤弱，节间变短。当钾严重缺乏时，生长点受到影响，一般发生顶枯。由于节间缩短，植株变矮。由于叶片向下卷缩，看起来植株的叶片下垂。

根系发育受阻，匍匐茎变短，块茎的体积和产量下降，在带有坏死叶片植株的块茎脐端发展成坏死、褐色的凹陷斑。而后受影响的组织干枯，形成一个凹陷的病斑，直径 2 mm 或稍大一些，并由木栓化的组织包围着。

缺钾易感染黑斑。在贮藏早期，钾不足的块茎，暴露在空气中的粗切面，经常发展成褐色到黑色、由酶引起的变色，块茎脐端变色更严重。煮沸后，块茎果肉变成黑色。

在松质土，特别是淋溶、沙质土、堆肥或泥炭土里，最常见缺钾。在 20 cm 的土层里，可溶性的钾每公顷应超过 200 kg。

（三）缺磷症状

磷是植株早期生长和后期块茎形成所必需的。早期缺乏阻碍顶端生长，植株矮小、纤细，有些挺直。嫩叶难以正常伸展，叶子卷曲或呈杯状，比正常的叶子发黑，没有光泽，边缘可以形成焦痕。下部的叶片可能脱落，嫩叶不呈青铜色。叶柄比正常的更直立，推迟成熟（图5-8）。

图 5-8　马铃薯缺磷症状

根和匍匐茎的数量及长度减少，块茎缺少外部症状，可是内部的锈褐色坏死点或斑遍布果肉组织，有时呈辐射状。

磷不足发生于广泛的土壤类型：钙质土壤、泥炭或垃圾土、原来含量低的轻质土壤和磷被固定的重质土壤。大部分磷通过茎叶被输送到块茎，而植株又从土壤吸收大量的磷。在芽块旁带状施磷，在减少磷的固定和增加磷的吸收方面超过撒施。在生长期间，虽然会在叶面喷施足量的中性磷酸铵或复合型磷酸盐，但几乎不能缓和缺磷的症状。

含磷量很高的地方，特别是碱性土壤里，对锌或铁的吸收或利用率可能降低。

（四）缺铁症状

土壤中磷肥多或偏碱性，可影响铁的吸收和运转，常出现缺铁症状（图5-9）。马铃薯缺铁首先出现在幼叶上，缺铁叶片失绿黄白化，心叶常白化，称失绿症。初期脉间褪色而叶脉仍绿，叶脉颜色深于叶肉，色界清晰，褪绿的组织向上卷曲，严重时叶片变黄，甚至变白。防止缺铁，于始花期喷洒0.5%～1.0%硫酸亚铁溶液1～2次。

图5-9　马铃薯缺铁症状

（五）缺钙症状

缺钙的植株纤细，叶子小、上卷、皱缩，边缘褪色，而后叶片坏死（图5-10）。在严重缺乏的情况下，叶片起皱纹；茎尖活动停止，出现丛生状；根的分生组织停止生长。

缺钙植株的块茎，在脐端附近的维管束环里形成扩散性褐色坏死，而后在髓部形成相似的斑点。块茎可能非常小，在低钙、趋向于酸性和中到低交换的干燥土壤中，块茎内部的锈斑更严重。

缺钙土壤里的种用块茎可保持坚硬并产生比较正常的根。枝芽在顶端坏死后立即坏死，并停止生长。在贮藏期间，由于外皮层和内部的髓互融，以及维管束组织的瓦解，在顶芽会形成3～5 mm的坏死部位。顶芽下面会形成多种多样的侧枝。某些

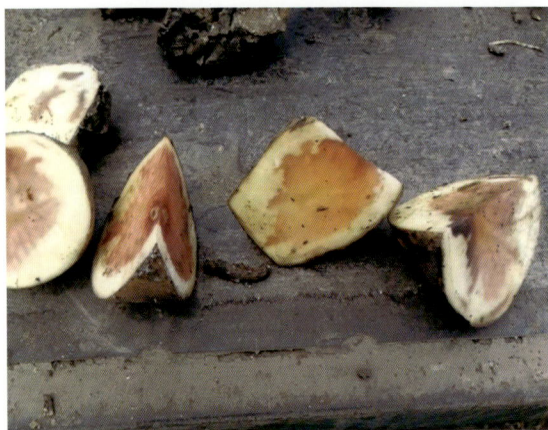

图5-10　马铃薯缺钙症状

品种，在地上芽发育之前称为"小马铃薯"，小块茎过早成熟。缺钙和内生芽表现出一定的相关性。

pH 值在 5.0 以下的沙壤土，缺钙的症状最严重，还可能出现锰和铝的毒害。用钙处理的芽可减少顶芽坏死的发生率。由于潜在的、普遍的疮痂病的问题，应避免用 pH 值 5.2 以上的石灰性土壤种植马铃薯。

由于钙不能从老叶向嫩叶转移和从植株顶部向块茎转移，因此，在整个生长期，特别是块茎形成期，必须存在有效钙。

（六）缺硫症状

长期或连续施用不含硫的肥料，易出现缺硫症状。马铃薯缺硫时，植株叶片、叶脉普遍黄化，与缺氮类似，生长缓慢，但叶片并不提早干枯脱落，严重时叶片出现褐色斑块（图 5-11）。

图 5-11　马铃薯缺硫症状

据报道，内蒙古东部呼伦贝尔草原的几处沙壤土缺硫。症状为叶片发黄、轻微上卷，整株有轻微到明显的褪绿。给土壤施用硫制剂或施用含硫的肥料可防止缺硫。

二、缺素原因

（一）缺氮原因

前茬施用有机肥或氮肥少，土壤中含氮量低，施用稻草太多，降雨多、氮素淋溶多时易造成缺氮。

（二）缺磷原因

苗期遇低温影响磷的吸收，此外土壤偏酸或紧实易发生缺磷症状。

（三）缺钾原因

土壤中含钾量低或沙性土易缺钾。马铃薯生育中期果实膨大需钾肥多，如供应不足易发生缺钾（图5-12）。

图5-12　马铃薯缺钾症状

（四）缺硼原因

土壤酸化，硼素被淋失或石灰施用过量均易引起缺硼（图5-13）。

（五）缺铁原因

土壤中磷肥多，偏碱影响铁的吸收和运转，致新叶显症。

图5-13 马铃薯缺硼症状

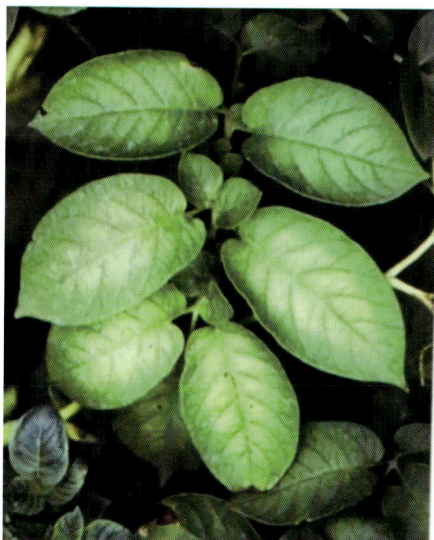
图5-14 马铃薯缺锰症状

（六）缺锰原因

锰多在植株生长活跃部分，特别是叶肉内，对光合作用及糖类代谢都有促进作用。缺锰使叶绿素形成受阻，影响蛋白质合成，出现褪绿黄化症状（图5-14）。土壤黏重、通气不良及碱性土易导致缺锰。

（七）缺镁原因

一般土壤中含镁量低，有时土壤中不缺镁，但施钾过多或酸性及含钙较多的碱性土壤会影响马铃薯对镁的吸收，有时植株对镁需求量大，当根系不能满足其需要时也会造成缺镁（图5-15）。

生产上冬春大棚或反季节栽培时，气温偏低，尤其是土温低时，不仅会影响马铃薯植株对磷酸的正常吸收，而且还会波及根对镁的吸收，引致缺镁症发生。此外，有机肥不足或偏施氮肥，尤其是单纯施用化肥的棚室，易诱发此病。

（八）缺硫原因

在棚室等设施的栽培条件下，长期连续施

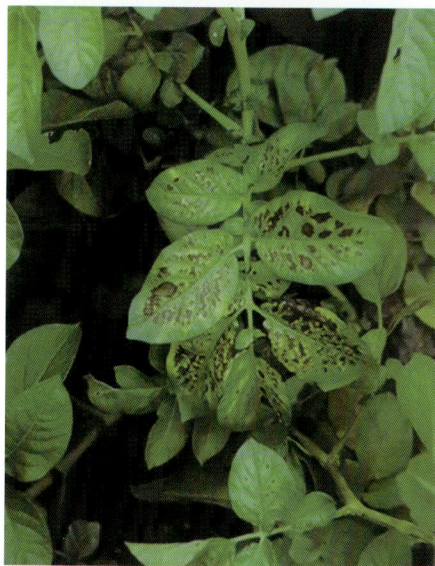
图5-15 马铃薯严重缺镁症状

用没有硫酸根的肥料易发生缺硫症状。

（九）缺钙原因

缺钙的主要原因是施用氮肥、钾肥过量阻碍了对钙的吸收和利用；土壤干燥、土壤溶液浓度高，也会阻碍植株对钙的吸收；空气湿度小、蒸发快，补水不及时及缺钙的酸性土壤都会导致缺钙。

三、防治方法

（1）施用日本酵素菌沤制的堆肥或充分腐熟的有机肥，采用配方施肥技术。

（2）缺磷时播种，要注意施足磷肥，土中要有五氧化二磷 1 000 ~ 1 500 mg。出苗前，土壤中速效磷含量应达到 50×10 mg/kg，如不足，缺多少补多少。土壤中每缺 1×10 mg/kg 速效磷，则应补过磷酸钙 2.0 kg。此外，也可叶面喷洒 0.2% ~ 0.3% 磷酸二氢钾或 0.5% ~ 1.0% 过磷酸钙水溶液。

（3）缺钾时，在多施有机肥的基础上，施入足够钾肥，可从两侧开沟施入硫酸钾、草木灰，施后覆土，也可在叶面喷洒 0.2% ~ 0.3% 磷酸二氢钾或 1% 草木灰浸出液。

（4）缺硼时，在叶面喷洒 0.1% ~ 0.2% 硼砂水溶液，隔 5 ~ 7 d 1 次，共 2 ~ 3 次。

（5）缺铁时，可喷洒 0.5% ~ 1.0% 硫酸亚铁溶液 1 ~ 2 次。

（6）缺锰时，在叶面喷洒 1% 硫酸锰水溶液 1 ~ 2 次。

（7）缺镁时，首先注意施足充分腐熟的有机肥，改良土壤理化性质，使土壤保持中性，必要时亦可施用石灰进行调节，避免土壤偏酸或偏碱。采用配方施肥技术，做到氮、磷、钾和其他矿物质配比合理，必要时测定土壤中镁的含量，当镁不足时，施用含镁的完全肥料。应急时，可在叶面喷洒 1% ~ 2% 硫酸镁水溶液，隔 2 d 1 次，每周喷 3 ~ 4 次。此外要加强棚室温湿度管理，前期尤其要注意提高棚温，地温要保持在 16 ℃以上，灌水最好采用滴灌或喷灌，适当控制浇水，严防大水漫灌，促进根系生长发育。

（8）缺硫时，施用硫酸铵等含硫的肥料。

（9）缺钙时，要根据土壤诊断适量施用石灰，应急时叶面喷洒 0.3% ~ 0.5% 氯化钙水溶液，每 3 ~ 4 d 1 次，共 2 ~ 3 次。此外，还可施用液肥，每亩用量为 450 ml，稀释 400 倍，喷叶 3 次即可；也可喷施植物生长调节剂 600 倍液，芸苔素内酯 3 000 倍液或 1.8% 爱多收液剂 6 000 倍液。

第三节　马铃薯黑心病

马铃薯黑心病是生理性病害，主要是由马铃薯块茎内部组织呼吸供氧不足（窒息）导致，形成黑心。在不同的环境条件下，从内部变粉褐色到内部热坏死，直至在严重的情况下出现黑心，是严重缺氧的最初症状。当马铃薯被装在保温的车厢里运输时，黑心病是首先考虑的问题。

一、症状

在块茎中心部分，由黑至蓝黑色的不规则花纹构成黑心病症状（图5-16）。随着氧气的严重不足，整个块茎可能变色。虽然黑色色变可以扩散到未受影响的组织里，但通常边缘分界是明显的。色变的组织不断硬化，但在室温下，可以变软和变成墨黑色。不同的块茎对黑心病的反应有很大差别。

图5-16　马铃薯黑心病症状

二、原因

当氧气从内部的块茎组织被排出或不能达到块茎内部组织时，黑心便会发展。在较低的温度下，黑心发展需要较长的时间。然而，黑心在0 ℃和2.5 ℃的条件下比在5 ℃时发展得更迅速。在极端温度36～40 ℃或0 ℃，或稍低时，即使有氧气，因为氧气不能充分迅速地通过组织扩散，黑心也会发展。在封闭的贮藏箱或在深洞里贮藏的块茎，没有充分的通气性，块茎也会黑心。

三、防治措施

（1）加强田间管理，增施磷肥和钙肥，生长后期控制浇水。

（2）在土壤温度低于20 ℃时收获，收获前不浇水，使土层干燥，收获时避免碰伤薯块。收获后晾晒1～2 d，待薯块表面干燥后入窖贮藏。

（3）控制窖温，通风通气小堆贮藏，贮窖初期2周内温度控制在13～15℃，后降低窖温保持在1～4℃，贮藏期间注意经常打开贮窖放风，保持薯堆良好的通气性。

第四节　马铃薯空心褐心病

马铃薯空心与极度、迅速的块茎膨大有关。问题的严重性在于：因缺乏外部症状，这种缺陷只有在块茎被切成两半时才能发现。块茎越大，空心发生率也越高。在某些实验区，这种影响可高达块茎产量的40%。

一、症状

通常，在块茎的中心附近会形成一个洞。在许多品种中，洞呈透镜状或星状，而在边缘呈角状。这些洞在块茎里出现裂缝，且内壁呈白色或淡棕褐色至稻草色（图5-17）。在某些品种里，空心的形状呈球形或不规则形，但这种情况一般很少发生。

马铃薯块茎在空心发展之前，中心组织呈水浸状或透明状，一些品种在早期块茎形成时，出现褐色坏死斑。尽管在极罕见的情况下，空心部位能发现霉菌，但腐烂很少在空心部位开始。

组织病变。最初的三种类型是：

图5-17　马铃薯空心褐心病症状

（1）由许多单细胞或少量细胞群组成的直径1 cm的坏死斑，被周皮包围起来，然后变褐、皱缩，细胞瓦解形成一个洞。

（2）坏死的无淀粉细胞产生褐色斑点，其直径大体为1 mm，它们常常在很小的薯块中心产生一个空洞，此空洞随着块茎生长而扩大，洞壁是不完全木栓化的形成层。

（3）内部组织的张力引起开裂，开裂导致形成一个透镜形的洞，这种洞的形成不是先由细胞坏死造成的。空洞形成的原因还包括块茎中心部分物质被转移和植株其他部分对块茎内物质再吸收。

二、原因

在生长季节或薯块迅速膨大时，空心最为严重。相对来说，迅速生长的块茎，其空心率比生长较慢的块茎高。从水分缺乏变为适于迅速生长的条件时，会诱使块茎产生空心。

在植株群体结构不合理的地块，空心常常很严重。阻碍块茎迅速生长或刺激大量小块茎形成，如缩小植株的间隔等措施，可降低空心的发病率。钾肥在临界含量以下可能是易患空心的一个因素，特别是在栽培品种可能混杂的情况下；钾肥用量超过正常生长的需要量时，可降低空心发病率。

上市前的检查。不用破坏块茎，把完整的块茎放入水中或使用 X 射线可进行检查。但是上市前，去掉大而比重低的块茎，对控制空心马铃薯上市仅有部分效果。

三、防治措施

（1）不同的马铃薯品种发病率不同，产生空洞的类型也不同。

（2）如果株间距离较近或距离一致，能增加植株的竞争，从而能阻止块茎的过速生长和膨大，这样通常能降低空心的发病率。

（3）种植时应避免缺苗，用完善的栽培措施保证植株良好的群体结构。

（4）保证均匀一致的土壤水分，促进块茎均匀一致的生长速度。

（5）尽管总产量不一定提高，但增施钾肥可减少空心发病率。

第五节　马铃薯胶状末端腐烂

通常人们见到的马铃薯烂头，实际是块茎烂尾，它是一种生理性病害，又称糖末端、糖尾病、烂尾病，主要发生在微型薯上，但大田生产也时有发生，一般以晚熟品种发生较重，有时糖末端与块茎二次生长伴生。其症状表现：块茎刚收获时，脐部组织呈半透明水渍状（俗称素蒸）；入库贮存 2 周左右，块茎脐部软化，类似果冻状并有少许水分渗出；随着贮存时间延长，病部逐渐脱水皱缩，变干后呈棕色纸质状。

一、症状

具有胶状末端腐烂的匍匐茎，末端的块茎变成半透明直至呈玻璃状，缺少正常

图5-18　马铃薯胶状末端腐烂症状

的淀粉含量，质量极度减轻、皱缩，并瓦解成湿的似胶状的物质（图5-18）。胶状末端腐烂组织在干燥条件下贮藏，干裂成草状层。健康和受影响组织之间有明显的界线，破坏向块茎内扩展的深度很少超过5 cm。玻璃组织与被植株耗空养分的芽块相类似。

胶状末端腐烂在长形块茎品种的块茎上更普遍，特别是那些带有第二次生长的纺锤形（末端尖型）或哑铃形的块茎。只有匍匐茎末端受到影响，圆形块茎的栽培品种才发生胶状末端腐烂，但块茎没有明显的畸形。

在胶状末端的腐烂组织里没有病原物，但腐烂后侵染的微生物密度，特别是细菌的密度一般是很高的。

正常的匍匐茎末端的块茎淀粉含量最高。在第二次生长时，早期块茎发育沉积的淀粉被水解，并从匍匐茎末端转移到顶端。

当第二次生长形成芽时，块茎（特别是圆形块茎品种）在匍匐茎上形成链状。糖分从原有块茎转移到第二次生长的块茎里，这种第二次生长的块茎品质是正常的。原有的块茎内部发生质量变化（呈玻璃状和质量下降很多），当植株叶子枯死后，这种变化更加明显。因为这种块茎不表现出外部症状，所以就很难把它们区分出来，结果导致品质上和市场价值上的极大损失。

二、原因

糖末端产生的根本原因在于马铃薯块茎生长期间有机物质供给不足，即块茎在膨大过程中，组织细胞分裂、增大和吸水力的程度迅速加深，因此对营养物质的需求急剧增加。此期间如果光合产物不足，只能由块茎尾部的淀粉水解为糖，再转移供给块茎顶部继续生长以及促进顶部的淀粉合成，从而造成尾部糖分增加，水分相对较大，从而使块茎尾部变甜并水渍化。在生产上，以下几种情况可产生糖末端：

（1）块茎膨大期间受高温（> 25 ℃）影响，导致营养物质输送受阻或不足，糖分在薯块脐部积累，未能转化成淀粉，致使脐部糖分增高。

（2）组培苗定植过晚或大田播种过晚，生育期不足，秋季遇霜冻后植株死亡，块茎未完成有机物质积累和营养转化，导致糖末端产生。

（3）植株在生长中、后期发生早疫、晚疫、灰霉等病害，导致植株早衰或死亡，块茎未及生理成熟而产生糖末端。

（4）马铃薯生长期管理不当，水肥偏多，或氮肥使用过量，或使用了促生长激素，或停水、停肥偏晚，导致植株冒青徒长，收获时植株仍青枝绿叶；或遭遇早霜冻害，地上部分营养物质未能及时向块茎转移，以致产生糖末端。

（5）在马铃薯植株茎叶未及大部枯黄的情况下，过早收获或过早杀秧，块茎未达到生理成熟而形成糖末端。

三、防治措施

（1）塑料大棚生产微型薯，在外界夜温稳定在 15 ℃以上时，要昼夜大通风，提高昼夜温差，以促进块茎有机物质的积累。

（2）定植组培苗时，要先栽晚熟品种，然后栽中熟品种，最后栽早熟品种。力争在 6 月 20 日前完成全部组培苗定植工作，保证不同品种有足够的生育期，以达到微型薯生理成熟。

（3）在组培苗封畦前及时培蛭石，增厚覆盖层；大田生产在中耕时，要尽可能增加培土厚度；可在一定程度上降低地温，以利于结薯。

（4）及时防控病害，防止病害因素造成的糖末端。

（5）夏季遇高温天气应注意均匀给水且浇透，要始终保持土壤（基质）湿润，通过少量多次灌溉以降低地温促进结薯，同时满足马铃薯生长对水分的需求。

（6）平衡施肥，杜绝偏施氮肥和施用含生长激素类的肥料。马铃薯生长中、后期注意控水控肥，必要时使用抑制剂控制徒长，以保证块茎生理成熟。

（7）大田生产种薯要适当调节播期，使薯块在膨大期（马铃薯盛花期）避开高温阶段，以促进光合产物向块茎输送，并促成糖分向淀粉转化。

（8）收获前 20 d 左右停止浇水，以促进薯皮木栓化和块茎干物质积累。

第六节 马铃薯块茎变绿

马铃薯块茎变绿也被称为青头,在田间和贮藏期间经常发生,绿皮薯不能食用。

一、症状

马铃薯块茎在田间或收获后在太阳光下暴露一段时间,白色体就会形成叶绿素,使块茎组织变绿(图5-19)。"太阳绿"有时不确切地称作灼伤,在块茎上发展主要是田间块茎未被土壤覆盖,暴露在强烈的阳光下造成的。

绿色组织可以扩大到2 cm或块茎内部,并经常伴随紫色色素沉积。这样的绿色组织含大量茄碱,有苦味,当人吃

图5-19 马铃薯青头症状

下去时有毒害作用。绿皮过程和茄碱产生没有相关性,受影响的块茎不能上市,损失是很大的。

当块茎暴露在强烈的阳光下时,灼伤的发展限定在几乎全是白皮的区域,并经常覆盖着凹陷的坏死区。

某些马铃薯品种趋向于接近土壤表面坐薯。在管理期间给植株培土,常常能有效地覆盖块茎和减少青皮。然而,由于土壤水蚀、干燥形成裂缝或块茎膨大,都可能在后期使块茎暴露出来。

食用马铃薯应该在黑暗中贮藏,在市场上陈列时荧光或自然光都会使块茎的表面甚至较深层变绿。一旦出现绿色,再把块茎放入黑暗中,即使长期贮存,也不能把绿色去掉。实验结果表明,用表面活化剂漂洗块茎,可减轻绿皮的严重程度。

二、原因

该病害属于生理性病害,其诱发的直接原因是阳光照射。当块茎在田间或收获后

在太阳光下暴露一段时间后，组织内的白色体会转化形成叶绿素，使块茎组织变绿。由于马铃薯块茎是由茎的变态生成，所以具有生成叶绿素的能力，只是马铃薯块茎生长在地下不见阳光没有生成叶绿素的机会而已。

马铃薯品种不同，绿皮的严重程度和发展深度也不同，某些易于接近土表结薯的品种青皮病发生多。

贮藏期间，块茎较长时间见到散射光或照明灯光，也会形成绿皮，冷凉条件下比温暖条件下发病要缓慢。

三、防治措施

绿皮块茎影响食用价值和商品性，但作为种薯用，薯皮变绿可减少细菌的感染和腐烂，不影响种用质量。为防止马铃薯的绿皮，可采取如下措施：

（1）加强田间管理，种植时应当加大行距、播种深度，生长后期搞好植株培土，必要时对生长的块茎进行有效的覆盖（比如用稻草等盖在植株的基部），减少块茎暴露的概率，可有效减少青头。

（2）选择块茎不易外露出土的品种种植。

（3）块茎贮藏期间尽量避免见光，保持环境黑暗。同时尽量保持冷凉的温度，减缓青皮发展速度。

（4）有条件时，用表面活化剂漂洗块茎，以减轻青皮的严重程度。

第七节　马铃薯畸形薯和块茎二次生长

一、症状

马铃薯块茎不规则伸长（图5-20）；芽眼处直接长出子薯；芽眼处长出一个或多个匍匐茎，匍匐茎顶端又膨大成子薯，形成链状结薯；多处芽眼突出，形成肿瘤状块茎；芽眼上形成的匍匐茎伸出地面，

图5-20　马铃薯二次生长畸形薯症状

形成新的芽条；周皮发生龟裂等多种形状。

二、原因

马铃薯畸形薯主要是土壤高温干旱引起的。在块茎膨大期，高温干旱等不良条件使正在膨大的块茎停止生长，周皮木栓化。而后由于降雨或灌溉，给予了马铃薯适宜的生长条件，但由于块茎表皮已经木栓化，不能继续生长，只能从生理活性强的芽眼处二次生长，从而形成了各种畸形薯。

三、防治措施

防止马铃薯块茎的二次生长，应增施有机肥料，增强保水保肥能力；根据马铃薯不同生育阶段的需水情况，适时适量灌溉；加强中耕培土，减少土壤水分蒸发；选择抗旱、不易发生二次生长的品种。

第八节　马铃薯块茎花青素沉着

马铃薯块茎花青素沉着是一种相当罕见的块茎薯肉组织生理性病变。块茎从外部看没有任何症状，目前，内部出现或多或少强烈花青素的原因尚不清楚。这种病害起源于安第斯山脉，最初在某些特定马铃薯品种中出现，其本质上具有暗红色到暗紫色的薯肉组织或在维管束周围有暗红色到暗紫色沉积。同样的症状也在一些鲜食的古老马铃薯品种中被发现。这种内部花青素色素沉着并不能导致病变，它在某些特定品种中发现，可能是由特定基因决定的。

一、症状

当受影响的块茎被切割时，可看到块茎髓部紫红色火焰状斑点和暗红色辐射状条纹（图5-21，图5-22），这种症状是块茎内部细胞花青素色素沉积造成，与品种内部基因和光照强度有关，对块茎无影响，只是降低了块茎的品质。

图 5-21　马铃薯块茎花青素沉着侧切症状

二、原因

光似乎在这种变色的形成中起了一定的作用，这种变色主要发生在绿块茎，尤其是绿块茎的绿色部分。

三、防治措施

（1）加强田间管理，种植时应当加大行距和播种深度，生长后期搞好植株培土，必要时对生长的块茎进行有效的覆盖（比如用稻草等盖在植株的基部），以减少暴露的块茎。

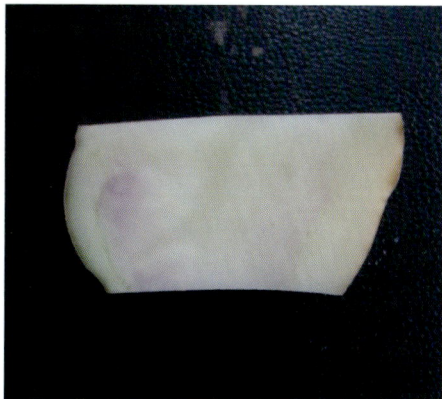

图 5-22　马铃薯块茎花青素沉着正切症状

（2）选择块茎不易外露出土的品种种植。

（3）块茎贮藏期间尽量避免见光，同时尽量保持冷凉的环境。

第九节　马铃薯冻害

马铃薯是一种经济价值较高的作物，在我国众多地区均有种植。然而，在种植过程中常常会因遭受严重冻害而造成减产损失，严重阻碍马铃薯种植产业的发展。

一、症状

马铃薯块茎在田间和贮藏期都会遭受冷害和冻害。受冻块茎解冻后，其组织逐渐由白色（或其本底色）变成桃红色，直至变为灰色、褐色或黑色（图 5-23）。冻伤组织迅速变软、腐烂。当水分蒸发后，成为石灰状残渣。韧皮部比周围薄壁细胞对低温更敏感，受冷害的块茎横切面出

图 5-23　马铃薯块茎冻害症状

现网状坏死，网状坏死可布满整个块茎，也可能只分布于受害一侧。随着冷害加重，维管束环周围出现黑褐色斑点。通常脐端附近更严重。

马铃薯在播种后、出苗前，一般受冷害的影响不大，块茎在天气回暖后会继续萌发，但表现为出苗延迟；出苗后，气温降到 -2℃ 时幼苗受冻害，表现为叶片

迅速萎蔫、塌陷，当气温升高时，受害部位变成水浸状，死亡后变成褐色（图5-24，图5-25）。气温回升后，会从茎的腋芽部分重新发出茎叶继续生长；–3℃时茎叶全部冻死，但只要种薯薯块未被冻死，气温回升后，块茎会由芽眼处重新萌芽。因此，低温冻害对马铃薯产量有一定的影响，但一般不会造成绝收。此外，不同品种的抗寒性不同，对温度的反应也有差异，受冻害后恢复生长的程度也不同。

二、原因

贮藏期冻害，因传统习惯及近年来气候变暖，民众贮藏马铃薯的方法不合理，在低温突然来临且持续时间长的情况下，块茎在贮藏期间即受到冻害。

春作早播马铃薯时，大多数尚未出苗，但在土内已萌芽。由于播种较浅（7 cm左右），且低温又较强，芽或块茎都会受到不同程度的影响。

三、防治措施

在遭受冻害后，马铃薯生长受到不同程度的影响。在冻害解除后，应尽快进行田间调查，了解冻害的发生程度，采取相应的减灾补救措施，将冻害引起的损失降到最低。

贮藏期受冻害的马铃薯芽的萌发能力较弱，且在气温回升后易发生软腐病。因此，切忌用块茎受冻的马铃薯作为种薯。

图5-24　马铃薯叶片冻害症状

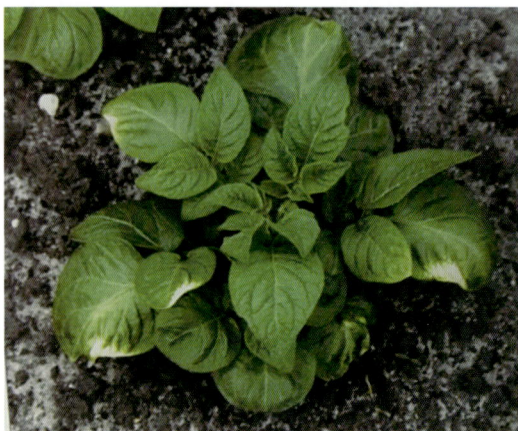

图5-25　马铃薯植株冻害症状

对播种后的马铃薯应采取的措施：

（1）开沟。对地势较低的田块，在冻害解除后应尽快开挖排水沟，以降低水位，排除渍水，避免薯块因积水腐烂，同时尽快提高土温，促进植株恢复生长。

（2）中耕培土。受低温冻害后，土壤较板结，且湿度较大，马铃薯根系的活力会降低。此时进行中耕培土，可以疏松土壤，提高土温，促进根系生长发育。

（3）查缺补窝。对未出苗的地块，检查地下种薯受冻情况，发现种薯受冻腐烂的部分，重新催芽补栽，避免缺窝影响产量。

（4）施肥。应在冻害解除、植株缓慢恢复生长以后进行施肥，切忌在冻害后立即施肥。施肥方法：对轻度受冻的田块，可喷施叶面肥，如 0.2% ~ 0.5% 磷酸二氢钾 900 ~ 1 200 kg/hm²，增强植株抗性，促进生长恢复。对出苗后中度或严重受冻及尚未出苗的田块，追施沼液、粪水等速效性全肥，或追施尿素 150 kg/hm²，以促进植株恢复、块茎萌发。

（5）防病。受低温冻害后，马铃薯田间易发生黄萎病（主要是已出苗部分）和立枯病（主要是播种、已萌芽但未出苗部分）两种土传性病害。因此，除对晚疫病、青枯病等进行常规的防治外，应积极采取药剂防治。防治方法：用 50% 多菌灵可湿性粉剂 600 ~ 800 倍液 +3% 广枯灵 600 ~ 800 倍液灌根预防黄萎病、立枯病；用 3% 中生菌素可湿性粉剂 1 500 g/hm² 兑水 900 ~ 1 200 L/hm² 或农用链霉素（200 U）2 000 倍液喷雾，预防青枯病等细菌性病害的发生；用 80% 大生可湿性粉剂 600 ~ 800 倍液或 25% 甲霜灵（瑞毒霉）400 ~ 500 倍液预防晚疫病。

（6）注意再防低温霜冻。要密切注意天气预报，如有霜冻天气出现，有条件的地方在霜前用地膜等覆盖物覆盖，霜后撤膜，一般用地膜 150 kg/hm²；条件不允许的地方要增加熏烟密度，一般设熏烟点 60 ~ 75 个 /hm²。

第十节　马铃薯高温灼伤

马铃薯性喜冷凉，是喜欢低温的作物。其地下薯块形成和生长需要疏松透气、凉爽湿润的土壤环境。对温度的要求：块茎生长的适温是 16 ~ 18 ℃，当地温高于 25 ℃时，块茎停止生长；茎叶生长的适温是 15 ~ 25 ℃，超过 39 ℃停止生长。高温对马铃薯的伤害主要有：幼小的马铃薯植株碰上土壤温度高时，位于地表部分的块茎就容易被灼伤；当幼茎、幼叶受到强烈阳光（高温）伤害时，茎叶暴露的一面或近地表部分就会出现环剥现象；块茎翻出来后放在阳光下直射时，如遇上高温天气也可能被损伤。

一、症状

茎叶灼伤：高温造成小叶尖端和叶缘褪绿，变褐，最后叶尖变成黑褐色而枯死，枯死部分呈向上卷曲状，俗称"日烧"（图5-26）。保护地温室、大棚进行早熟栽培时，应注意高温为害。

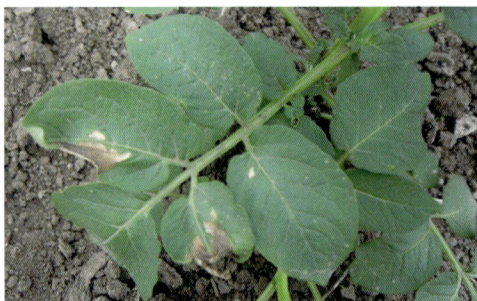

图 5-26　马铃薯叶片灼伤症状

块茎灼伤：块茎翻出来后放在阳光下直射时，如遇上高温天气也可能被损伤。这种损伤除了可能从皮孔渗出水状溢物外，没有直接的外部症状。阳光过度照射引起呈环形下凹的灼伤区域很容易寄生微生物，使块茎组织变成暗褐色，甚至腐烂（图5-27）。诱发块茎组织发生软腐的临界温度是43℃。受高温伤害后的块茎即使不腐烂，也不能正常发芽。

因此，在炎热干燥的年份，种植在轻沙土、沙砾土或泥炭土里的马铃薯，一般不宜留种。

二、原因

形成高温灼伤的原因是高温，这是因为高温会使植株叶绿素失去活性、光合作用暗反应受阻、光合效率降低；而呼吸作用却大大增强，消耗量大大增强，使细胞内蛋白质凝集变性，细胞膜半透性丧失，植物的器官组织受到损伤。

图 5-27　马铃薯块茎灼伤症状

三、防治措施

针对高温对马铃薯为害的不同情形采取相应的措施。在夏季高温干燥天气来临前进行田间灌溉，增施有机肥料，增强土壤保水能力，分期培土，减少伤根等，都可以减轻茎叶灼伤的为害。

保护地栽培注意通风降温，及时揭去塑料薄膜。深培土，并采用遮阴降温覆盖，可减少块茎灼伤。马铃薯收获时气温较高，应选晴天的早、晚进行收获，随即收集运到阴暗通风场所，薄摊晾干，不要暴露在高温下。

第十一节　冰雹伤害

冰雹是比较严重的气象灾害之一。冰雹的发生具有一定的特点，即持续时间较短、破坏性强，同时危害性大，常伴有大风出现，在夏季出现较多，对农业造成很大的影响，轻则造成农作物的减产，重则导致农作物的绝收。如果马铃薯受到冰雹侵害，就会直接导致植株受到损害，影响马铃薯的产量和质量。

一、症状

冰雹经常把叶片撕裂或穿成洞。虽然马铃薯植株有极强的恢复叶片伤害的能力，但冰雹可引起大量落叶，从而严重影响产量。在茎上，损伤集中在碰撞点，表皮组织变灰色，并带有像纸一样的光泽。减产多少与伤害程度、伤害时间和品种有关。最大的损失是在开花后 2 ~ 3 周内秧蔓受到伤害。由于小块茎或形状不好的块茎产出相对增加，可销售的产量受到严重影响。当冰雹危害成熟期的秧蔓时，可以减轻块茎的比重，除热带单格孢（*Ulocladium*）病害以外，冰雹损伤很少能诱发其他病原物对叶片的感染（图5-28，图5-29）。

图 5-28　冰雹危害马铃薯茎秆症状

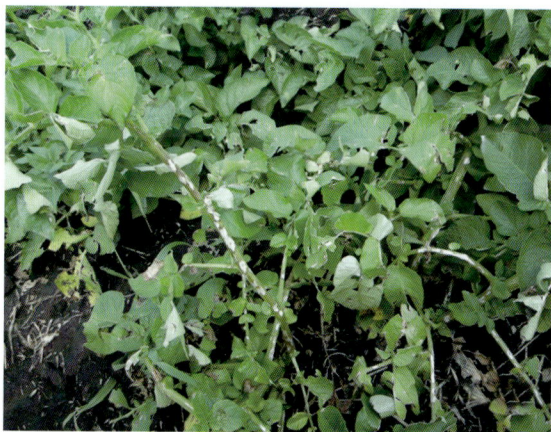

图 5-29　冰雹危害马铃薯茎秆及叶片症状

二、原因

冰雹一般出现在强对流天气，强冷空气遇到强湿热空气（伴随大量水汽），使水汽遇冷急速凝结成冰，在坠落过程中凝结更多水汽，使冰变大，当坠落出云层后，由于冰块较大，坠落速度变大，下面的热空气不足以融化冰块，坠落至地上形成冰雹。北方每年的 5 ~ 8 月是露地农作物生长的重要时期，同时也是冰雹灾害的多发期。

三、防治措施

马铃薯作为一种抗雹和恢复能力较强的农作物，在遇到冰雹等极端天气后，仍需要注意以下几点：

（1）雹灾过后，地面板结，应及时进行划锄、松土，以利于疏松土壤，促叶早发，促进植株恢复。

（2）雹灾后不要人为对植株绑扶，让植株自行恢复，人为绑扶易造成更大伤害，可以及时剪去枯叶和受损严重的烂叶，以促进新叶生长。

（3）灾后及时追肥（亩追尿素 7 ~ 10 kg），对于受损较轻的叶片或者新叶片出现后要及时对叶面喷施磷酸二氢钾，其对植株恢复生长具有明显的促进作用并可提高抗病虫害能力。同时配合喷施阿维菌素等农药，做好病虫害防治。

（4）对雹灾过后出现缺苗断垄的地块，可选择健壮大苗带土移栽，移栽后及时浇水并对叶面喷施磷酸二氢钾，以促进缓苗。

第十二节　雷击伤害

闪电的伤害经常伴随着大雷雨的伤害，伤害的严重程度因田块的植株水化作用的影响而表现不同。根据田间植株伤害分布情况，诊断雷击伤害是非常不可靠的，大多数受雷击伤害的植株症状与黑胫病或丝核菌枯萎病侵害极其相似，并且块茎症状与环腐病症状也很接近，在土表变白的茎经常与高温伤害相似。因此，应结合田间实际情况、综合因素来判断雷击伤害。

一、症状

在几分钟至几小时持续的闪电中，马铃薯茎衰萎和植株顶部会出现不可逆的棱（图

5-30，图 5-31）。虽然茎衰萎，但叶子仍然可以保持绿色和饱满。在大多数情况下，伤害发生在地面 5 ～ 10 cm 或更高一点的位置，它很少从顶向下发生。受影响的部分变软，水浸状，变成黑色至褐色；组织不久变干，变成赭褐色至棕褐色，带有淡棕褐色至几乎完全白色的表面。髓的衰萎导致倒伏和棱状茎，或带有表面纵向凹陷的多棱茎。衰萎的髓心形成倒伏的植株，当茎纵向裂开时，髓心呈现杂乱或梯状，与土壤接触的叶柄常常衰萎。

图 5-30　马铃薯雷击伤害植株症状

　　茎的地下部分和根经常逃避伤害。水的输送通常可充分地保持顶部的绿色和饱满。尽管茎的薄壁组织衰萎，但这种植株仍可以存活。受伤的块茎具有从褐色到黑色的表皮坏死，有一些还带有裂缝。在块茎的另一面，表面也可以被损伤，带有中间皮层和髓心变软，并在短时间内保持相对正常的颜色。而后，腐烂完全穿透块茎并留下一个洞。未受影响的块茎部分，经常保持其坚固状态。在一些情况下，髓心虽然完全衰萎和水化（松软的），但皮层未受损害，块茎可以与受其他病害，如腐霉菌湿腐病或细菌环腐病侵染的症状相似。

图 5-31　马铃薯雷击伤害植株茎部症状

二、原因

　　当发生雷击之后，高强度的电荷会进入空气层，通常情况下，这些电荷在空气的摩擦下被逐渐吸收，但是当雷电携带的电荷没有被空气完全吸收时，就会对地面的马铃薯植株造成严重的影响。当雷电击中马铃薯田时，会导致马铃薯大面积衰萎，甚至使马铃薯出现绝产的现象；雷电灾害的发生通常都会伴随着强降雨，雨水导致田间相对湿度不断增加，会导致马铃薯田出现倒伏的现象，这个过程中如果再发生雷击现象，就会造成农作物绝产，同时雷电和强降雨还会伴随着大风天气，这三种因素共同作用，将会对马铃薯生长造成致命威胁。

经过雷击伤害的马铃薯地块，常常表现出以下几种形式：

（1）某个区域所有的马铃薯植株全被杀死，而与此毗邻的特定区域却都是健康植株。

（2）这个区域中心有死株，但向四周伤害逐渐减轻。

（3）在一个区域里没有明确的受害中心，死亡植株和未受影响的植株之间，分布有各种不同伤害程度的植株。

（4）分布着大量的相对小的中心，在这个中心具有不同伤害程度的植株。

受害程度的不同是由于放电强度和土壤水分分布不均。静电放电会沿着排灌管道进行，排灌管道分布与田间受伤害植株的分布密切相关。

三、防治措施

在农业生产过程中，应该积极地加强农田防雷设施建设，例如，在雷击事故多发区域设立避雷设备，并提高这个地区雷电预防的等级。同时，还需要做好农田周围建筑物、高压线以及电视塔等设备的防雷工作，在雷电天气下，禁止在这些区域进行农田作业。在高压线安装过程中，如果线路必须经过农田，一定要做好安全检测工作，并安装好防雷设备。当农田发生了雷击事故之后，为了降低损失，应该及时耕种其他生长期比较合适的农作物，以挽回一定的经济损失。

第六章　马铃薯主要虫害

第一节　引　言

马铃薯经常受到各种有害生物的为害，从而影响马铃薯的产量和质量。由于有害生物的种类繁多、形态各异，发生规律各有不同，因此，认识有害生物，掌握有害生物的习性、特点，对防控有害生物极其重要。为害马铃薯的害虫有昆虫、螨类、软体动物等，国内已知的害虫约 400 种，北方常见的有 40 种以上，可分为地下害虫、食叶害虫、刺吸害虫及蛀食害虫等。为害幼苗根部的害虫有蝼蛄、地老虎、金针虫、蛴螬等；为害叶部的害虫有菜青虫、叶甲虫、叶螨、蓟马、蚜虫、潜叶蝇等。这些害虫为害马铃薯后，不仅造成马铃薯减产，而且影响马铃薯的品质，降低商品价值。

一、马铃薯虫害发生的原因

（一）施肥不合理

长期不合理地施用肥料，造成土壤板结、酸化盐渍化、养分严重失调，作物营养失衡。

（1）重化肥，轻有机肥。使用有机肥料，是我国农业生产的优良传统。但近些年，在农村出现了重化肥轻有机肥、重用地轻养地、重产出轻投入的倾向，不少地区农家肥的使用大量减少，其后果就是土壤板结和透气性变差，导致作物根的呼吸作用减弱，生长不良的根系直接影响作物对土壤中养分的吸收利用。

（2）重大量元素肥，轻中、微量元素肥。不少地方在肥料使用上重大量元素肥、轻中微量元素肥，而在大量元素肥的施用中，又重氮磷肥、轻钾肥，没有做到科学合理施肥，肥料中养分比例不合适、结构不合理。

（3）施肥时机掌握不好。在作物的生长发育周期内，不同时期所需营养的种类、数量和比例也不尽相同。如果盲目施肥，不仅作物得不到所需的营养，而且没有利用的肥料累积在土壤中，造成浪费甚至肥害，还会污染环境。

（二）施用农药不合理

高频率、大剂量、不科学地使用农药，造成害虫和病菌防治越来越难，作物免疫力越来越低。

（1）农药的大量使用，降低了害虫和病菌对农药的敏感性。人们在使用农药时，绝大多数对农药敏感的害虫和病菌被消灭，而少部分抗性强的品种存活下来，周而复始，一些"超级害虫"和"超级病菌"就被人为制造出来了。为了对付它们，人们不得不使用更多和更毒的农药，从而形成恶性循环。

（2）滥用作物生长调节剂。目前有很多农户对作物生长调节剂有依赖心理，但在使用过程中存在不少问题，如剂量浓度不合适、不注意使用时期、混用不合理等。部分人甚至以调节剂代替肥料，导致养分不足，植株早衰，作物的正常生长规律被改变，抵抗力下降。

（3）在作物发生病害时，没有做到"对症下药"。作物病害包括生理性病害和侵染性病害，前者由非生物因子引起，而后者由病菌（包括病毒）引起。病害的起因不同，就要用不同的方法进行防治，绝对不能不分青红皂白，连病害的原因还没搞清就开始使用农药。这样做不但贻误病情，而且还会形成药害，影响作物生长，新的病害也会乘虚而入。

（三）土壤退化

土壤有机质含量下降，土壤微生态平衡遭到严重破坏。

（1）土壤有机质在作物的优质高效生产中具有重要作用，有机质含量高是优质农田的重要标志之一。目前重化肥、轻有机肥的施肥习惯，使土壤中的有机质逐渐减少，土壤保水保肥能力不断变差，肥力降低，作物生长受到很大的影响。

（2）板结的土壤和农药的使用，使土壤微生物数量大为减少。土壤微生物对作物有非常重要的作用。一是土壤微生物是生态系统中的分解者，它们分解有机质和矿物质等，释放养分，供作物利用。二是土壤微生物生命活动产生的生长激素以及维生素类物质对作物的种子萌发和正常的生长发育能产生良好影响；某些土壤微生物还能产生抗生素，可以抑制病原微生物的繁殖。土壤微生物数量的不足，导致这些作用难以充分体现，作物生长会遭受严重影响。

（3）在有机质匮乏的土壤中，即使补充微生物肥料，由于没有足够的有机质供微生物利用，这些肥料的效果也很难保证。

二、马铃薯虫害种类

马铃薯的虫害种类很多，其中主要是昆虫，另外有螨类、软体动物等。昆虫中虽有很多属于害虫，但也有益虫，对益虫应加以保护、繁殖和利用。因此，认识昆虫，研究昆虫，掌握害虫发生和消长规律，对于防治害虫、保护马铃薯获得优质高产具有重要意义。

各种昆虫由于食性和取食方式不同，口器也不相同，主要有咀嚼式口器和刺吸式口器。咀嚼式口器害虫有甲虫、蝗虫及蛾蝶类幼虫等。它们都取食固体食物，为害根、茎、叶、花、果实和种子，造成机械性损伤，如造成缺刻、孔洞、折断以及钻蛀茎秆、切断根部等。刺吸式口器害虫，如蚜虫、椿象、叶蝉和螨类等，它们以针状口器刺入植物组织吸食食料，使植物呈现萎缩、皱叶、卷叶、枯死斑、生长点脱落、虫瘿（受唾液刺激而形成）等。此外，还有虹吸式口器（如蛾蝶类）、纸吸式口器（如蝇类）、嚼吸式口器（如蜜蜂）。了解害虫的口器，不仅可以从为害状况去识别害虫种类，也可为药剂防治提供依据。

第二节　马铃薯甲虫

马铃薯甲虫［*Leptinotarsa decemlineata*（Say）］，又名马铃薯叶甲，属鞘翅目、叶甲科，起源于美国和墨西哥北部的落基山脉，主要取食马铃薯、刺萼龙葵、茄子、番茄等茄科作物，是国际马铃薯生产上最具毁灭性的害虫，也是我国进境植物检疫性有害生物。

一、形态特征

（一）成虫

马铃薯甲虫体长 9.0 ~ 11.5 mm，宽 6 ~ 7 mm。短卵圆形，体背显著隆起，红黄色，有光泽。鞘翅色稍淡，每一鞘翅上具黑色纵带 5 条。头下口式，横宽，背方稍隆起，向前胸缩入眼处。唇基前缘几乎直，与额区有一横沟为界，上面的刻点大而稀。复眼稍呈肾形。触角 11 节，第 1 节粗而长，第 2 节很短，第 3、4 节约等长，第 6 节显著宽于第 5 节，末节呈圆锥形。口器咀嚼式。前胸背板隆起，宽为长的 2 倍。基缘呈弧形，前角突出，后角钝，表面布稀疏的小刻点。小盾片光滑。鞘翅卵圆形，隆起，侧方稍呈圆形，端部稍尖，肩部不显著突出。足短，转节呈三角形，股节稍粗而侧扁；胫节向端部放宽，外侧有一纵沟，边缘锋利；跗节显 4 节；两爪相互接近，基部无附齿（图6-1）。

图 6-1　马铃薯甲虫交配图

（二）卵

长卵圆形，长 1.5 ~ 1.8 mm，淡黄色至深枯黄色（图 6-2）。

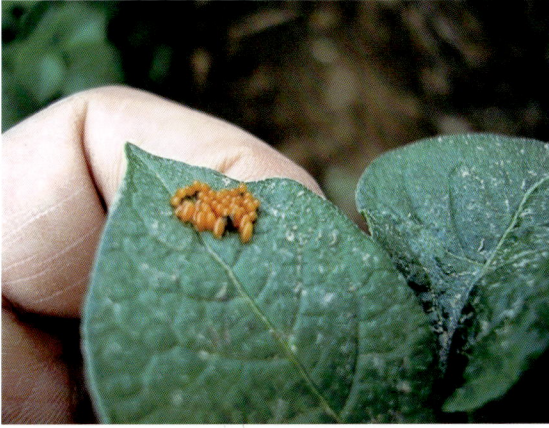

图 6-2　马铃薯甲虫卵

（三）幼虫

1、2 龄幼虫暗褐色，3 龄逐渐开始变成鲜黄色、粉红色或橘黄色；头黑色发亮，前胸背板骨片及胸部和腹部的气门片暗褐色或黑色。幼虫背方显著隆起（图 6-3 至图 6-6）。头为下口式，头盖缝短；额缝由头盖缝发出，开始一段相互平行延伸，然后呈一钝角分开。头的每侧有小眼 6 个，分成两组，上方 4 个，下方 2 个。触角短，3 节。上唇、唇基以及额之间由缝分开。头壳上仅着生初生刚毛，刚毛短；每侧顶部着生刚毛 5 根；额区呈阔三角形，前缘着生刚毛 8 根，上方着生刚毛 2 根。唇基横宽，着生刚毛 6 根，排成一排。上唇

图 6-3　马铃薯甲虫不同虫龄幼虫（一）

图 6-4　马铃薯甲虫不同虫龄幼虫（二）

图 6-5　马铃薯甲虫幼虫

图 6-6　马铃薯甲虫蜕皮

横宽，明显窄于唇基，前线略直，中部凹缘狭而深；上唇前缘着生刚毛10根，中区着生刚毛6根和毛孔6个。上颚三角形，有端齿5个，其中上部的一个齿小。1龄幼虫前胸背板骨片全为黑色，随着虫龄的增加，前胸背板颜色变淡，仅后部仍为黑色。除最末两个体节外，虫体每侧有两行大的暗色骨片，即气门骨片和上侧骨片。腹片上的气门骨片呈瘤状突出，包围气门。中后胸由于缺少气门，气门骨片完整。4龄幼虫的气门骨片和上侧骨片上无明显的长刚毛。体节背方的骨片退化或仅保留短刚毛，每一体节背方约 8 根刚毛，排成两排。第 8、9 腹节背板各有一块大骨化板，骨化板后缘着生粗刚毛，气门圆形，缺气门片；气门位于前胸后侧及第 1 ~ 8 腹节上。足转节呈三角形，着生 3 根短刚毛；爪大，骨化强，基部的附齿近矩形。

（四）蛹

离蛹，椭圆形，长 9 ~ 12 mm，宽 6 ~ 8 mm，橘黄色或淡红色。

二、发生规律

马铃薯甲虫以成虫在土壤内越冬，越冬成虫潜伏的深度为 20 ~ 60 cm。次年 4 ~ 5 月，当越冬处土温回升到 14 ~ 15 ℃时，成虫出土，在植物上取食、交尾。卵块可产于叶背面，卵粒与叶面多呈垂直状态，每卵块含卵 12 ~ 80 粒。马铃薯甲虫卵期 5 ~ 7 d，幼虫期 16 ~ 34 d，因环境条件而异。幼虫孵化后开始取食。幼虫 4 龄，15 ~ 34 d。4 龄幼虫末期停止进食，大量幼虫在被害植株附近入土化蛹。幼虫在深 5 ~ 15 cm 的土中化蛹。蛹期 10 ~ 24 d。

在欧洲和美洲，1 年可发生 1 ~ 3 代，有时多达 4 代。发育 1 代需要 30 ~ 70 d。

三、为害特点

马铃薯甲虫以幼虫和成虫造成为害，可造成直接为害和间接为害。首先，直接为害指幼虫与成虫取食寄主植物叶片，取食量之大、繁殖速度之快，常将马铃薯植株吃成光杆，一般造成减产 30% ~ 50%，严重为害时减产高达 90% 甚至绝收（图 6-7）。据报道，马铃薯甲虫幼虫期取食马铃薯叶片可达 40 cm²，成虫每天可以消耗 10 cm² 的叶片，而成虫期又比较长，

图 6-7　马铃薯甲虫为害状况

按越冬代成虫期 60 d 计算，成虫阶段可取食 600 cm² 的叶片，对马铃薯造成的损失比幼虫更为严重。其次，间接为害指其在寄主植物间可传播马铃薯褐斑病和环腐病等多种病害，严重影响马铃薯的产量。

四、防治方法

马铃薯甲虫以其超高的生态可塑性，以及超强的繁殖能力和对环境的适应性，成为最先对杀虫剂产生抗性的害虫之一，也是最难防治的害虫之一。国外大量研究表明，除了化学防治外，农业防治、生物防治等多种方法也是防治马铃薯甲虫的有效方法，具体措施如下：

（一）检疫措施

严格执行检疫程序，加强疫情监测。加强检疫是马铃薯甲虫防控最关键的手段。对疫区调出、调入的农产品尤其是茄科寄主植物，应当严格按照调运检疫程序进行检验。对来自疫区的其他茄科寄主植物及包装材料，应按规程进行检疫处理，防止马铃薯甲虫的传出和扩散。

（二）农业防治

首先，马铃薯田采取轮作倒茬的种植模式，轮作可以减轻马铃薯土传病害，又可降低马铃薯甲虫的发生程度，轮作时要避免与其他茄科作物重茬，可以与小麦、玉米、大豆等作物轮作。其次，采用秋翻冬灌的方式，可有效破坏马铃薯甲虫的越冬场所，也可有效减少成虫越冬虫口基数，防止其扩散蔓延。此外，还可采用适期晚播、覆盖栽培等方式。适当推迟播种时期至 5 月上中旬，避开马铃薯甲虫成虫出土为害及产卵高峰期。利用麦草等覆盖，不仅可使土壤的温湿度等条件更适于马铃薯生长，而且马铃薯甲虫的捕食性天敌也能明显增多。

（三）物理防治

首先，可以利用马铃薯甲虫的成虫假死性、早春出土零星不齐和迁移活动性较弱的特点，从 4 月下旬开始进行人工捕杀越冬成虫和摘取叶片背面的卵块来降低虫源基数。其次，可以采取火烧或用真空吸虫器或丙烷火焰器等方法，在马铃薯地里挖 V 字形沟并内衬塑料膜诱杀。

（四）药剂防治

根据国内外多年的防治经验，现今多种主流杀虫剂对马铃薯甲虫都有较好的防治效果，如拟除虫菊酯类杀虫剂（高效氯氟氰菊酯、溴氰菊酯、甲氰菊酯等）及烟碱类杀虫剂（噻虫嗪、吡虫啉等）。还有一些高毒化学农药也曾被使用在马铃薯甲虫防治上，如 77.5% 敌敌畏乳油、40% 乐果乳油、60% 甲基立枯磷、20% 啶虫脒等有机磷、有机氯农药。

（五）生物防治

可以利用马铃薯甲虫的天敌进行防治，如瓢虫、蜻类、草蛉、捕食性甲虫、寄生性蝇类、蛛形纲中的天敌等。还可以利用病原真菌，如白僵菌、绿僵菌等。

第三节　马铃薯二十八星瓢虫

马铃薯二十八星瓢虫（*Henosepilachna vigintioctomaculata*）属于鞘翅目、瓢甲科，是我国马铃薯主要的食叶害虫，该虫不仅是中国北方大部分地区马铃薯种植业中的重要害虫，而且还为害茄子、青椒、豆类、瓜类、白菜、曼陀罗、枸杞等植物。马铃薯二十八星瓢虫分布广泛，如黑龙江、内蒙古、福建、云南、陕西、甘肃、四川、云南、西藏等地均有发生。

一、形态特征

（一）成虫

该虫体长 6.6 ~ 8.3 mm，宽 5.8 ~ 6.5 mm，半球形，赤褐色，全体密生黄褐色细毛，前胸背板前缘凹陷而前缘角突出，中央有一较大的剑状斑纹，两侧各有 2 个黑色小斑（有时合成 1 个）。两鞘翅上各有 14 个黑色斑，鞘翅基部 3 个黑斑后方的 4 个黑斑不在一条直线上，两鞘翅合缝处有 1 ~ 2 对黑斑相连（图6-8）。

图6-8　马铃薯二十八星瓢虫成虫

（二）卵

长 1.4 mm，纵立，鲜黄色，有纵纹（图 6-9）。

（三）幼虫

体长约 9 mm，淡黄褐色，长椭圆状，背面隆起，各节具黑色枝刺（图 6-10，图 6-11）。

图 6-9　马铃薯二十八星瓢虫卵

图 6-10　马铃薯二十八星瓢虫幼虫（一）

图 6-11　马铃薯二十八星瓢虫幼虫（二）

（四）蛹

长约 6 mm，椭圆形，淡黄色，背面有稀疏细毛及黑色斑纹。尾端包着末龄幼虫的蜕皮。

二、发生规律

马铃薯二十八星瓢虫一年发生 2 ~ 3 代，成虫在背风向阳的土、石、山缝、杂草、房前屋后等空隙中或土中群居越冬，翌年早春 3 月底至 4 月中旬始见，一般于 5 月开始活动，转移到马铃薯田繁殖发展，6 月上中旬为产卵盛期，6 月下旬至 7 月上旬为第一代幼虫为害期，7 月中下旬为化蛹盛期，7 月底 8 月初为第一代成虫羽化盛期，8 月中旬为第二代幼虫为害盛期，8 月下旬开始化蛹，羽化的成虫自 9 月中旬开始寻求越冬场所，10 月上旬开始越冬。成虫以上午 10 时至下午 4 时最为活跃，午前多在叶背取食，下午 4 时后转向叶面取食。成虫、幼虫都有蚕食同种卵的习性。成虫假死性强，并可分泌黄色黏液。越冬成虫多产卵于马铃薯苗基部叶背，20 ~ 30 粒靠近在一起。越冬代每雌可产卵 400 粒左右，第一代每雌产卵 240 粒左右。卵期第一代约 6 d，第二代约 5 d。幼虫夜间孵化，共 4 龄，2 龄后分散为害。幼虫发育历期第一代约 23 d，第二代约 15 d。幼虫老熟后多在植株基部茎上或叶背化蛹，蛹期第一代约 5 d，第二代约 7 d。

三、为害特点

马铃薯二十八星瓢虫一生必须全部或部分取食马铃薯，否则不能正常发育和产卵，故只在马铃薯产区才大量发生，是马铃薯种植过程中的重要害虫（图 6-12）。

图 6-12　马铃薯二十八星瓢虫为害症状

其成虫和幼虫都能取食马铃薯，同时啃食叶肉，形成许多平行的牙痕，叶片仅残存叶脉，叶片干枯，无法进行光合作用。随着植株新叶生长，为害部位逐渐向上转移，严重为害作物生长发育。田间调查发现，该虫也可为害果实和嫩茎，致被害部组织变得僵硬粗糙、味苦，不能食用，影响产量和品质。

四、防治方法

针对马铃薯二十八星瓢虫，目前多采用农业防治、物理防治、化学防治等传统的防治方法。同时，化学农药的使用对人类健康和生态环境造成了严重危害，因此，一些生物防治手段也被应用于马铃薯二十八星瓢虫的防治。

（一）农业防治

选用抗虫品种，从而减少农药使用次数，减轻环境污染，降低生产成本。合理安排茬口，将马铃薯与谷类、豆类作物轮作，避免马铃薯与茄科作物、块根块茎类作物轮作，选择排灌方便地块种植，避免积水和干旱。合理密植，种植密度过大则通风透光不好，易发生虫害。

（二）物理防治

人工捕捉成虫，利用成虫假死习性，拍打植株，使之坠落，收集消灭。人工摘除卵块，虫卵集中成群，颜色鲜艳，极易发现，易于摘除。清洁害虫越冬场所，秋季收获后集中清除杂草和残株，带出种植园集中烧毁。春季深翻地块，消灭卵和幼虫。

（三）药剂防治

要抓住幼虫分散前的有利时机，可用灭杀毙（21% 增效氰·马乳油）3 000 倍液、20% 氰戊菊酯或 2.5% 溴氰菊酯 3 000 倍液、10% 溴·马乳油 1 500 倍液、10% 赛波凯乳油 1 000 倍液、2.5% 功夫乳油 3 000 倍液等，每 7 d 施用 1 次。喷药时要求均匀周到，叶片正反面都要喷到，以杀死全部害虫。

（四）生物防治

植物源农药主要有中药、有毒植物等，具有高效、低毒、低残留、高选择性及对高等动物和天敌安全等优点。研究表明，黄连、黄檗、丹皮、百部等植物的水提取物对马铃薯二十八星瓢虫的孵化、成虫产卵均有影响。其中黄檗水提取物对其孵化率影响最为显著，黄连水提取物对其成虫产卵的抑制作用最为显著。印楝素对马铃薯二十八星瓢虫具有一定的毒力。

在生物农药方面，有报道表明，绿僵菌对马铃薯二十八星瓢虫具有一定的防治效果。苏云金杆菌目前是世界上应用最广泛、研究最深入的杀虫微生物，对马铃薯二十八星瓢虫也有防治效果。此外，阿维菌素用于防治马铃薯二十八星瓢虫也有报道。

第四节　马铃薯块茎蛾

马铃薯块茎蛾［*Phthorimaea operculella*（Zeller）］又称马铃薯蛀虫、马铃薯麦蛾等，属鳞翅目、麦蛾科。其幼虫可在田间和贮藏期间蛀食马铃薯块茎造成为害。目前在我国南部多省份均有发生，其中以云、贵、川等省受害较重。该虫主要为害茄科植物，其中以马铃薯、烟草、茄子等受害最为严重。鉴于其与寄主作物的紧密联系、对日常和季节性变化的超强适应能力、较强的生殖潜力以及经济损坏能力，马铃薯块茎蛾被认为是最重要的世界性马铃薯害虫之一，是东北地区主要植物检疫性害虫。

一、形态特征

（一）成虫

马铃薯块茎蛾成虫（图6-13）体长 5 ~ 6 mm，翅展 14 ~ 16 mm，雌成虫体长 5.0 ~ 6.2 mm，雄成虫体长 5.0 ~ 5.6 mm。灰褐色，稍带银灰光泽。触角丝状。下唇须 3 节，向上弯曲超过头顶，第 1 节短小，第 2 节下方被覆疏松、较宽的鳞片，第 3 节长度接近第 2 节，但尖细。前翅狭长，鳞片黄褐色或灰褐色，翅尖略向下弯，臀角钝圆，前缘及翅尖色较深，翅中央有 4 ~ 5 个黑褐色斑点。雌虫翅臀区有显著的黑褐色大斑纹，两翅合并时形成一长斑纹。雄虫翅臀区有 4 个黑褐色鳞片组成的斑点，后翅前缘基部具有长毛一束、翅

图 6-13　马铃薯块茎蛾成虫

缰一根。雌虫有翅缰 3 根。雄虫腹部外表可见 8 节，第 7 节前缘两侧背方各生一丛黄白色的长毛，毛从尖端向内弯曲。

（二）卵

椭圆形，微透明，直径不超过 1 mm，球形，初产时乳白色，微透明且带白色光泽，孵化前变黑褐色，带紫蓝色光亮。空腹幼虫体乳黄色，为害叶片后呈绿色。

（三）幼虫

老熟幼虫长 10 mm 左右，虫体浅棕色，头部呈棕色，每侧各有单眼 6 个，胸节微红，前胸背板及胸足黑褐色，臀板淡黄。腹足趾钩双序环形，臀足趾钩双序弧形（图6-14）。块茎蛾初龄幼虫无性二态性，直到发育为 3 龄幼虫，初期性结构开始明显，到达 4 龄幼虫时，可以通过第 5 和第 6 腹节的两个细长淡黄色睾丸来区分雌雄。化蛹时，幼虫从为害的植株中钻出转移至地面，吐丝后在土层表面或植株残体上化蛹，有时也会在

薯块表面化蛹。

（四）蛹

约 0.84 cm 长，表面光滑、棕色，蛹外经常包有一层细泥沙。

图 6-14　马铃薯块茎蛾幼虫

二、发生规律

马铃薯块茎蛾的发生世代数因种植区地理位置、作物种类及播种次数而存在差异。在我国，马铃薯块茎蛾发生世代数因地理位置而异。马铃薯块茎蛾无严格的滞育现象，只要有充足的食料、适宜的温湿度条件，冬季仍能正常发育。幼虫或蛹可在枯叶或贮藏的块茎内越冬。越冬代成虫于 3 ~ 4 月出现。成虫白天不活动，潜伏于植株叶下、地面或杂草丛内，晚间出来活动，有弱趋光性，雄蛾比雌蛾趋光性强些。成虫飞翔力不强。此代雌蛾如获交配机会，多在田间产卵，卵产于叶脉处和茎基部，薯块上卵多产在芽眼、破皮、裂缝等处。幼虫孵化后四处爬散，吐丝下垂，随风飘落在邻近植株叶片上潜入叶内为害，在块茎上则从芽眼蛀入。卵期 4 ~ 20 d，幼虫期 7 ~ 11 d，蛹期 6 ~ 20 d。

三、为害特点

马铃薯块茎蛾是世界性重要害虫，也是重要的植物检疫性害虫之一。最嗜寄主为烟草，其次为马铃薯和茄子，也为害番茄、辣椒、曼陀罗等茄科植物。该虫是最重要的马铃薯仓储害虫，广泛分布在温暖、干旱的马铃薯种植地区。此虫能严重为害田间和仓储的马铃薯。在田间，幼虫可潜食于叶片之内蛀食叶肉，仅留上下表皮，

图 6-15　马铃薯块茎蛾为害块茎和叶片症状

呈半透明状（图 6-15）；还可为害茎、嫩尖和叶芽等部位，被害嫩尖、叶芽往往枯死，幼苗受害严重时会枯死。其田间为害可使产量减少 20% ~ 30%。在马铃薯贮存期为害薯块更为严重，幼虫可蛀食马铃薯块茎，蛀成弯曲的隧道，严重时吃空整个薯块，外表皱缩并引起腐烂，在 4 个月左右的马铃薯储藏期为害率可达 100%。

四、防治方法

近年来，由于马铃薯种植业的发展，马铃薯连作，以及马铃薯、烟草、蔬菜的轮作、间作，为马铃薯块茎蛾的发展提供了更好的食料来源和越冬环境，加快了它的传播发展，为害也越来越重。因此，结合农业防治、生物防治等多种方法防治马铃薯块茎蛾变得尤为重要。目前我国主要采取的防治措施如下：

（一）农业防治

根据土壤条件、地理位置、气候条件等生态因素合理选择种薯，并且认真筛选，留用无毒且发育良好的种薯。田间种植时，要与非茄科作物套作、间作和轮作，避免与茄科作物混种。播种前深翻土壤；播种后进行灌溉、培土，防止马铃薯块茎露出土表导致成虫在块茎上产卵；收获时及时将土壤里的剩余块茎全部清除，且除掉附近的杂草及枯枝落叶，并防止幼虫蛀食为害、转移。

（二）物理防治

利用成虫的趋光性和趋化性，设置诱虫灯、糖醋液和性诱剂粘板等，对马铃薯块茎蛾进行监测和防控。

（三）药剂防治

种薯入库后，使用福尔马林、次氯酸钠进行熏蒸，杀死残存的马铃薯块茎蛾。大田中，杀虫剂对取食叶片的马铃薯块茎蛾有效，而对取食块茎的马铃薯块茎蛾无效，因此，田间喷施杀虫剂只针对蛀食叶片的马铃薯块茎蛾。在茎秆未枯死时，一般喷施菊酯类、甲胺磷和灭多威来减少马铃薯块茎蛾对块茎的损害。

（四）生物防治

目前，已经报道了马铃薯块茎蛾的 5 种寄生蜂和几种捕食性天敌。寄生蜂包括姬蜂科、两种未确定的茧蜂等，捕食性天敌包括七星瓢虫、草蛉、小花蝽以及 4 种蚁科昆虫。同时，点缘跳小蜂属、绒茧蜂属及赤眼蜂也是良好的世界性马铃薯块茎蛾寄生性天敌。

第五节　马铃薯蚜虫

蚜虫（*Aphids*）又名腻虫、蜜虫等，属同翅目、蚜科、蚜属，不仅能通过刺吸式口器对植物造成直接危害，还能作为多种病毒的传播媒介造成间接危害。研究表明，能够为害马铃薯的蚜虫种类多达 20 余种，包括桃蚜（*Myzus persicae*）、鼠李马铃薯蚜（*Aphis nasturtii*）、茄沟无网蚜（*Acyrthosiphon solani*）、苹草缢管蚜（*Rhopalosiphum insertum*）等，其中，桃蚜是目前公认的马铃薯蚜虫中最主要的种类之一。

一、形态特征

（一）成虫

成蚜分有翅和无翅两种。有翅蚜体长 1.6 ~ 2.1 mm，卵圆形，体色差异很大，有绿、淡黄绿、紫褐、橘红等色，头胸部黑色，额瘤显著。体表粗糙，有粒状结构，但背中域平滑，尾片圆锥形，近端部 2/3 处收缩，上生曲毛树根。无翅蚜虫体长 1.4 ~ 2.0 mm，绿色或红褐色，触角鞭状，足基部淡褐色，其余部分黑色，尾片粗大、绿色。腹部背面有黑斑及翠绿色中带和侧横带，腹管圆筒形（图 6-16）。

图 6-16　马铃薯蚜虫成虫

（二）卵

卵体较小，长约 1 mm，椭圆形，初为绿色，后变黑色。

（三）若虫

若虫近似无翅胎生雌蚜，淡绿或淡红色。

二、发生规律

桃蚜具有种群繁殖速度快、生活周期短、种群数量大等特点，鉴于其寄主广泛，还可在不同寄主间转移为害，因此一般发生为害都较为严重。在我国东北和华北地区每年发生 10 ~ 20 代，长江流域每年可发生 30 ~ 40 代，而华南、西南地区及北方温室内的桃蚜可全年繁殖（图 6-17）。每当初春季节，温度达到 6 ℃以上时，桃蚜便开始繁殖，可在冬季寄主植物上繁殖 2 ~ 3 代。在温度适宜时，早春越冬卵孵化为干

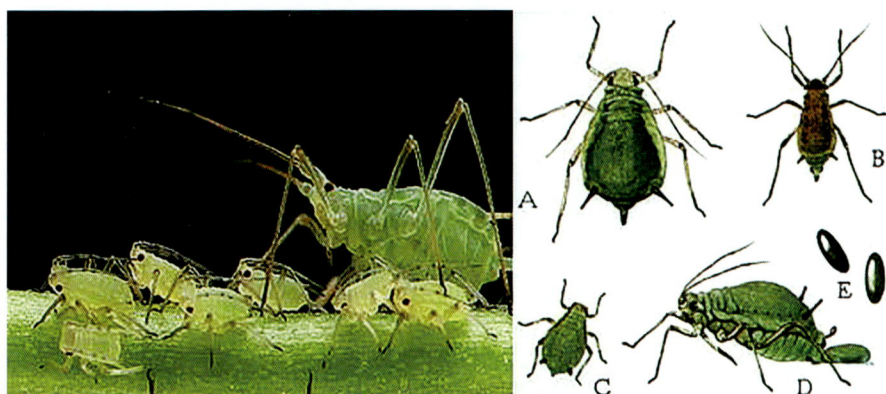

图 6-17　马铃薯蚜虫繁殖过程

母，在冬寄主桃树上营孤雌胎生生殖，其后代为干雌，干雌继续孤雌胎生生殖，其后代长大后为有翅蚜，于 4 月下旬至 5 月上旬开始向夏寄主迁飞，在李、杏、烟草和十字花科蔬菜上为害。桃蚜繁殖能力极强，一天可产 10 多头蚜虫，生殖期长达 2 ~ 3 个月，直至晚秋夏寄主衰老，不利于桃蚜生活时，产生有翅性母蚜，迁返到桃树上，生出无翅卵生雌蚜和有翅雄蚜，雌、雄蚜交配后，在冬寄主植物上产卵越冬。在南方或北方温室，桃蚜全年营孤雌生殖的不全周期生活，不发生性晚世代，从而常年造成为害。

三、为害特点

桃蚜的成蚜和若蚜不仅可以通过聚集于马铃薯植株幼嫩的芽、叶和茎等部位的生长点直接刺吸植株汁液，引起马铃薯的生长发育状况不良、营养恶化，导致块茎品质和产量的下降（图6-18）；而且其在取食的同时，将唾液注入相应的植物生长部位，因唾液本身含有的激素能够影响作物正常生长发育，从而导致植物叶片产生斑

图6-18　马铃薯蚜虫为害状况

点、肿瘤以及卷叶、畸形等为害症状。此外，当虫口密度较大时，蚜虫排泄的蜜露往往覆盖在植物体表，严重时也可导致植物呼吸作用和光合作用受到影响，同时，蜜露还可滋生大量细菌和霉菌，诱导植物发病。除了上述直接为害外，因蚜虫可传播病毒，所以其也成为农业生产中常见病毒病害的主要传播者。农业生产中常见的病毒病基本都可由蚜虫传播，其传毒造成的为害远远大于取食植株造成的为害。就马铃薯而言，桃蚜能在田间传播马铃薯花叶病毒、马铃薯Y病毒等多种病毒。

四、防治方法

马铃薯桃蚜是马铃薯的重要害虫，大量为害会引起马铃薯品质和产量的严重下降，所以能否有效地防治蚜虫成了马铃薯种植的重要环节。目前马铃薯桃蚜主要通过以下途径进行防治：

（一）农业防治

农业防治主要包括以下四方面：

（1）选用抗虫新品种，可有效减少虫口数量。

（2）加强管理。及时清除田间杂草，减轻蚜害的发生。

（3）合理的作物布局。可以采用马铃薯间作套种等形式，同时在马铃薯田附近少种或者不种蔬菜作物，以减少桃蚜的夏季寄主植物。

（4）有效的抚育措施。合理灌溉、适量施肥，以提高作物的抗性。

（二）物理防治

一方面，利用桃蚜的趋黄性，在作物保护地内，距地面高度 30 mm 处均匀设置黄板，涂上机油或其他黏性剂诱杀桃蚜。另一方面，利用桃蚜对银灰色有负趋性的原理，在田间悬挂银灰膜或用银灰薄膜网覆盖栽培，可抑制有翅桃蚜的着落和定居。

（三）药剂防治

目前，使用化学杀虫剂仍然是桃蚜的生物防治中最普遍的方法。化学防治时应优先选择高效低毒的农药，减少对环境的污染。现今主流杀虫剂以烟碱类杀虫剂及拟除虫菊酯类杀虫剂为主，拟除虫菊酯类杀虫剂包括高效氯氟氰菊酯、甲氰菊酯、溴氰菊酯等，烟碱类杀虫剂包括吡虫啉、噻虫嗪、吡蚜酮等。但是如果长期重复使用单种药剂，极易使蚜虫产生抗药性，大幅度降低防治效率。因此，合理交替使用农药，既可增强防治效果，又可减少桃蚜的抗药性。

（四）生物防治

环境污染的加剧导致人类的环保意识大幅度提升，因此生物防治显得更加重要。

（1）保护和利用天敌。通过创造有利于瓢虫、寄生蜂、食蚜蝇等天敌生长的环境条件，可对桃蚜的数量进行有效的防控。

（2）植物次生物应用。近年来，印楝素、烟碱等植物源农药和除虫脲、灭幼脲等昆虫生长调节剂，在桃蚜防控方面也起到了一定的作用。

（3）病原菌应用。病原菌具有防治效果好、对天敌无害、对环境友好等优点，近年来，白僵菌、绿僵菌等对桃蚜的有效防治在国内已屡有报道。

第六节　马铃薯地下害虫——金针虫

金针虫属鞘翅目、叩头虫科，是叩头虫科幼虫的统称。此类害虫具有分布广、为害重、隐蔽性强等特点，其中多数种类均可为害农作物的幼苗和根部，在世界范围内是一类重要的农田地下害虫。在欧美，金针虫是马铃薯的毁灭性害虫，在中国，为害作物的金针虫有数十种，可以对马铃薯、小麦、棉花等多种经济作物造成为害，引起产量和品质的巨大损失。就马铃薯而言，已有报道的为害马铃薯的金针虫有 12 个属的 39 种，其中主要造成为害的种类为沟金针虫和细胸金针虫（图 6-19）。

图 6-19　马铃薯金针虫

一、形态特征

（一）沟金针虫

1. 成虫

雌雄差别较大，雌虫体长 16 ~ 17 mm，宽 4 ~ 5 mm；雄虫体长 14 ~ 18 mm，宽约 3.5 mm。雌虫扁平宽阔，背面拱隆；雄虫细长瘦狭，背面扁平。体深褐色或棕红色，全身密被金黄色细毛，头和胸部的毛较长。头部刻点粗密，头顶中央呈三角形低凹。雌虫触角略呈锯齿状，11 节，长约前胸的 2 倍；雄虫触角细长，12 节，约与体等长。雌虫前胸发达，前窄后宽，向背后呈半球形隆起；前胸密生刻点，在正中部有极细小的纵沟。鞘翅雄虫狭长，两侧近平行，端前收狭，末端略尖；雌虫较肥阔，末端钝圆，表面拱凸，刻点较头部和胸部为细。雌虫后翅退化，雄虫细长，雌虫明显粗短。

2. 卵

乳白色，长约 0.7 mm，宽约 0.6 mm，椭圆形。

3. 幼虫

初孵幼虫体乳白色，头及尾部略带黄色。体长约 2 mm，后渐变黄色。老龄幼虫体长 20 ~ 30 mm，最宽处约 4 mm。体节宽大于长，从头至第 9 腹节渐宽。体金黄色，体表有同色细毛，侧部较背面为多。前头及口器暗褐色，头部扁平，上唇呈三叉状突起。从胸背至第 10 腹节，每节正中央有 1 条细纵沟。尾节背面有近圆形的凹陷，并密布较粗刻点，两侧缘隆起，有 3 对锯齿状突起，尾端分叉，并稍向上弯曲，叉内侧各有 1 个小齿。

4. 蛹

纺锤形，雌蛹长 16 ~ 22 mm，宽约 4.5 mm；雄蛹长 15 ~ 19 mm，宽约 3.5 mm。化蛹初期体淡绿色，后渐变深色。

（二）细胸金针虫

1. 成虫

雄成虫体长 8 ~ 9 mm，宽约 2.5 mm；触角超过前胸背板后缘，略短于后缘角，前胸背板后缘角上的隆起线不明显；翅鞘与前胸背板均为暗褐色。雌成虫略大于雄成虫，体长 9.04 mm，宽 2.57 mm，触角仅及前胸背板后缘，前胸背板暗褐色，其后缘角有明显隆起线，翅鞘略带黄褐色。

2. 卵

乳白色，近似椭圆形，长约 0.7 mm，宽约 0.6 mm。

3. 幼虫

老熟幼虫体长约 32 mm，宽约 1.5 mm。体细长，圆筒形，淡黄色，有光泽。头扁平，口器深褐色。第 1 胸节较第 2、3 节稍短。1 ~ 8 腹节略等长，尾节圆锥形，近基部两侧各有 1 个褐色圆斑和 4 条褐色纵纹，顶端具 1 个圆形突起。

4. 蛹

裸蛹，细长，体长似成虫，近似长纺锤形，黄褐色。

二、发生规律

金针虫在黑龙江、辽宁、内蒙古、山东、山西、河南、河北、北京、天津、江苏、湖北、安徽、陕西、甘肃等地均有分布，其中又以旱作区域中有机质较为缺乏而土质较为疏松的粉沙壤土和粉沙黏壤土地带发生较重，是我国中部和北部旱作地区的重要地下害虫之一。沟金针虫发育很不整齐，一般 3 年完成一代，少数 2 年、4 年完成一代，以成虫或幼虫在土层中越冬。在华北地区，越冬成虫在春季土温达 10 ℃左右时开始出土活动，10 cm 土温稳定在 10 ~ 15 ℃时达到活动高峰。成虫白天躲藏在表土中，或田旁杂草和土块下，傍晚爬出土面活动交配。雄虫出土迅速，性活跃，飞翔力较强，仅做短距离飞翔，夜晚一直在麦苗叶尖上停留，未见成虫觅食，黎明前成虫潜回土中。雌虫无后翅，行动迟缓，不能飞翔，活动范围小，有假死性，无趋光性，有集中发生的特点。交尾后雌虫将卵散产于土中3～7 cm处，单雌产卵量110～270粒，产卵盛期在4月中旬。卵经20 d孵化。幼虫期长达50 d左右，孵化的幼虫在6月形成一定为害后下移越夏，待秋播开始时，又上升到表土层活动，为害至11月上、中旬，然后下移20～40 cm处越冬；第二年春季越冬幼虫上升活动与为害，3月下旬至5月上旬为害最重。随后越夏，秋季为害后越冬。第三年春季继续出土为害，直至8～9月在土中化蛹，蛹期12～20 d。9月初开始羽化为成虫，成虫当年不出土而越冬，第四年春才出土交配、产卵。

细胸金针虫在东北需要3年完成一个世代。越冬幼虫每年从3月平均气温在0 ℃左右时开始活动，5月10 cm土温达7～13 ℃时为害猖獗，此后在10～15 cm土壤中活动，取食马铃薯、玉米等作物地下部分。6月中、下旬羽化为成虫，成虫活动能力较强，6月下旬至7月上旬为产卵盛期，卵产于表土内。7月上旬至8月中旬地温达到17 ℃以上时，由于地表干燥，各龄幼虫即下潜到20～25 cm土层内活动，地温越高，下潜的土层越深，从而停止为害。9月上旬0～10 cm土温降到14 ℃左右时，大部分幼虫又上到地表为害。11月上旬地表封冻后，80%左右的幼虫在30～40 cm的土层中越冬，少量的在50 cm土层以下越冬。

三、为害特点

在世界范围内，金针虫称得上是马铃薯上重要的害虫之一。金针虫主要是通过钻蛀马铃薯的块茎，利用为害造成的孔洞为土壤中的其他有害生物如千足虫和病原菌的发生提供了有利条件。在北美洲，金针虫造成的马铃薯损失高达5%～25%。在我国，近年来金针虫发生面积不断扩大，严重为害小麦、玉米和其他春播作物，一些严重地块枯心苗率达30%～50%，重者成片死亡甚至达到绝产。同时，金针虫生活史很长，世代重叠严重，不同种类不同地区常需2～5年才能完成一代，这也导致田间终年存在不同龄期的大、中、小类幼虫，能在马铃薯等主要作物生产的各个时期造成持续为害。

四、防治方法

根据金针虫的发生规律及田间管理特点，在农业防治的基础上，采用化学防治，采取播种期防治和生长期防治相结合、成虫防治与幼虫防治相结合等措施，可起到标本兼治的效果。

（一）预测预报

由于金针虫为土栖昆虫，生活为害于土层中，主要在作物苗期为害猖獗，且隐蔽性强，一旦发现，即已错过防治时期，因此应加强测报工作。要从秋后到播种前进行调查，选择不同土壤、不同地势、不同茬口的田块，$1 \, hm^2$ 以内要求取 $45 \sim 75$ 个样点，采用随机 5 点式或双对角线取样方法，每样点面积为 $1 \, m^2$。当金针虫达到 3 头 $/m^2$ 以上时，应采取防治措施。

（二）农业防治

一是前茬作物收获后，要及时清除田间杂草，不得在田间堆放和腐烂，以减少幼虫和蛹的数量；作物出苗前或 $1 \sim 2$ 龄幼虫盛发期，及时铲除田间杂草，并将杂草深埋于 40 cm 以下的土层或运出田外沤肥，减少幼虫早期食源，消除产卵寄主，可达到消灭部分幼虫和卵的目的。二是封冻前 30 d 左右深耕土壤 35 cm，并随耕随捡虫，通过破坏其生存和越冬环境，可压低虫口密度 $15\% \sim 30\%$。此外，农作物不能施用未腐熟的生粪肥，如粪肥中掺入 5% 辛硫磷颗粒剂 $0.25 \sim 0.50 \, kg/m^3$，则效果更好。

（三）药剂防治

化学防治是当前控制害虫最为有效和快速的方法之一，对于重要地下害虫的金针虫也不例外，当前国内外控制金针虫的主要途径仍依赖化学防治。常用的施药方法有药剂拌种、根部灌药、撒施毒土、地面施药、翻耕施药、投放毒饵、内吸涂干等。如播种前用 10% 二嗪农颗粒剂 $30 \sim 45 \, kg/hm^2$ 或 5% 辛硫磷颗粒剂 $15.0 \sim 22.5 \, kg/hm^2$ 土壤消毒；播种前用 50% 辛硫磷乳油、水、种子按 $1 : (50 \sim 100) : (500 \sim 1\,000)$ 的比例药剂拌种等。

（四）生物防治

生物防治也是金针虫重要的防治措施之一。对金针虫有致死作用的细菌国内外研究报道较少，研究较多的是苏云金芽孢杆菌。室内毒力试验研究表明，细胸金针虫对苏云金芽孢杆菌较为敏感。苏云金芽孢杆菌制剂对低龄幼虫毒杀效果更为明显，供试幼虫在 24 h 内死亡。金针虫的寄生性真菌种类主要有白僵菌和绿僵菌。研究表明这两种寄生菌能明显降低种群数量。徐华潮等（2002）从沟金针虫体内分离出了绿僵菌，毒力测定结果表明：10^7 个 /ml 的绿僵菌孢子悬浮液对沟金针虫有明显致死作用。此外，虽然国内外关于用寄生线虫防治金针虫的报道较少，但通过线虫寄生可明显降低马铃薯金针虫造成的危害。

第七节　马铃薯地下害虫——蛴螬

蛴螬是鞘翅目金龟子总科（*Scarabaeoidae*）幼虫的总称，俗称蛭虫、土蚕、地蚕等。蛴螬是地下害虫中的最大类群，占地下害虫种类的 80% 以上，全世界记载的蛴螬超过 3 万种，公认为是世界各地难于预测防治的土栖性害虫之一。在我国目前已记录的约 1 800 种，其中能够对农林牧草构成危害的有 100 多种，为害最为严重的主要有鳃金龟（主要包括华北大黑鳃金龟、东北大黑鳃金龟、暗黑鳃金龟）和丽金龟（主要包括铜绿丽金龟和黄褐丽金龟）等几大类。

一、形态特征

（一）大黑鳃金龟

成虫体长椭圆形，黑色至黑褐色，具光泽；头部小，密布刻点；触角 10 节，复眼发达，前胸背板长 4.7 ～ 5.2 mm，宽 6.6 ～ 8.3 mm，鞘翅长 12 ～ 14 mm，每个鞘翅上各有 3 条不明显的隆起带；前足腔节外侧有 3 个齿，比较锋利；腹部具光泽；雄虫末节中部凹陷，雌虫末节隆起。3 龄幼虫体长约 40 mm，头宽 4.9 ～ 5.3 mm；头部前顶刚毛每侧 3 根（冠缝侧 2 根，额缝侧上 1 根）；内唇端感区具感觉刺 14 ～ 27 根，感觉器 10 ～ 20 个，其中 6 个较大；覆毛区散生钩状刚毛，肛门孔呈三裂状。蛹体长 21 ～ 23 mm，宽 11 ～ 12 mm；裸蛹，蛹体向腹面弯曲；尾节瘦长，端生一对尾角。

（二）暗黑鳃金龟

成虫长椭圆形，红黑色或黑色，有灰蓝粉被，无光泽；头部较小，触角 10 节，红褐色；前翅长约 12.5 mm，每个鞘翅上有 4 条纵肋，刻点粗大，散生于带间；前足胫节外侧有 3 个钝齿，内侧生一棘刺，腹部圆筒形，腹面稍有光泽；雄虫臀板后端尖削，雌虫则浑圆。3 龄幼虫体长约 45 mm，头宽 5.6 ~ 6.1 mm，头部前顶刚毛每侧 1 根，位于冠缝旁；头部黄褐色，无光泽；内唇端感区感觉刺 12 ~ 16 根，感觉器 12 ~ 13 个，其中 6 个较大；覆毛区散生钩状毛，胚门孔呈三裂状。

（三）铜绿丽金龟

成虫背面铜绿色，有光泽；头部深铜绿色，复眼黑色，触角 9 节，黄褐色；背板为铜绿色，两侧边缘有 1 mm 宽黄褐边；鞘翅为铜绿色，有光泽；腹面米黄色或棕褐色，有光泽。3 龄幼虫体长 30 ~ 33 mm，头宽 4.9 ~ 5.3 mm，头顶前刚毛每侧 8 ~ 9 根，排成一列，后顶刚毛 11 ~ 18 根，排列成整齐的两列；内唇端感区具感刺 3 根，感觉器 11 ~ 18 个；覆毛区中央具有长刺状刺毛列，每列 14 ~ 18 根，被钩毛群包围；肛门孔横裂。

（四）黄褐丽金龟

成虫体长 15 ~ 18 mm，宽 7 ~ 9 mm，体中型，卵圆形，全体黄褐色带红，有光泽；头小，唇基长方形，前侧缘弯翘；触角 9 ~ 10 节，淡黄褐色，鳃片部雄大雌小；前胸背板深黄褐色，盘区颜色较深，后缘中断弯曲，前缘内弯，有边框，侧缘弧形；小盾片三角形，前面密生黄色细毛；鞘翅具 3 条不显纵肋，密生刻点。足及胸部腹板均淡黄褐色，密生细毛；前足胫节外侧有齿，后足胫节发达，上有两排褐色小刺，末端生 2 距，跗节 5 节，端部生有一对不等大的爪，前足、中足的大爪分叉；腹部淡黄色，密生细毛，腹部分节明显；雄雌区分以触角最明显，雄虫鳃片部长大，雌虫细而短。幼虫体长 25 ~ 35 mm，在红背片后部，有细缝围成的、中间稍微凹陷的椭圆形的骨化环，后边开口比较小；肛腹片后部覆毛区有刺毛列，每列各由短锥状刺 10 ~ 15 根和长针状刺 7 ~ 13 根组成，前部的两行短锥状刺毛平行，后部长针状刺毛相交，刺毛列前端超出钩毛区的前缘，后部的长针状刺毛向后呈"八"字形岔开，占刺毛列全长的四分之一；肛门孔呈横裂状。

二、发生规律

蛴螬在土壤中的生活习性主要随着土壤中的温度和湿度的变化而做出相应迁移变化。温度比较适宜，一般在 20 ~ 26 ℃，在冬天越过冬眠期不低于 15 ℃就不会死去。蛴螬在对于土壤中含水量具有极强的敏感性，在 16% ~ 18% 的范围内最为活跃，含水量过高或者过低都会使其发生迁移。初夏与初秋的土壤环境最为适宜，是蛴螬活动的活跃期。进入春季后，随着气温逐渐升高，蛴螬从土壤深处向上迁移，当气温达到16 ℃以上，土壤温度达到10 ℃左右时，蛴螬进入土壤深度为10 cm以上的土层开始取食。当气温升至22 ℃，蛴螬活动进入活跃期，在2 ～ 10 cm土层开始咬噬植物根茎，对作物造成严重损害。在夏季时，由于气温过高，蛴螬受到土表高温刺激，从而下潜至30 ～ 50 cm深度的土层进行躲避。在秋季时，随着气温下降，土层温度回到适宜范围，蛴螬再次上迁至取食土层，此时再次进入活跃期，为越冬储存营养。由于作物成熟，不会造成较大损失，但啃食根茎缺口在秋季潮湿环境下，仍会引发作物病害造成损失。进入冬季后，气温下降，土壤冻结，蛴螬下降回土壤深处进行越冬，一般在土壤深度为60 ～ 80 cm处越冬，在高纬度地区甚至可以达到100 cm以下。蛴螬在土壤中的活动除了受到温度影响，对湿度也有一定的趋向性。含水量为16% ～ 18%的土壤最适宜蛴螬活动，湿度过高或者过低均会使蛴螬回避性迁移，在暴雨或者灌溉后，蛴螬会迅速下潜以躲避高湿度环境，以避免长期浸泡导致死亡。蛴螬一般在春夏之交化蛹，初夏羽化，羽化后，其成虫仍栖息在土壤中，在清晨、傍晚或者夜间出土交配。

其成虫出土高峰也受到气候影响，潮湿低温的气候会抑制成虫出土数量。雌性金龟交配后会将卵产于适宜的土壤中，大型金龟的卵一般有土室保护，小型金龟的卵则汇聚成一团。幼虫孵出后正值植物生长的盛期，大量取食对植物造成损害。

三、为害特点

蛴螬主要取食作物地下部分，如萌发的种子、嫩根、残留种皮、根茎及块根、块茎等，其对稚嫩根部的取食往往会导致幼苗枯萎至死（图6-20）。不同的作物被害部位与被害特征不同：如蛴螬在取食小麦时，一方面取食吸水膨胀后的麦

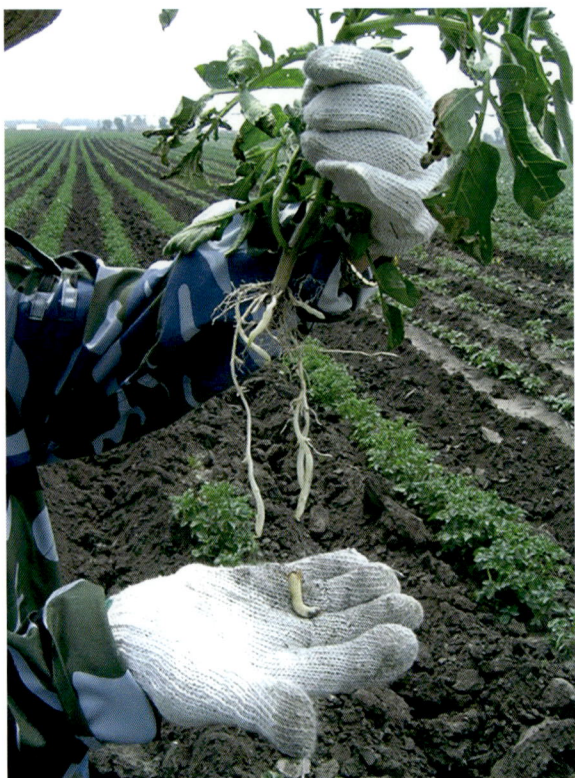

图6-20　马铃薯蛴螬为害植株症状

种，一方面取食幼苗根茎，严重时可将幼苗拉入穴中取食，对于根系的大量取食还会导致小麦拔节期缺水死亡；取食花生时，咬破荚果皮食去嫩果，或直接钻入荚果取食；在玉米、大豆田中主要取食种子，并大量取食幼苗根部造成缺水死亡；为害马铃薯、甘薯时，主要是咬食块根造成虫穴，导致减产及品质降低。金龟成虫大多取食植物叶片或花、嫩芽等，在农业生产中造成的损失与蛴螬相比较轻，但多为重要林木害虫。

四、防治方法

目前对地下害虫蛴螬的防治手段主要还是以化学防治为主，也综合了农业防治、物理防治和药剂防治等。

（一）农业防治

目前对于蛴螬的农业防治措施主要包括土地轮作、推迟播种时间、冬灌等措施。土地轮作法的原理是根据蛴螬不同种类之间具有食性上的差异，通过作物轮作的方法防治蛴螬。推迟播种时间是待到秋末冬初，蛴螬数量逐渐减少，再种植作物，达到防治蛴螬的效果。这些方法对于蛴螬的防治起到一定的作用，但是有操作难的缺点。

（二）物理防治

目前针对蛴螬的物理防治方法包括灯诱法、设置物理隔离带、种植蓖麻等方法。灯诱法主要是采用不同频率的黑光灯等，引诱蛴螬后，再集体杀灭；设置物理隔离带主要是在作物农田中间行种植树木隔离带，防止蛴螬为害情况进一步扩散；种植蓖麻的方法原理主要是蓖麻对蛴螬有麻醉作用，蛴螬取食蓖麻后，再进行集体杀灭。这些方法对于蛴螬的防治起到一定的作用，但是存在成本高、操作难的缺点。

（三）药剂防治

现阶段由于化学药剂具有低成本、高效率、实用便捷等优点，而得到了广泛应用，其中较为常用的主要可以分为氨基甲酸酯类和有机磷类两大类，如溴氰菊酯、乙酰甲胺磷、呋喃丹、辛硫磷、吡虫啉、毒死蜱，多属于中高毒性，采用的主要剂型为乳剂、油剂、粉剂等。化学药剂能有效地降低蛴螬的虫口密度，但在土壤渗透过程中会出现许多不确定的因素，影响土壤中微生物的种群分布，造成投入成本高、污染环境的问题，而且出现蛴螬产生抗药性、作物产品农药残留超标等问题。因此，如何对蛴螬进行高效防治已成为迫切需要解决的问题。

（四）生物防治

蛴螬的生物防治方法主要有：使用昆虫病原真菌、昆虫病原的线虫、昆虫病原的细菌、昆虫的天敌等。随着人们对绿色健康生活理念的不断加深，昆虫的生物防治逐渐得到人们的关注和重视。其中苏云金芽孢杆菌既可以用作微生物杀虫剂，又可以应用于转基因植物，得到了人们广泛的关注。苏云金芽孢杆菌在蛴螬防治研究中的应用也越来越深入。

第八节　地下害虫——地老虎

地老虎类害虫属鳞翅目（Lepidoptera）夜蛾科（Noctuidae），俗称切根虫、土蚕等，是我国农作物苗期的重要地下害虫。其分布广，种类多，食性杂，主要以幼虫为害林木、果树及作物的幼苗，咬食或咬断幼苗的根茎，导致植株难以正常发育或幼苗枯死。从全国发生为害来看，以小地老虎和黄地老虎分布最广，为害最重；大地老虎、警纹地老虎、八字地老虎和白边地老虎等在局部地区发生较猖獗。

一、形态特征

（一）小地老虎

成虫体长 17 ~ 23 mm，翅展 40 ~ 54 mm，头、胸部背面暗褐色，足褐色，前足胫、跗节外缘灰褐色，中后足各节末端有灰褐色环纹（图 6-21）。前翅褐色，前缘区黑褐色，外缘以内多暗褐色；基线浅褐色，黑色波浪形内横线双线，黑色环纹内有一圆灰斑，肾状纹黑色具黑边，其外中部有一楔形黑纹伸至外横线，中横线暗褐色波浪形，双线波浪形，外横线褐色，不规则锯齿形亚外缘线灰色，其内缘在中脉间有三个

图 6-21　马铃薯地老虎成虫

尖齿，亚外缘线与外横线间在各脉上有小黑点，外缘线黑色，外横线与亚外缘线间淡褐色，亚外缘线以外黑褐色。后翅灰白色，纵脉及缘线褐色，腹部背面灰色。老熟幼虫，圆筒形，体长 37 ~ 50 mm、宽 5 ~ 6 mm。头部褐色，具黑褐色不规则网纹；体灰褐至暗褐色，体表粗糙，布大小不一而彼此分离的颗粒，背线、亚背线及气门线均黑褐色；前胸背板暗褐色，黄褐色臀板上具两条明显的深褐色纵带；腹部 1 ~ 8 节背面各节上均有 4 个毛片，后两个比前两个大 1 倍以上；胸足与腹足黄褐色。蛹体长 18 ~ 24 mm、宽 6.0 ~ 7.5 mm，赤褐有光。口器与翅芽末端相齐，均伸达第 4 腹节后缘。腹部第 4 ~ 7 节背面前缘中央深褐色，且有粗大的刻点，两侧的细小刻点延伸至气门附近，第 5 ~ 7 节腹面前缘也有细小刻点；腹末端具短臀棘 1 对。卵为馒头形，直径约 0.5 mm、高约 0.3 mm，具纵横隆线。初产乳白色，渐变黄，孵化前卵顶端具黑点。

（二）黄地老虎

　　成虫体长 14 ~ 19 mm，翅展 32 ~ 43 mm，灰褐至黄褐色。额部具钝锥形突起，中央有一凹陷。前翅黄褐色，全面散布小褐点，各横线为双条曲线但多不明显，肾纹、环纹和剑纹明显，且围有黑褐色细边，其余部分为黄褐色；后翅灰白色，半透明。卵扁圆形，底平，黄白色，具 40 多条波状弯曲纵脊，其

图 6-22　马铃薯地老虎蛹

中约有 15 条达到精孔区，横脊 15 条以下，组成网状花纹。幼虫体长 33 ~ 45 mm，头部黄褐色，体淡黄褐色，体表颗粒不明显，体多皱纹而淡，臀板上有两块黄褐色大斑，中央断开，小黑点较多，腹部各节背面具毛片，后两个比前两个稍大。蛹体长 16 ~ 19 mm，红褐色（图 6-22）。第 5 ~ 7 腹节背面有很密的小刻点 9 ~ 10 排，腹末生粗刺一对。

二、发生规律

　　小地老虎的年发生代数由北至南不等，黑龙江 2 代，北京 3 ~ 4 代，江苏 5 代，福州 6 代。越冬虫态、地点在北方地区至今不明，据推测，春季虫源系迁飞而来；在长江流域能以老熟幼虫、蛹及成虫越冬；在广东、广西、云南则全年繁殖为害，无越

冬现象。成虫夜间活动、交配产卵，卵产在 5 cm 以下矮小杂草上，尤其在贴近地面的叶背或嫩茎上，如小旋花、小蓟、藜、猪毛菜等，卵散产或成堆产，每雌平均产卵800 ~ 1 000 粒。成虫对黑光灯及糖、醋、酒等趋性较强。幼虫共 6 龄，3 龄前在地面、杂草或寄主幼嫩部位取食，为害不大；3 龄后昼间潜伏在表土中，夜间出来为害，动作敏捷，性残暴，能自相残杀。老熟幼虫有假死习性，受惊缩成环形。幼虫发育历期：15 ℃ 67 d，20 ℃ 32 d，30 ℃ 18 d。蛹发育历期：12 ~ 18 d，越冬蛹则长达 150 d。小地老虎喜温暖及潮湿的条件，最适发育温区为 13 ~ 25 ℃，在河流湖泊地区或低洼内涝、雨水充足及常年灌溉地区，如属土质疏松、团粒结构好、保水性强的壤土、黏壤土、沙壤土均适于小地老虎的出现。尤其在早春菜田及周缘杂草多，可提供产卵场所，或蜜源植物多，可为成虫提供营养的情况下，将会形成较大的虫源，发生严重危害。

黄地老虎在东北年发生 2 代，西北 2 ~ 3 代，华北 3 ~ 4 代。一年中春秋两季为害，但春季为害重于秋季。一般 4 ~ 6 龄幼虫在 2 ~ 15 cm 深的土层中越冬，以 7 ~ 10 cm 最多，翌春 3 月上旬越冬幼虫开始活动，4 月上、中旬在土中做室化蛹，蛹期 20 ~ 30 d。华北 5 ~ 6 月为害最重，黑龙江 6 月下旬至 7 月上旬为害最重。成虫昼伏夜出，具较强趋光性和趋化性。习性与小地老虎相似，幼虫以 3 龄后为害最重。

该虫生活习性与小地老虎相似，每雌产卵 300 ~ 600 粒，产卵量与补充营养有关，产卵期 3 ~ 4 d，喜在土质疏松、植株稀少处产卵，一般单叶 3 ~ 4 粒，多达十几粒不等。卵多产于叶背。成虫具较强的趋光性与趋化性。

初孵幼虫有食卵习性，常食去一半以上的卵壳。1 龄幼虫一般咬食叶肉，留下表皮，也可聚于嫩尖咬食；2 龄幼虫咬食叶肉与嫩尖，造成断头；3 龄幼虫咬断嫩茎；4龄、5 龄幼虫于近地面处将幼茎咬断；6 龄幼虫食量剧增，一般一夜可为害 1 ~ 3 株幼苗，多时可达 4 ~ 5 株，茎干较硬化时，仍可于近地面处将茎干啃食成环状，使整株蔫萎而死。春播期，早灌水、早播种和晚灌水、晚播种的为害较轻。灌水期与成虫盛发期一致的为害重。

三、为害特点

地老虎是为害最重的地下害虫之一。在我国，主要以小地老虎、黄地老虎分布最广，为害最重（图6-23）。作为多食性害虫，地老虎主

图 6-23 马铃薯地老虎为害状况

要以幼虫为害幼苗，在农业生产中，为害马铃薯、玉米、棉花、蔬菜等作物幼苗。幼虫将苗茎咬断拖入土中，造成缺苗，也可爬至苗木上部咬食嫩茎和幼芽，影响苗木生长。轻发生时造成缺苗断垄，重发生时可造成田块几乎无苗或毁种。

四、防治方法

各地使用的地老虎的防治方法很多，但应根据不同作物受害的生育阶段、为害幼虫的龄期、害虫的产生规律、种群的田间分布状况及数量，以及防治投资的效益等，结合当地的实际情况，综合考虑选择使用。

（一）农业防治

（1）秋收后深耕翻土：冬前深耕翻土 35 cm 以上，随耕捕杀小地老虎幼虫，以减少翌年的虫口密度。

（2）清洁田园：秋收后耕翻土地或头茬作物收获后及时清除作物茎叶、根桩，铲烧田边地角和土埂上的杂草；开春后整地，结合碎土捕杀幼虫，再次清洁田园，铲烧杂草，以减少幼虫早期食料和成虫产卵场所。

（二）物理防治

（1）诱杀成虫：用糖醋液或黑光灯诱杀越冬代成虫，在春季成虫发生期设置诱蛾器（盆）诱杀成虫。

（2）诱捕幼虫：用泡桐叶或莴苣叶诱捕幼虫，于每日清晨到田间捕捉；对高龄幼虫也可在清晨到田间检查，如果发现有断苗，拨开附近的土块，进行捕杀。

（3）草束诱卵：地老虎成虫产卵具有趋枯性，可用细木棍穿插绑扎好的枯草束竖于地中，高度略高于绿肥等作物，诱集其成虫产卵于草束上，每周换烧一次或带出地外沤肥。

（三）药剂防治

地老虎 1 ~ 3 龄幼虫期抗药性差，且暴露在寄主植物或地面上，是药剂防治的适期。喷洒 40.7% 毒死蜱乳油 90 ~ 120 g/ 亩兑水 50 ~ 60 L 或 2.5% 溴氰菊酯或 20% 氰戊菊酯 3 000 倍液、20% 菊·马乳油 3 000 倍液、10% 溴·马乳油 2 000 倍液、90% 敌百虫 800 倍液或 50% 辛硫磷 800 倍液。

（四）生物防治

地老虎天敌种类丰富，根据近 20 年国内外文献记录，其天敌种类有 120 多种，主要有昆虫和病原微生物两大类群，包括捕食和寄生性昆虫、蜘蛛、细菌、真菌、病原线虫、病毒、微孢子虫等。目前国内外对地老虎的生物防治进行了许多实践，取得了一定成效。如大量释放赤眼蜂（松毛虫赤眼蜂和广赤眼蜂）可以有效控制地老虎；将 Bt 杀虫晶体蛋白基因 *Cry IA* 克隆到荧光假单胞杆菌中，将此菌撒布到玉米根系土壤中，可有效防治小地老虎；利用芜菁夜蛾线虫防治小地老虎，每头 3 龄小地老虎用线虫 80 条，处理的死亡率达 80%。

第九节　双斑萤叶甲

双斑萤叶甲［*Monolepta hierogfyphicn*（Motschulsky）］，又称玉米双斑长足跗萤叶甲，属于鞘翅目，叶甲科，为多食性害虫，主要为害禾本科、十字花科、豆科和杨柳科等植物。其在我国分布广泛，主要分布在东北、华北、华中及广东、广西、宁夏、甘肃、陕西、四川、云南、贵州等地。

一、形态特征

（一）成虫

体长 3.6 ～ 4.8 mm、宽 2.0 ～ 2.5 mm，长卵形，棕黄色，具光泽，触角 11 节丝状，端部色黑，长为体长的 2/3；复眼大卵圆形；前胸背板宽大于长，表面隆起，密布很多细小刻点；小盾片黑色，呈三角形；鞘翅布有线状细刻点，每个鞘翅基半部具一近圆形淡色斑，四周黑色，淡色斑后外侧多不完全封闭，其后面黑色带纹向后突伸成角状，有些个体黑带纹不清或消失。两翅后端合为圆形，后足胫节端部具一长刺；腹管外露（图 6-24）。

图 6-24　马铃薯双斑萤叶甲成虫

（二）卵

卵椭圆形，长 0.6 mm，初棕黄色，表面具网状纹。

（三）幼虫

幼虫体长 6 ~ 8 mm，白色至黄白色，随着龄期的增长，颜色逐渐变深。11 节，头和臀板褐色，前胸和背板浅褐色，有 3 对胸足，体表有成对排列的不明显的毛瘤。

（四）蛹

蛹长 2.8 ~ 3.5 mm、宽 2 mm，白色，表面具刚毛，为离蛹。

二、发生规律

双斑萤叶甲在东北区域 1 年发生 1 代，以卵在土壤中越冬，次年 5 月开始孵化，幼虫共 3 龄，幼虫期 30 d 左右，在 3 ~ 8 cm 土壤中活动，取食作物根部及杂草，7 月初始见成虫，一直延续到 10 月，成虫期 3 个多月；初羽化的成虫喜欢在地边、沟旁、路边的苍耳、刺菜、红蓼上活动，大约经过 15 d，转移到豆类、玉米、高粱、谷子、杏树、苹果树上为害。成虫羽化后经 20 d 开始交尾，把卵产在田间或菜园附近草丛中的表土下或杏树、苹果树等叶片上，散产或数粒粘在一起，卵耐干旱，幼虫生活在杂草丛下的表土中，老熟幼虫在土中筑土室化蛹，蛹期 7 ~ 10 d。7 ~ 8 月进入为害盛期，主要为害玉米、马铃薯等大田作物，进入 8 月下旬陆续向十字花科蔬菜转移为害。在蔬菜上为害盛期为 9 月。

三、为害特点

该虫成虫期长，啃食寄主植物叶片、花穗和种子。近年来对玉米、大豆和棉花等农作物的为害越发严重，为害的寄主植物范围逐渐扩大，嗜食寄主已有 50 余种，并且在为害期能够随着植物生长发育迁移到最适宜的寄主植物上为害。目前，该虫已成为黑龙江、吉林、辽宁、内蒙古等地玉米和大豆以及新疆棉田上的重要害虫。

四、防治方法

马铃薯甲虫以其超高的生态可塑性，以及超强的繁殖能力和对环境的适应性，成为最先对杀虫剂产生抗性的害虫之一，也是最难防治的害虫之一。国外大量研究表明，除了化学防治外，农业防治、生物防治等多种方法也是防治马铃薯甲虫的有效方法，具体措施如下：

（一）农业防治

清除田边地头杂草，秋季深翻灭卵可减轻为害，特别是稗草为害，减少双斑萤叶甲的越冬寄主植物，降低越冬基数；合理施肥，可提高植株的抗逆性。该虫刚出现时呈点片为害，盛发期向周边地块扩散，对点片发生的地块于早晚人工捕捉，可降低基数；对双斑萤叶甲为害重及防治后的农田及时补水、补肥，可促进作物的营养生长及生殖生长。

（二）生物防治

在田间地头提早种植小麦、苜蓿等诱集田，将初孵化的幼虫引入诱集田，然后喷药集中防治。合理利用天敌，双斑萤叶甲的天敌主要有瓢虫、蜘蛛等。

（三）药剂防治

该虫对光、温度的强弱较敏感，中午光线强、温度高时，在农田活动旺盛，飞翔能力强，取食叶片量大；早晨至晚间光线弱、温度低时，飞翔能力差，活动能力差，常躲在叶片背面栖息，因此化学防治时要注意施药时间，一般选在弱光期用药。大田作物可用50%辛硫磷乳油1 500倍液、20%氰戊菊酯乳油2 000倍液、40%毒死蜱可湿性粉剂1 500倍液喷雾等。根据成虫的群集性和弱趋光性，喷药要在上午9～10时和下午16～19时进行，注意交替用药。此外，双斑萤叶甲成虫具有远距迁飞的习性，只有部分地块可进行防治，其他地块很快会点片发生，因此要进行统防统治，把虫口压到最低，减少其进一步为害。

第十节　芜　菁

芜菁（blister beetle）属鞘翅目（Coleoptera），芜菁科（Meloidae）甲虫（图6-25），约2 500种，会分泌出一种刺激性物质，称斑蝥素（cantharidin），主要是从斑蝥属（Mylabris）和欧洲的西班牙芜菁（Lytta vesicatoria，俗称西班牙苍蝇）收集而来。斑蝥素可用作

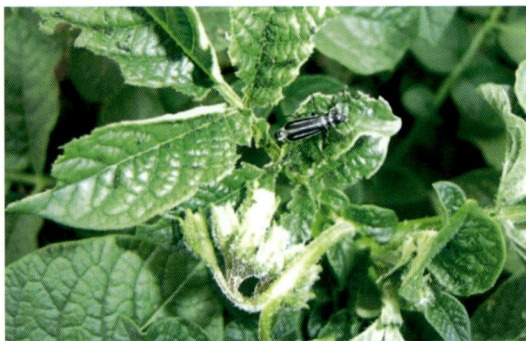

图6-25　马铃薯芜菁

一种局部皮肤发炎药剂，以除去皮疣。在过去，用芫菁来医治许多病痛是一种普遍做法，斑蝥素常用来治病。芫菁对人类既有益又有害，幼虫食蝗卵，而如果数量很多，成虫就会为害作物。

一、形态特征

（1）眼斑芫菁：成虫体长 10 ～ 15 mm、宽 3.5 ～ 5.0 mm。体黑色，密被长绒毛。触角第 10 节与第 11 节基部等宽。鞘翅基部的背面和侧面各有一个淡黄色斑点，鞘翅上有 2 条黄色横纹带，横贯全翅，形成两个大黄色斑，翅的端部完全黑色。

（2）大斑芫菁：成虫体长 24 ～ 31 mm、宽 8 ～ 11 mm，体形、体色和鞘翅上的斑纹与眼斑芫菁相似，易混淆。两者主要区别：大斑芫菁体较大；鞘翅基部的一对黄斑较大、不规则，略呈方圆形；触角 11 节，触角端部比基部更膨大，且第 11 节明显高于第 10 节。

这两种芫菁的卵、幼虫和蛹均在土中，不易见到。一般卵为长卵形，一端较尖，初产时淡黄色，后渐变为黄色。幼虫为复变态型，各龄形态不同，1 龄为三爪蚴，丙型；2 ～ 4 龄为蛴螬型，乳白色。

芫菁的幼虫趁雌蜂产卵时"偷渡"到蜂卵上，定居在蜂卵上的芫菁幼虫把蜂卵里的卵汁吸光。蜕过皮的 2 龄幼虫抛弃花蜂的卵皮浮在蜂蜜上，吃光蜂蜜，吃饱了的 2 龄幼虫已经能站立起来，并且排出红色的粪便。

芫菁的 3 龄幼虫会一直不动，就跟普通的蛹一样，有些人称它作拟蛹。在壳内沉睡很久的拟蛹像气球一样膨胀起来，拟蛹在蜕壳后出现的 4 龄幼虫外形竟然和 2 龄幼虫一模一样。4 龄幼虫在蜕变为蛹后，就进入昏睡状态直到变为成虫。破壳而出的芫菁成虫在花蜂小房间的土盖上开洞，然后钻出地面生活。

成虫色鲜艳，因能分泌斑蝥素，故无需用到保护色。长 3 ～ 20 cm 不等，多数在 10 ～ 15 cm 之间。体细长，革质，上覆金属绿或蓝色鞘翅，常有带纹。

雌虫产卵 3 000 ～ 4 000 粒，但因生活史复杂（变态过度）而仅少数存活。蜂芫菁（Sitaris muralis）雌虫把卵块产在独栖的蜂巢附近，幼虫孵出后在整个冬季进行休眠；春季，细小的三爪蚴附在蜂体上，有时被称为蜂虱（bee lice）。它们吃蜂卵和贮藏在蜂巢中的食物，经几个发育阶段，从幼虫变成无足的蛴螬型；蛹期结束后，羽化的成虫落在地上，开始取食栽培作物。

有些种类[如横带芫菁（Epicauta vittata）]的雌虫把卵块产在地上或土中；三爪

蚴吃蝗卵，经几次蜕皮，以假蛹越冬，经过几次幼虫阶段，最后才化为真蛹，蜕变为成虫。地胆亚科（Meloinae）的种类有时称油芫菁，它们与多数芫菁不同，无后翅，左右鞘翅也不在背中线相对，鞘翅很短并部分重叠；能分泌一种有恶臭的油脂，具防敌的保护作用；有几种雄虫的触角呈铗状，交配时用以握住雌虫。欧洲及北美的一种常见的油芫菁的属是油芫菁属（Meloe）。

二、发生规律

这两种芫菁一年发生 1 代，以老熟幼虫在土中越冬。成虫在 6 ~ 9 月均有发生，但于 6 ~ 7 月发生较多。成虫白天活动，有群集取食和迁移习性。受惊扰或遇敌害时，足的股节末端能分泌含有芫菁素的黄色汁液，此汁液触及人的皮肤能发生红肿水泡。卵产在土中，幼虫孵出后在土中寻找蝗虫卵为食料，若无蝗卵，多数自行死亡。幼虫虫口密度大时互相残杀。

此类害虫在每年 6 ~ 8 月上旬马铃薯盛花期咬食叶片，以眼斑芫菁虫口数量较大，为害较重。凡周围种有瓜豆类、间种豆科作物或管理粗放、杂草丛生的果园，为害较严重。

三、为害特点

芫菁成虫具有短距离飞翔的能力，为害种类成虫期较长，常群集取食。在一些受害较重的马铃薯田间斑块中，每株马铃薯最多可聚集十几头甚至更多，芫菁成虫吃光较嫩茎叶后转移区域继续为害，在食

图 6-26　马铃薯芫菁为害状况

物不足时也有取食老叶的现象（图 6-26）。受害较轻的马铃薯田间，马铃薯茎叶残缺不全；受害较重的田块中常见叶、茎、花组织全被吃光，仅留老茎秆，马铃薯田间

受害斑块地面上布满蓝黑色颗粒状粪便。芫菁成虫取食时对食物表现出明显的喜好性，如在对中华豆芫菁的室内饲养研究中就发现，中华豆芫菁成虫最喜食大豆叶，其余依次为甜菜叶、马铃薯叶。实际调查结果也表明，并不是所有的芫菁都会对马铃薯造成严重为害，以及为害种类对不同的马铃薯品种的为害程度亦不同。

四、防治方法

芫菁幼虫主要捕食蝗卵或寄生于蜂巢之内，既是蝗虫的重要天敌，同时也对野生蜂特别是一些重要的野生传粉蜂有一定的为害。基于芫菁在农业生态上的益害两面性，应采取"预防为主，综合防治"的植保方针，在田间实际操作中应该以农业防治、物理防治为基础。在使用药剂防治时，为了达到延缓芫菁成虫抗药性的目的，应贯彻以植物源农药或生物农药等新型环保农药为主的绿色理念，科学合理地搭配使用农药，最大程度减少化学农药的频繁使用。目前，在生物防治方面尚未见系统性研究报道，仅见报道球孢白僵菌（*Beauveria bassiana*）可以有效降解斑蝥素。

（一）农业防治

芫菁发生严重的马铃薯田，多数情况下为杂草丛生和靠近豆类等芫菁喜食类作物的种植区。多数爆发为害的情况发生在山区的坡地、靠山地带及杂草丛生的田埂，这可能与芫菁幼虫寄生一些野生蜂等行为和以蝗卵为食的习性有关。因此，种植马铃薯时应尽量避免靠近上述这些田地。同时，在芫菁经常爆发区的马铃薯收获以后应及时耕翻土地，将芫菁卵和幼虫翻入地下，破坏其越冬环境，以便大量减少越冬基数。

幼虫以蝗卵为食的习性为治理芫菁提供了有效的途径，治理蝗虫的同时便可兼治芫菁。以往的调查研究表明，前期如果治蝗彻底，次年马铃薯等作物受芫菁为害的压力会明显减轻。

芫菁喜食早熟马铃薯品种，因此在常年易发芫菁为害的田间宜选种晚熟品种。使马铃薯与麦谷类作物、瓜果类作物、油料作物等轮作，避免重茬，可抑制马铃薯田芫菁的发生与为害。

（二）物理防治

（1）人工捉虫。

由于芫菁科成虫期较长，且具有成群聚集取食的习性，群集性可能与交尾盛期相关。为害盛期的马铃薯田中芫菁食量较大，利用其成虫群集在植株上为害的习性，可在为害盛期及时进行人工捕捉杀灭。

（2）拒避成虫。

田间发现有芫菁为害的迹象时，用铁丝把成虫穿起来挂在成虫聚集区域的马铃薯植株下，对成虫可以起到一定的拒避效果。

（三）化学防治

田间成虫为害时可以用 90% 晶体敌百虫 1 000 倍液或 21% 增效氰·马乳油（灭杀毙）6 000 倍液或 2.5% 溴氰菊酯 3 000 倍液或 10% 溴·马乳油 1 500 倍液或 10% 菊·马乳油 1 000 倍液或 50% 辛硫磷乳剂 1 000 倍液或 2.5% 功夫乳油 4 000 倍液等喷药防治。交替使用，10 d 喷 1 次，连喷 3 次。注意叶背也要喷到药液，以防害虫漏网。

第十一节　蓟　马

蓟马是昆虫纲缨翅目的统称。幼虫白色、黄色或橘色，成虫黄色、棕色或黑色；取食植物汁液或真菌。体微小，体长 0.5 ~ 2.0 mm，很少超过 7 mm。蓟马科（Thripidae）隶属于缨翅目（Thysanoptera）蓟马总科（Thripoidea），全世界已知 276 属 2 000 余种，包括针蓟马亚科（Panchaetothripinae）、棍蓟马亚科（Dendrothripinae）、绢蓟马亚科（Sericothripinae）和蓟马亚科（Thripinae）4 个亚科。该科昆虫广泛分布在世界各地，食性复杂，主要有植食性、菌食性和捕食性，其中植食性占一半以上，是重要的经济害虫之一（胡庆玲，2013）。在瓜果、蔬菜上发生为害的主要种类有瓜蓟马、葱蓟马等，此外还有稻蓟马、西花蓟马等。

图 6-27　蓟马

一、形态特征

黑色、褐色或黄色；头略呈后口式，口器锉

吸式，能锉破植物表皮，吸吮汁液；触角 6 ~ 9 节，线状，略呈念珠状，一些节上有感觉器；翅狭长，边缘有长而整齐的缘毛，脉纹最多有两条纵脉；足的末端有泡状的中垫，爪退化；雌性腹部末端圆锥形，腹面有锯齿状产卵器，或呈圆柱形，无产卵器。触角 5 ~ 9 节；下颚须 2 ~ 3 节，下唇须 2 节；翅较窄，端部较窄尖，常略弯曲，有 2 根或者 1 根纵脉，少缺，横脉常退化；锯状产卵器向腹弯曲（图 6-27）。

二、发生规律

一年四季均有发生，春、夏、秋三季主要发生在露地，冬季主要发生在温室大棚中，为害茄子、黄瓜、芸豆、辣椒、西瓜等作物。发生高峰期在秋季或入冬的 11 ~ 12 月，3 ~ 5 月则是第二个高峰期。雌成虫主要进行孤雌生殖，偶有两性生殖，极难见到雄虫。卵散产于叶肉组织内，每雌产卵 22 ~ 35 粒。雌成虫寿命 8 ~ 10 d。卵期在 5 ~ 6 月，为 6 ~ 7 d。若虫在叶背取食到高龄末期停止取食，落入表土化蛹。

该科昆虫广泛分布在世界各地，食性复杂，主要有植食性、菌食性和捕食性，其中植食性占一半以上，是重要的经济害虫之一。它们常以锉吸式口器锉破植物的表皮组织吮吸其汁液，引起植株萎蔫，造成籽粒干瘪，影响产量和品质。

蓟马喜欢温暖、干旱的天气，其适温为 23 ~ 28 ℃，适宜空气湿度为 40% ~ 70%；湿度过大不能存活，当湿度达到 100%，温度达 31℃时，若虫全部死亡。在雨季，如遇连阴多雨，葱的叶腋间积水，能导致若虫死亡。大雨后或浇水后致使土壤板结，使若虫不能入土化蛹和蛹不能孵化成虫。

三、为害特点

蓟马以成虫和若虫锉吸植株幼嫩组织（枝梢、叶片、花、果实等）汁液，被害的嫩叶、嫩梢变硬卷曲枯萎，植株生长缓慢，节间缩短；幼嫩果实（如茄子、黄瓜、西瓜等）被害后会硬化，严重时造成落果，严重影响产量和品质（图 6-28）。

有的种类可形成虫瘿，降低了园林植物的观赏价值，进而造成更大的经济损失。更为严重的是，有些种类还可传播病毒病，如烟蓟马（*Thrips tabaci*）可传播番茄斑萎病毒，严重为害番茄、烟草、莴苣、菠萝、马铃薯等经济作物；又如于 2003 年传入我国的检疫性害虫——西花蓟马（*Frankliniella occidentalis*），它对植物造成多种危害，同时还能传播番茄斑点萎蔫病毒、凤仙斑点坏死病毒和烟草条纹病毒等，给农业生产带来严重的经济损失。另外，该科蓟马还有一些对人类有益的种类，有些种类

图 6-28　蓟马为害马铃薯状况

可以捕食其他昆虫，是天敌昆虫，可用在生物防治上，如食螨蓟马属（*Scolothrips*）的塔六点蓟马（*Scolothrips takahashii*）捕食叶螨及其卵，有些种类可以帮助植物传播花粉，如牛角花齿蓟马（*Odontothrips loti*）。

（1）叶片受害。嫩叶受害后使叶片变薄，叶片中脉两侧出现灰白色或灰褐色条斑，表皮呈灰褐色，出现变形、卷曲，生长势弱，易与侧多食跗线螨为害相混淆。

（2）幼果受害。表皮油胞破裂，逐渐失水干缩，疤痕随果实膨大而扩展，呈现不同形状的木栓化银白色或灰白色的斑痕。但也有少部分发生在果腰等部位。这种"疤痕果"大约可分成三类：一是距果蒂约 0.5 cm 周围，有宽 2 ~ 3 mm 的环状疤痕；二是果面上有一条或多条宽 1 mm 左右的不规则线状或树状疤痕；三是果面或脐部出现一个或多个纽扣大小的不规则圆形疤痕。圆形疤痕常与树状疤痕相伴。在幼果期疤痕呈银白色，用手触摸有粗糙感；在成熟果实上呈深红或暗红色，平滑有光泽。

四、防治方法

（一）农业防治

早春清除田间杂草和枯枝残叶，集中烧毁或深埋，消灭越冬成虫和若虫。加强肥水管理，促使植株生长健壮，减轻为害。

（二）物理防治

利用蓟马趋蓝色的习性，在田间设置蓝色粘板，诱杀成虫，粘板高度与作物持平。

（三）化学防治

常规使用吡虫啉、啶虫脒等常规药剂，防效逐步降低。目前国际上比较推广以下防治方法：

（1）水稻苗期蓟马、飞虱：推荐用噻虫嗪类品种，进口品种如锐胜30%噻虫嗪悬浮种衣剂，国内试验品种如百瑞35%噻虫嗪悬浮种衣剂。

（2）蔬菜：茄果、瓜类、豆类使用25%噻虫嗪水分散粒剂3 000～5 000倍液灌根，减少病毒病的发生，同时减少地下害虫为害，进口品种如阿克泰，国内知名品种如大功牛。

（3）果树：芒果等蓟马为害较重作物，可以使用25%噻虫嗪大功牛喷雾，但要提高使用量，如800倍液喷雾，同时可与微乳剂类的阿维菌素桶混使用。

（4）烟草：移栽前灌根或者定植时喷根，可以使用吡虫啉、噻虫嗪、噻虫胺；25%吡虫啉1 000倍液、25%噻虫嗪大功牛3 000～5 000倍液。

（5）高抗性蓟马，如2014年广西地区、山东寿光地区的豆角、茄类、辣椒等作物上的蓟马，种类繁杂，抗性奇强，常规噻虫嗪、吡虫啉等成分很难达到防治效果。

第十二节　马铃薯胞囊线虫

一、形态特征

（一）马铃薯白线虫

马铃薯白线虫学名 *Globodera rostochiensis*；异名 *Heterodera schachtii rostochiensis*，*H. schachtii solani*，*H. rostochiensis*；英文名 Potato cyst nematode，White potato cyst nematode。

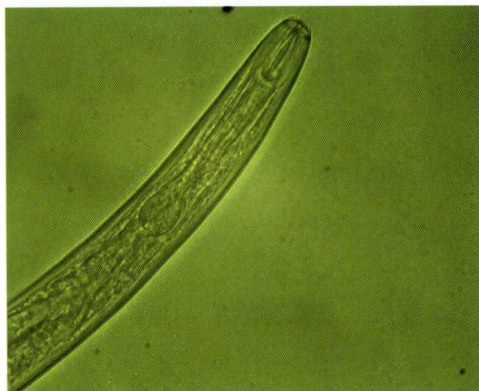

图 6-29　短体线虫的头部 40×

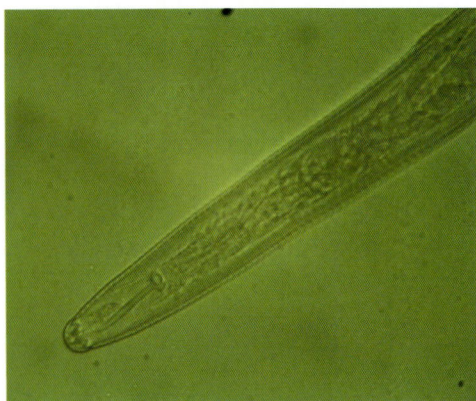

图 6-30　矮化属线虫的头部 100×

分类：线虫动物门（Nematoda），侧尾腺口纲（Secernentea），垫刃目（Tylenchida），异皮线虫科（Heteroderidae），球胞囊属（*Globoder*）。

成熟雌虫呈白色，死后变为褐色、有光泽，有些种群在变成褐色之前要经过3～4周的米黄色阶段。虫体近球形，有一个突出的颈和头部（图6-29，图6-30）；末端钝圆、无阴门锥，角质层有网状花纹；头架骨化弱，口针强壮，针锥部长占口针长的1/2，基部球向后倾斜，口腔内衬形成一个口针导管，从头架延伸到约口针长的75%处。中食道球发达，中食道球瓣大、呈新月形；食道腺叶宽，位置不定，有3个核。排泄孔大，位于颈基部。双生殖腺，阴门横裂，位于略凹陷的阴门盆内，阴门两边为小瘤状突起形成的新月形区，肛门和阴门盆之间角质层上约有12条隆起的脊，其中有些交接成网状。胞囊：褐色，有光泽，近球形，有突出的颈；角质层花纹比雌虫更清晰，角质层下无亚结晶层；阴门区有1个环形膜孔，无阴门桥、阴门下桥及其他内生殖器残留物，无胞囊，但有类似胞囊状物存在。

检疫性线虫：

雌虫（*n*=25）：口针长为（26.0±1.6）μm，背食道腺开口距口针基部为（6.0±1.1）μm，唇区至排泄孔为（143.9±21.9）μm，阴门裂长为（11.1±1.6）μm，肛门至阴门盆距离为（43.2±8.8）μm，肛阴间轴线上的角质层脊数为8～12条。

胞囊（*n*=25）：长（不包括颈）为（510±69）μm，宽为（451±76）μm，颈长为（111±26）μm。

雄虫（*n*=25）：长为（1 197±100）μm；口针长为（25.8±0.9）μm；背食道腺开口至口针基部距离为（5.3±0.9）μm，交合刺长为（35.5±2.8）μm，引带长

为（10.3±1.5）μm。

2 龄幼虫（*n*=25）：长（除颈长）为（482±1.8）μm，体宽为（23.4±0.6）μm，尾透明部长为（26.6±3.4）μm，口针基部球到背食道腺口为（2.9±0.9）μm，尾长为（52.6±4.1）μm。

（二）马铃薯金线虫

学名 *Globodera pallida*，异名 *Heterodera pallida*，英文名：potato cyst nematode，potato golden nematode。

分类：线虫动物门（Nematoda），侧尾腺口纲（Secernentea），垫刃目（Tylenchida），异皮线虫科（Heteroderidae），球胞囊属（*Globoder*）。

形态学特征：虫体亚球形，颈突出（包括食道和食道腺的一部分）；头小，上有1条或2条明显的环纹，与颈上深陷且不规则的环交融在一起。球形身体的大部分被角质覆盖且表面具有网状脊的纹饰，无侧线，六角放射状的头轻度骨化。口针前部约为口针长的50%，且有时轻度弯曲。在固定的标本中，口针前部常与口针后部相脱离。口针基球圆形，后部明显下斜。口道从头架的基部盘向后延伸，到口针长度的75%处形成一个管状的口针腔。中食道球大，具发达的新月形的瓣门。食道腺位于一大的裂片上，常被已发育好的成对的块状卵巢覆盖。排泄孔明显，位于颈基部附近。颈区无色的体表分泌物常使内部器官看不清。阴门区和尾区不缢缩，位于阴门盆的一个近圆形的轻度凹陷的区域。阴门盆外是肛门；在阴门和肛门间的表皮形成了约20条平行的脊，这些脊略有一些交叉。在阴门—肛门区外，这些脊变成网状的纹饰；这些纹饰覆盖了除颈以外体表的其他部分，在身体的大部分均可见到不规则的精细的亚表皮刻点。胞囊线虫从根部的皮层突出时呈现白色，然后由于色素积累，经过4~6周金黄色阶段后，雌虫死亡，角质随即变成深棕色，因此，此线虫俗名称作"金线虫"。

胞囊：亚球形，上有突出的颈，没有突出的阴门锥，双半膜孔。新胞囊上阴门区完整，但在老标本中，阴门盆的全部或部分丢失，只形成单一圆形的膜孔。无阴门桥、下桥，无泡状突；但在一些胞囊的阴门区可能存在小块不规则的黑色素沉积区及局部加厚。胞囊上的纹饰与雌虫上的相像，但比雌虫更明显，无亚晶层。

雄虫：蠕虫形，温和热杀死时虫体强烈弯曲；体后部纵向扭曲90°~180°，呈现"C"形或"S"形。尾短且末端钝圆。角质层表面有规则的环，尾末端侧区有4条侧线；环纹穿过外侧侧线，但不穿过内侧侧线。头圆，缢缩，有6~7条环纹；口盘大，有 6 片小唇瓣环绕。唇瓣侧面有侧器孔。头呈六角放射状，深度骨化。口针发达，口针基球向后倾斜，前部分占整个口针长度的 45%。中食道球椭圆形，上有一明显的新月形瓣门。中食道球与肠中间有一宽大的神经环环绕食道，无明显的食道—肠间瓣膜。食道腺位于腹面排泄孔附近一窄的裂片上。排泄孔位于头端大约 15% 的体长处。背腺核明显；亚腹腺核位于食道腺体后部，不明显；半月体 2 个体环长，位于排泄孔前；半月小体 1 个体环长，在排泄孔后 9 ~ 12 个体环处。单精巢自身体中部开始，中间为具腔和腺壁的输精管，后部圆锥形。泄殖腔孔小；交合刺粗大，弓形，远末端有一尖的顶部；交合刺背面存在小的无纹饰的引带；引带约 2 μm 厚。

2 龄幼虫：蠕虫形，尾圆锥形，逐渐变细，末端细圆。尾后部 1/2 ~ 2/3 处为透明区。角质环纹明显；侧区有 4 条侧线，从 3 条侧线开始，偶尔以网状结束。头部轻度缢缩，圆形，有 4 ~ 6 条环纹；头架深度骨化，六角放射状。口针发达，口针基球圆，略微向后倾斜。排泄孔大约在头后 20% 的体长处；半月体 2 个体环宽，位于排泄孔前 1 个体环处。半月小体宽度至少是 1 个体环，在排泄孔前 5 ~ 6 个体环处。在体长的约 60% 处有 4 个细胞的生殖腺原基。

检疫性线虫：

雌虫（n=25）：口针长度为（22.9 ± 1.2）μm，口针基部到背食道腺开口的距离为（5.7 ± 0.9）μm，头基部宽为（5.2 ± 0.7）μm，头顶到中食道球瓣门的距离为（73.2 ± 14.6）μm，中食道球瓣门到排泄孔的距离为（65.2 ± 20.2）μm，头顶到排泄孔的距离为（145.3 ± 17.4）μm；中食道球平均直径为（30.0 ± 2.8）μm；阴门区平均直径为（22.4 ± 2.8）μm，阴门裂长度为（9.7 ± 1.9）μm，肛门到阴门区的距离为（60.0 ± 40.1）μm，肛门—阴门的轴线上角质脊的数量为（21.6 ± 3.5）条。

胞囊（n=25）：长度（不包括颈）为（445 ± 50）μm，宽度为（382 ± 61）μm，颈长为（104 ± 19）μm，膜孔平均直径为（18.8 ± 2.2）μm，肛门到膜孔的距离为（66.5 ± 10.3）μm，Granek's 比率为（3.6 ± 0.8）μm。

雄虫（n=50）：长为（4 497 ± 100）μm，排泄孔处体宽为（28.1 ± 4.7）μm，头基部宽度为（44.8 ± 0.6）μm，头长度为（68.0 ± 0.3）μm，口针长度为（25.8 ± 0.9）μm，口针基部到背食道腺开口的距离为（5.3 ± 0.9）μm，头顶至中食道球瓣门的距离为（98.5 ± 7.4）μm，中食道球瓣门到排泄孔的距离为（73.8 ± 9.0）μm，头顶至排泄孔的距离为（172.3 ± 12.0）μm，尾长为（5.4 ± 4.1）μm；

肛门处体宽为（13.5±0.4）μm，沿轴线的交合刺长度为（35.5±2.8）μm，引带长度为（10.3±1.5）μm。

2龄幼虫（$n=50$）：长为（468±20）μm，排泄孔处体宽为（18.3±0.5）μm，头基部宽为（9.9±0.4）μm，头长为（4.6±0.6）μm，口针长度为（21.8±0.7）μm，口针基部到背食道腺导管的距离为（2.60±0.06）μm，头顶到中食道球瓣门的距离为（69.2±1.9）μm，中食道球瓣门到排泄孔的距离为（31.3±2.3）μm，头顶到排泄孔的距离为（100.5±2.4）μm，尾长为（43.9±11.6）μm，肛门处体宽为（11.4±0.6）μm，尾部透明区长度为（26.5±1.8）μm。

二、发生规律

当土壤温度超过10℃时，幼虫开始活动。该线虫在一年内可繁殖1～2代，在温暖季节完成一代生活史需50 d左右。在塞浦路斯，一年种植两季马铃薯，春季1月栽种，5月收获，秋季8月中栽种，11月末收获。马铃薯金线虫在每一季马铃薯上只能完成一代。春作的生长期比秋作的长且生长末期的温度较高，线虫在春马铃薯上可开始第二代，但不能完成生活史。线虫侵害马铃薯的时间，秋作于栽种后约34 d，春作于栽种后约44 d。这时10 cm深处的土温分别约为22 ℃和14.5 ℃。线虫从胚胎卵至幼虫所需的发育时间，在秋作和春作上分别为56 d和63 d。秋作上的线虫发育较快，这可能是由于积温较高，特别是在发育的早期。

4～7月发生一代，同年8～9月发生第二代，但数量不大。当土温达到40℃以上时，幼虫停止活动。无寄主作物时，田间土壤内活动的幼虫的年下降率有变化。在冷凉的土壤内年下降率在18%，而在温暖土壤内达到50%，最高可达80%。土壤类型也影响下降率，平均年损失率为30%～33%。寄主作物的根分泌物可刺激60%～80%的幼虫孵化。在沙质土壤中，孵化数量比在泥炭土和干土中多。棕黄色的胞囊可在土壤中长期存活。当土壤类型和土壤温度适宜时，胞囊内的卵可存活28年。

三、为害特点

当马铃薯胞囊线虫群体密度低时，为害很小，但当年都重复栽种马铃薯，线虫数量可以多达限制生产的水平。在极端的情况下，新生马铃薯少于播种的种薯。田间严重受侵染的马铃薯的症状与形成胞囊的线虫为害症状相似，最初在小块引起生长不良，再扩大范围，增加不良的生长点。对根的典型伤害是植株的萎蔫与矮化。受侵染番茄的症状与马铃薯的症状相似，只是根部有轻微的膨胀，像根结线虫为害而造成的根结一样。

马铃薯苗期受害后，一般减产25%～50%，如果不进行防治，会造成100%的损失。英国曾因该病流行而改种其他作物，以后采用一系列措施进行防治，造成的产量损失降低到9%。马铃薯苗直接受害部位是根系。地上首先表现出水分和无机营养缺乏症。病害初期叶片淡黄，基秆纤细，进而基部叶片缩卷、凋萎，中午特别明显，受害重的植株矮小，生长缓慢，甚至完全停止发育。根系短而弱，支根增加，病根褐色。在马铃薯开花时期，仔细观察根部，可见到梨形、白色、未成熟的雌虫。雌虫成熟后逐步变成深褐色，拔起植株时，多数已离开根系落入土壤中。田间病株分布不均匀，有发病中心团。随着连续种植马铃薯和进行农事操作，病团年年扩大，最后全田发病，并从一块田传到另一块田。

四、防治方法

由于线虫在胞囊内部，受到胞囊的保护，而且大多数卵要在寄主植物存在时才能孵化。这种特殊的存活能力一旦传入新区并建立起侵染群体，要彻底铲除是十分困难的，须采取综合措施加以控制。

（1）检疫。世界各国都将马铃薯胞囊线虫列入检疫对象。在实施产地检疫时，从可疑病田采取湿土样，放入容器内加水搅拌，倒入孔径分别为30、60、100目，直径为10～20 cm的3层筛中，用细喷头冲洗，使杂屑碎石留在粗筛内，胞囊留在细筛内，然后把细筛网上的胞囊用清水冲入白搪瓷盘内，滤去水即得到胞囊。也可把采回的土样摊开晾在纸上，风干后，按照前述方法漂浮分离出胞囊。此外，可直接挖取田间植株根系，在室内浸入水盆中，使土团松软，脱离根部，或用细喷头仔细把土壤慢慢冲洗掉，用放大镜观察，病根上有大量淡褐色至金黄色的球形雌虫和胞囊着生在细根上。实施口岸检验时要进行隔离种植检查。经特许审批允许进口的少量马铃薯，在指定的隔离圃内种植，在种植期内，可经常观察其症状，经常取土样或根检查。土样经自然风干后做漂浮分离检验。获取的根样，直接在立体显微镜下解剖观察。在形态学特征无法准确鉴定时，可以用特异性的DNA探针鉴定马铃薯胞囊线虫。

检验方法如下：①抽样。马铃薯块茎在50 kg以下的要全部检查；大批量的马铃薯，抽取约20%的样本数进行检查。检查样本确定后，用毛刷刷落并收集附在薯块上的泥土。②分离胞囊。将收集的泥土风干，用漂浮法分离胞囊，并根据需要记数。如果收集的泥土未经风干，可以直接过筛分离胞囊，方法是将湿泥土放入烧杯，适量加水，搅匀后通过 60 目和 100 目筛子，喷淋冲洗后，过滤 100 目筛中的残物，收集胞囊。分离时采用哪一种方法，根据设备条件和泥土量确定，一般用简易漂浮法和过筛法，一次处理的泥土应在 100 g 以下，漂浮器一次可以处理 200 g 左右的土样。③线虫种类鉴定。制作胞囊阴门锥玻片。④显微镜下观察胞囊和阴门锥形态特征。观察内容包括胞囊外形、外表色泽、角质膜花纹，测量胞囊长度、宽度和颈部长；阴门锥要观察膜孔类型，有无阴门桥、下桥，以及肛门到阴门之间的隆起脊纹数，测量阴门膜孔长度及宽度、阴门裂长度和肛阴距离。

（2）轮作。利用线虫的寄主范围比较窄的特点。马铃薯与非茄科作物轮作，造成田间没有寄主，线虫群体量将逐年下降，通常 6 ~ 7 年不种马铃薯，防治效果良好。试验证明，在英国诸岛上，线虫对土壤缺少寄主的侵染程度每年以 30% ~ 50% 的速度下降，6 ~ 7 年后，田间线虫造成的损失达到允许水平以下。另外，早熟品种的马铃薯和供制罐头用马铃薯，生育期比较短，能限制线虫群体量增加，可以缩短轮作期。

（3）选用抗病品种。据国外报道，种植抗病品种每年可减少线虫群体量的 80% ~ 85%。马铃薯品种 *Solanum tuberosum* ssp. Andigena CPC 无性系 167.3 对马铃薯金线虫具有抗性。后来证实这种抗性是单显性基因，称为 $H1$ 基因。这种抗性稳定，能阻碍马铃薯金线虫致病型 Ro1 和 Ro4 的繁殖，对马铃薯金线虫其他致病型没有抗性。马铃薯的双倍体种（主要是 *S.vernei*）以及三倍体 *S.tuberosum* ssp.Andigena 作为培育抗马铃薯金线虫抗病品种的抗原，当合适的抗性品种生长的时候，每年会减少 80% ~ 95% 的马铃薯胞囊线虫。抗性品种的意义就在于，其除了抑制雌虫发育外还能激发卵的孵化。当线虫密度相当高时，抗性品种也会因幼虫主动侵入根部而受到损失。

（4）化学防治。许多杀线剂土壤处理能防治马铃薯胞囊线虫。熏蒸剂如 1，3- 二氯丙烯、D-D 混剂，非熏蒸剂如铁灭克、草肟威、克线磷、益舒宝等，都有较好的防治效果。但杀线剂毒性一般较强，对人畜有害，应注意污染问题，同时价格也高，因此，大面积应用时应注意经济效益。

（5）生物防治。一部分调查者认为马铃薯胞囊线虫的生物防治是有其内在潜力的（Roessner，1986）。作为马铃薯及其两种胞囊线虫的公认来源地——安第斯山被认为也有可能是线虫天敌的来源，并且在秘鲁已经发现了一些相关的真菌（Jones and

Rodriguez Kabana，1985）。尽管天敌对控制线虫的现实重要性并没有被发现（Rossner，1986），但在将来进行生物防治仍然有可能（Whitehead，1986）。

（6）综合防治。马铃薯胞囊线虫的某些特征，尤其是其狭窄的寄主范围以及对寄主抗性的反应，使其特别适合采取综合管理控制措施。美国对马铃薯金线虫的控制方案是比较好的，因为其目标是管理控制金线虫的密度到其扩展蔓延不能发生的水平，然而在大部分国家，目标则是将其密度控制在植物受损水平之下。

美国控制金线虫的具体规则如下：①在管理区阻止马铃薯种块生产；②在可观察到线虫的地区限制寄主作物的生产；③在马铃薯生产中阻止可再度利用的容器的使用；④控制农场机器、表层土壤和植物材料；⑤采用土壤熏蒸剂将线虫减少到可察觉水平之下。一旦熏蒸剂使用成功，利用已认可的线虫管理系统包括抗性品种、非寄主作物、杀线虫剂等，马铃薯生产就可恢复。这种方法的成功应用与在美国只知存在一种病原马铃薯金线虫有关，如果另一病原被发现，这个系统将会不管用，要等获得针对新病原的抗性品种才行。

第十三节　白粉虱

白粉虱 [*Trialeurodes vaporariorum*（Westwood）] 又名小白蛾子，属节肢动物门（Arthropoda），六足亚门（Hexapoda），昆虫纲（Insecta），有翅亚纲（Pterygota），半翅目（Homoptera，前为同翅目），粉虱科（Aleyrodidae），温室白粉虱种。其是一种世界性害虫，我国各地均有发生，是大棚内种植作物的重要害虫。寄主范围广，蔬菜中的黄瓜、菜豆、茄子、番茄、辣椒、冬瓜、马铃薯、莴苣以及白菜、芹菜、大葱等都能受其为害，其还能为害花卉、果树、药材、牧草和烟草等112科653种植物。

一、形态特征

卵：椭圆形，具柄，开始浅绿色，逐渐由顶部扩展到基部为褐色，最后变为紫黑色。

1龄：身体为长椭圆形，较细长；有发达的胸足，能就近爬行，后期静止下来，触角发达，腹部末端有1对发达的尾须，相当于体长的1/3。

2龄：胸足显著变短，无步行功能，定居下来，身体显著加宽，椭圆形；尾须显著缩短。

3 龄：体型与 2 龄若虫相似，略大；足与触角残存；体背面的蜡腺开始向背面分泌蜡丝；显著看出体背有 3 个白点，即胸部两侧的胸褶及腹部末端的瓶形孔。

蛹：早期，身体显著比 3 龄加长加宽，但尚未显著加厚，背面蜡丝发达四射，体色为半透明的淡绿色，附肢残存；尾须更加缩短。中期，身体显著加长加厚，体色逐渐变为淡黄色，背面有蜡丝，侧面有刺。末期，身体比中期更长更厚，呈匣状，复眼显著变红，体色变为黄色，成虫在蛹壳内逐渐发育起来。

成虫（图 6-31）：雌虫，个体比雄虫大，雌雄经常成对在一起，大小对比显著。腹部末端有产卵瓣 3 对(背瓣、腹瓣、内瓣)，初羽化时向上折，以后展开。腹侧下方有 2 个弯曲的黄褐色曲纹，是腊板边缘的一部分。2 对腊板位于第 2、3 腹节两侧。雄虫和雌虫在一起时常常颤动翅膀。腹部末端有 1 对钳状的阳茎侧突，中央有弯曲的阳茎。腹部侧下方有 4 个弯曲的黄褐色曲纹，是腊板边缘的一部分。4 对腊板位于第 2、3、4、5 腹节上。

图 6-31　白粉虱成虫

二、发生规律

温室白粉虱不耐低温，在辽宁均不能露地越冬。1 年可发生 10 余代，以各种虫态在保护地内越冬为害，春季扩散到露地，9 月以后迁回到保护地内。成虫不善飞，有趋黄性，群集在叶背面，具趋嫩性，故新生叶片成虫多，中下部叶片若虫和伪蛹多。交配后，1 头雌虫可产 100 多粒卵，多者 400 ~ 500 粒。此虫最适发育温度 25 ~ 30 ℃，在温室内一般 1 个月发生 1 代。

三、为害特点

温室白粉虱对作物及花卉蔬菜的为害是多方面的。主要有：

（1）直接为害：连续吸吮使植物生长缺乏糖类，产量降低。

（2）注射毒素：吸食汁液时把毒素注入植物中。

（3）引发霉菌：其分泌的蜜露适于霉菌生长，污染叶片与果实。

（4）影响产品质量：真菌导致一般果实变黑。

（5）传播病毒病：白粉虱是各种作物病毒病的介体。

白粉虱成虫排泄物不仅影响植株的呼吸，也能引起煤烟病等病害的发生。白粉虱在植株叶背大量分泌蜜露，引起真菌大量繁殖，影响植物正常呼吸与光合作用，从而降低蔬菜果实质量，影响其商品价值。

四、防治方法

（1）轮作倒茬。在白粉虱发生猖獗的地区，棚室秋冬茬或棚室周围的露天蔬菜种类应选芹菜、茼蒿、菠菜、油菜、蒜苗等白粉虱不喜食而又耐低温的蔬菜，既免受为害又可防止向棚室蔓延。

（2）根除虫源。育苗或定植时，清除基地内的残株杂草，熏杀或喷杀残余成虫。苗床上或温室大棚放风口设置避虫网，防止外来虫源迁入。

（3）诱杀及趋避。白粉虱发生初期，可在温室内设置 30 ~ 40 cm 的方板，其上涂抹 10 号机油插于行间，高于菜株，诱杀成虫，当机油不具黏性时及时擦拭更换。冬春季结合黄板在温室内张挂镀铝反光幕，可驱避白粉虱，增加植株上的光照。

（4）生物防治。当温室内白粉虱成虫平均每株有 0.5 ~ 1.0 头时，释放人工繁殖的丽蚜小蜂，每株释放成虫或蛹 3 ~ 5 头，每隔 10 d 左右放 1 次，共放 4 次。也可人工释放草蛉，一头草蛉一生能捕食白粉虱幼虫 170 多头。有条件的地区也可用粉虱壳抱粉防治。

（5）药剂防治。在白粉虱发生初期及时用药，每株有成虫 2 ～ 3 头时施药，尤其掌握在点片发生阶段。①白粉虱发生初期用 10% 吡虫威 400 ～ 600 倍液，或 10% 扑虱灵乳油 1 000 倍液，或 25% 扑虱灵乳油 1 500 倍液喷雾，能杀死卵、若虫、成虫。当虫量较多时，可在药液中加入少量拟除虫菊酯类杀虫剂。一般 5 ～ 7 d 1 次，连喷 2 ～ 3 次。②选用 25% 灭螨猛乳油 1 000 倍液、50% 克蚜宁乳油 1 500 倍液、2.5% 天王星乳油 2 000 倍液、21% 灭杀毙 3 000 倍液，每隔 5 ～ 7 d 1 次，连喷 3 ～ 4 次。③20% 灭多威乳油 1 000 倍液 +10% 吡虫啉水分散性粉剂 2 000 倍液 + 消抗液 400 倍液，万灵（灭多威）与吡虫啉混合，利用灭多威速杀性弥补吡虫啉迟效。用吡虫啉药效长弥补灭多威药效短的缺点，加入消抗液进一步提高药效，可杀死各种虫态的白粉虱。每 5 ～ 7 d 1 次，连喷 2 ～ 3 次，可获得满意效果。

第十四节　叶　螨

叶螨（*spider mite*），亦称红蜘蛛、蛛螨（图 6-32）。叶螨科（Tetranychidae）的植食螨类，从卵到成体约需 3 周。取食室内植物及重要农业植物（包括果树）的叶和果实。其抗药能力日益增强，故难以防治。

图 6-32　叶螨

一、形态特征

成螨长约 0.5 cm，体红、绿或褐色。在植物上结一疏松的丝网，所以有时被误认为小蜘蛛。

（一）幼虫

叶螨幼虫靠吃叶片的叶肉细胞为生，导致叶面上出现斑斑点点或弯弯曲曲的痕迹。不同种类的叶螨幼虫食用不同位置的叶肉细胞。此外，叶面被蚕食的纹理和位置根据叶螨种类、叶片生长水平和寄主植物的不同而不同。在某些特定条件下，叶螨幼虫可以钻到叶柄或茎中。叶螨的雌成虫用产卵器插入叶片，将叶片刺出许多小孔，产下单个、半透明、白色的椭圆形卵，这就是叶片上出现白色小斑点的原因。被刺伤叶片的植株光合作用减少，可能导致幼小的植株死亡。另外，这些伤口为各类病害敞开大门，如菊花细菌性叶斑病。

（二）成虫

叶螨成虫很小，一般 2.0 ~ 3.5 cm 长，具有发亮的黑色双翼，腹部有黄色斑纹。在孵卵过程中，雌虫和雄虫都是以植株伤口处渗出的汁液为食。每头雌虫在它一生中，2 ~ 3 周平均可以孵化 60 粒卵。孵卵的数量根据食物的多少、温度条件是否适宜而改变。卵孵化至亮黄色，然后形成白色的幼虫，这一过程中叶螨都是吃叶片细胞的叶肉层，从而导致叶片内形成弯弯曲曲的孔洞。

（三）成长

随着叶螨幼虫的成长，对叶片造成的孔洞也变得更大。孔洞形成的图案、位置和被侵蚀的植株也因叶螨种类的不同而不同。在化蛹之前有 3 ~ 4 个幼龄阶段，而这个过程需要 5 ~ 8 d。最后阶段的幼虫通常把叶片切成半圆形，落到土壤里化蛹。蛹都是长椭圆形，从褐色变成金黄色。叶螨化蛹要在黑暗中进行，因此可以根据这个特点在土壤深处找到它们。从蛹到成虫需要 9 ~ 10 d。温度适宜的条件下，整个过程需要16 ~ 24 d。

二、发生规律

叶螨为植食性螨类，有单食性、寡食性和多食性三种类型。本岛小爪螨为第一类，仅以柳杉为食；柏小爪螨为第二类，仅取食柏科植物；二斑叶螨为第三类，可为害150 余种经济植物。各种叶螨的寄主也不相同：裂爪螨属有半数种类寄生于单子叶植物上，而小爪螨属的很多种类则栖居于裸子植物上。叶螨属大多栖居于叶片的下表面，而小爪螨则大多在叶片的上表面取食。

叶螨可凭借风力、流水、昆虫、鸟兽和农业机具进行传播，或是随苗木的运输而扩散。叶螨的很多种类有吐丝的习性，在营养恶化时能吐丝下垂，随风飘荡。

三、为害特点

图 6-33　叶螨为害症状

叶螨多集中于叶背以刺吸式口器刺吸叶片，吸取汁液，为害初期叶面出现零星褪绿斑点，严重时白色小点布满叶片，造成大量叶片枯黄、脱落，并于叶上吐丝结网（图6-33），严重影响植物生长发育。朱砂叶螨也可为害花、幼果，造成落花、落果或果实畸形，植株矮化、早衰，导致严重减产。

四、防治方法

（一）生物法

生物防治要避免过度施肥，尤其是氮肥。氮肥施用过量时，植物会变得更易受到叶螨侵害。及时除掉温室内和户外的杂草可以减少叶螨的寄主植物。去除植株上的老叶、残叶也是减少叶螨出现的方法。

捕食性的螨类一般具有较长的脚，行动敏锐。捕食的对象包含小型节肢动物及其卵、线虫等，其中最重要的为捕植螨科的种类。捕植螨科（Phytoseiidae）属中气门目，大多数的种类都是肉食性，种类约有1 200种，其中有10余种为重要的生物防治天敌，例如智利捕植螨已在欧美防治二斑叶螨达30年以上，成效极佳；又如台湾引进法拉斯捕食螨来防治桑树、温带果树及木瓜上的叶螨，极为有效。

捕植螨之所以可以成为防治叶螨的有效天敌，是因为捕植螨有增殖率高、发育速率快、伪孤雌产雄、密度易变的性比变换率、滞育等生物习性，使其可与叶螨的族群增长及分布相配合。一般捕食者与食饵二者族群的数量变化是相互控制的，当食饵族群数量开始增加时，捕食者因食物来源增加而慢慢增加其数量；当捕食者数量快速增加后，因食饵大量被捕食，其食物来源减少了，故使捕食者数量快速减少；当捕食者的数量减少后，食饵存活的机会增加，故其数量又慢慢增加。但如果捕食者因食饵大量减少后没有替代食物来源，或遭遇其他不适的生态环境，都可能造成捕食者在田间的消失；或因捕食者数量太少，以及对食饵族群增加反应太迟缓，都可能造成农作物的重大损失，此时就须适时、适地施放大量天敌或提供捕食者来替代食物。

（二）物理法

物理防治要在叶螨化蛹前去除已出现为害的植株，这是减少叶螨数量的重要措施。另外，除掉正在孵卵的雌虫也是减轻为害的方法。

（三）化学法

化学防治可以用杀虫剂应对虫害，但是这样会使越来越多种叶螨对杀虫剂产生抗性，使以后控制虫害变得更为棘手。其实，叶螨幼虫在叶片中是很好防治的，因此要尽量减少杀虫剂的使用。如阿巴汀、赐诺杀等对幼虫很有效，因为这些药剂可以进入叶片中杀死幼虫。拟除虫菊酯杀虫剂如苄氯菊酯、甲氰菊酯对成虫很有效，但对幼虫没有太大作用。杀虫剂使用的频率受当前叶螨数量、成长周期的影响。为了扰乱叶螨的习性，可以在早上雌虫产卵时喷杀虫剂，虽然赐诺杀对叶螨很有效，但要尽量避免使用。西花蓟马通常和叶螨一同出现，观察西花蓟马的数量多少就可以看出杀虫剂使用的效果如何。另外，新烟碱类杀虫剂对温室中已发现的各类叶螨很有效。

第十五节　蝼　蛄

蝼蛄（*Gryllotalpa* spps.）是节肢动物门，昆虫纲，直翅目，蟋蟀总科，蝼蛄科昆虫的总称。蝼蛄俗名拉拉蛄、地拉蛄、天蝼、土狗等，是药用昆虫。

一、形态特征

（一）成虫

雄成虫体长 30 mm，雌成虫体长 33 mm。体浅茶褐色，前胸背板中央有一凹陷明显的暗红色、长心脏形斑。前翅短，后翅长，腹部末端近纺锤形。前足为开掘足，腿节内侧外缘较直，缺刻不明显，后足胫节脊侧内缘有 3 ~ 4 个刺，此点是识别东方蝼蛄的主要特征，腹末具 1 对尾须（图6-34）。

（二）若虫

若虫初孵时乳白色，老熟时体色接近成虫，体长 24 ~ 28 mm。

（三）卵

椭圆形，长 2.8 mm 左右，初产时黄白色，有光泽，渐变黄褐色，最后变为暗紫色。

图 6-34 蝼蛄

二、发生规律

（一）发生规律

蝼蛄生活史很长，均以成虫或若虫在土下越冬。东方蝼蛄一年 1 代或二年 1 代（东北），若虫共 6 龄。蝼蛄一年的生活分 6 个阶段：冬季休眠、春季苏醒、出窝迁移、猖獗为害、越夏产卵、秋季为害。

（1）冬季休眠阶段。当气温下降，蝼蛄大约在 10 月下旬开始向地下活动，一窝一虫，头部朝下，不群居，多在冻土层之下，地下水位之上，以成、若虫越冬，第二年当气温升高到 8 ℃以上时再掉转头向地表移动。

（2）春季苏醒阶段。从 4 月下旬至 5 月上旬，越冬蝼蛄开始活动。在到达地表后先隆起虚土堆，华北蝼蛄隆起约 15 cm 虚土堆，较大；东方蝼蛄隆起虚土堆约 10 cm，较小。此时是进行蝼蛄虫情调查和人工扑杀的最佳时机。

（3）出窝迁移阶段。5 月上旬开始，地表出现大量弯曲的虚土隧道，并在其上留有一个小孔，蝼蛄已出窝为害。正是这个阶段迁移造成苗根和土壤分离，根部失水，导致苗木死亡。

（4）猖獗为害阶段。5 月中下旬，经过越冬的成虫、若虫开始大量取食，以满足其产卵和生长发育的需要，造成缺苗断条的现象。

（5）越夏产卵阶段。6 月下旬至 8 月上旬，气温升高，天气炎热，两种蝼蛄潜入 40 cm 以下的土中越夏并产卵。华北蝼蛄雌虫钻入土中后，先挖隐蔽室，而后在隐蔽室里抱卵，产卵 50 ~ 500 粒。东方蝼蛄产卵前雌虫多在 5 ~ 10 cm 深处做一鸭梨形卵室，每室一般产卵 30 ~ 50 粒。

（6）秋季为害阶段。8月下旬至9月下旬，越夏成虫、若虫又上升到土面活动取食补充营养，为越冬做准备。这是一年中第二次为害时期。

蝼蛄的活动受土壤温度、湿度的影响很大，气温在 12.5 ~ 19.8 ℃，20 cm 土温在 12.5 ~ 19.9 ℃是蝼蛄活动的适宜温度，也是蝼蛄为害期，若温度过高或过低，蝼蛄便潜入土壤深处；土壤相对湿度在 20% 以上时活动最盛，低于 15% 时活动减弱；土中大量施入未充分腐熟的厩肥、堆肥，易导致蝼蛄发生，为害也就严重。

（二）生活习性

（1）群集性。初孵若虫有群集性，怕光、怕风、怕水，孵化后 3 ~ 6 d 群集在一起，以后分散为害。

（2）趋光性。蝼蛄具有强烈的趋光性，在 40 W 黑光灯下可诱到大量蝼蛄，且雌性多于雄性。据观察，蝼蛄对水银灯也有较强的趋性。

（3）趋化性。蝼蛄嗜好香甜食物，对煮至半熟的谷子、炒香的豆饼等较为喜好。

（4）趋粪土性。对未腐烂的马粪、未腐熟的厩肥有趋性。

（5）喜湿性。蝼蛄喜欢在潮湿的土中生活。有"跑湿不跑干"的习性，它栖息在沿河两岸、渠道河旁及苗圃的低洼地、水浇地等处。

（6）有抱卵的习性。蝼蛄在产卵前，先挖隐蔽室，而后在隐蔽室里抱卵。

（7）昼伏夜出性。蝼蛄在夜晚活动、取食为害和交尾，以 21 ~ 22 时为取食高峰。

三、为害特点

蝼蛄是一种杂食性害虫，以成虫和若虫在土中咬食马铃薯幼根和嫩茎，使幼苗死亡，或者咬食芽块，使芽不能生长，造成缺苗断垄。成虫在表土穿行时形成隧道，使苗和土壤分离，导致幼苗因失水干枯而死，秋季咬食块茎，形成孔洞，造成腐烂，严重影响马铃薯产量和品质（图6-35）。该虫昼伏夜出，成虫或

图 6-35　蝼蛄为害块茎症状

若虫在 60 cm 以下土层越冬，春天地温上升后，下到 10 cm 的耕作层为害作物，有明显的趋光性、趋香性、趋湿性，气温在 15 ～ 27 ℃，土壤含水量在 20% 左右，夜间 21 ～ 22 时最活跃，为害最大，低于 12 ℃则停止活动。

四、防治方法

根据蝼蛄的以上习性，采取相应的防治措施，可收到良好的防治效果。

（一）灯光诱杀

蝼蛄趋光性强，可用黑光灯、水银灯、频振诱虫灯、太阳能诱虫灯诱杀，效果较好，能杀死大量的有效虫源。晴朗无风闷热的天气诱集量最多。

（二）农业措施

从整地到苗期管理，本着预防为主的原则。深翻土地、适时中耕、清除杂草、改良盐碱地、不施用未腐熟的有机肥等，创造不利于害虫发生的环境条件。

（三）人工捕杀

在春季蝼蛄苏醒尚未迁移时，扒开虚土堆捕杀。蝼蛄可以药用，做好广泛的宣传，调动广大群众人工捕捉的积极性，可发挥更大作用（蝼蛄有小毒）；结合灯光诱集后，人工捕杀效果更好。

（四）用马粪鲜草诱杀

在苗圃步道间，每隔 20 m 左右挖一小坑，规格（30 ～ 40）cm×（20 ～ 26）cm，然后将马粪和切成 3 ～ 4 cm 长带水的鲜草放入坑内诱集，加上毒饵更好。次日清晨，可到坑内集中捕杀。另外，可放入淡盐水，不用加药物，淡盐水对蝼蛄有很强的杀伤力。

（五）毒饵诱杀

用 2.5% 敌杀死乳油、50% 辛硫磷乳油、90% 美曲膦酯原药 0.5 kg，加水 5 L，拌饵料 50 kg。饵料可选豆饼、麦麸、米糠等，煮至半熟或炒至七分熟，傍晚均匀撒于苗床上；也可将新鲜草或菜切碎，用 50% 辛硫磷乳油 100 g 加水 2 ～ 25 L，喷在 100 kg 草上，于傍晚分成小堆放置在圃地，诱杀蝼蛄，注意防止家禽中毒。

（六）生物防治

在土壤中接种白僵菌，使蝼蛄感染而死，是以菌治虫的防治手段。红脚隼、戴胜、喜鹊、黑枕黄鹂和红尾伯劳等食虫鸟类是蝼蛄的天敌。可在苗圃周围栽植杨、刺槐等防风林，招引益鸟栖息繁殖，以利消灭害虫。

（七）化学防治

（1）土壤处理。做苗床前，每亩用5%辛硫磷（粒剂）2.5 kg拌细土撒于土表，再翻入土内；做完床，在苗床上喷50%辛硫磷乳油1 000倍液，用药量为每亩0.75 kg，在早晚使用，否则影响药效，因为辛硫磷乳油见光易分解失效。因此，在喷药后表层覆上步道土，残效期为1～2个月。用3%呋喃丹颗粒剂5 g/m^{2}防治地下害虫，对苗木不产生药害。

（2)种子处理。用50%辛硫磷乳油0.3 kg拌种100 kg，可防治蝼蛄等多种地下害虫，不影响发芽率。使用70%锐胜可分散性种子处理剂进行拌种，其种子表面有保护层，可有效地保护萌发种子不受侵害。

（3）发生期防治。当发现有成虫、若虫为害时，喷施有机磷或菊酯类杀虫剂。如土中根施3%氟菊酯颗粒剂、根灌50%辛硫磷乳剂1 000倍液、使用70%锐劲特（氟虫腈）悬浮剂2 000倍液灌床防治等。

第十六节　潜叶蝇

潜叶蝇属双翅目潜蝇科，主要以幼虫在植物叶片或叶柄内取食，形成线状或弯曲盘绕的不规则虫道，从而影响植物光合作用，造成经济损失。其具有舐吸式口器，以幼虫为害植物叶片。幼虫往往钻入叶片组织中潜食叶肉组织，造成叶片呈现不规则白色条斑，使叶片逐渐枯黄，造成叶片内叶绿素分解、叶片中糖分降低，为害严重时被害植株叶黄脱落，甚至死苗。

一、形态特征

潜叶蝇体长4～6 mm，灰褐色。雄蝇前缘下面有毛，腿、胫节呈灰黄色，跗节呈黑色，后足胫节后鬃3根。卵呈白色，椭圆形，大小为0.9 mm×0.3 mm，成熟幼虫长约7.5 mm，有皱纹，呈乌黄色。蛹长约5 mm，呈椭圆形，开始为浅黄褐色，后变为红褐色，羽化前变为暗褐色（图6-36）。

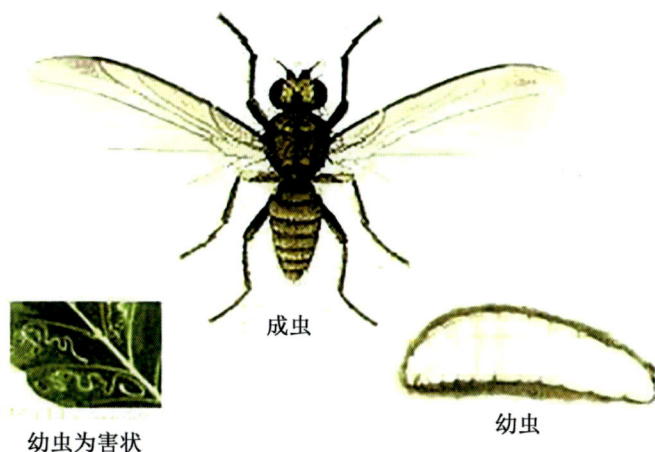

图 6-36　潜叶蝇为害及生活史

二、发生规律

潜叶蝇为多发性害虫，1 年发生代数随地区变化而不同，北方寒地每年发生 5 代。在北方地区，潜叶蝇以蛹在油菜、豌豆及苦荬菜等叶组织中越冬；长江以南、南岭以北则以蛹态越冬为主，还有少数以幼虫和成虫过冬；在我国华南温暖地区，冬季可继续繁殖，无固定虫态越冬。豌豆潜叶蝇有较强的耐寒力，不耐高温，夏季气温 35 ℃以上就不能存活或以蛹越夏。因此，一般以春末夏初为害最重，夏季减轻，南方秋季为害又加重。由北向南，春季为害盛期显然递增，秋季则相反。豌豆潜叶蝇成虫活跃，白天活动，吸食糖蜜和叶片汁液做补充营养；夜间静伏隐蔽处，但在气温达 15 ~ 20 ℃的晴天夜晚或微雨之夜仍可爬行飞翔。虫卵产在嫩叶上，位置多在叶背边缘，产卵时先以产卵器刺破叶背边缘下表皮，然后再产 1 粒卵于刺伤处，产卵处叶面呈灰白色小斑点。由于雌虫刺破组织不一定都产卵，故叶上产卵斑常比实际产卵数为多。成虫寿命 7 ~ 20 d，气温高时 4 ~ 10 d，成虫产卵前期 1 ~ 3 d，每头雌虫一生可产卵 50 ~ 100 粒。卵期在春季为 9 d 左右，夏季为 4 ~ 5 d。幼虫孵化后，即由叶缘向内取食，穿过柔膜组织到达栅栏组织，取食叶肉，留下上下表皮，造成灰白色弯曲隧道，并随幼虫长大，隧道盘旋伸展，逐渐加宽。幼虫共 3 龄，幼虫期 5 ~ 15 d，老熟幼虫在隧道末端化蛹，蛹期 8 ~ 21 d。化蛹时，将隧道末端表皮咬破，以便蛹的前气门与外界相通，且便于成虫羽化，由于这一习性，在蛹期喷药也有一定的效果。温度对豌豆潜叶蝇发育有明显的影响，豌豆潜叶蝇成虫耐低温，幼虫和蛹发育适温都比较低，一般成虫发生的适宜温度为 16 ~ 18 ℃，幼虫 20 ℃左右。当气温在 22 ℃时发育最快，完成 1 代只需 18 ~ 21 d（卵期 5 ~ 6 d、幼虫期 5 ~ 6 d、蛹期 8 ~ 9 d）；

温度在 13 ~ 15 ℃时，则需 30 d（卵期 3.9 d、幼虫期 11 d、蛹期 15 d）；温度升高至 23 ~ 28 ℃，发育期缩短至 14.2 d（卵期 2.2 d、幼虫期 5.2 d、蛹期 6.8 d）。高温对其不利，超过 35 ℃不能生存，因此，夏季气温升高是幼虫、蛹自然死亡率迅速升高的原因之一。寄主老化后食料缺乏和天敌寄生也有影响。据报道，豌豆潜叶蝇成虫寿命随补充营养和温度而有变化，在 23 ~ 28 ℃下若不取食，只能活 2 d，给以蜂蜜或鲜豌豆汁时，平均可以活 15 d（最多 80 d）。在 13 ~ 15 ℃时，平均可活 27 d（最多 50 d）。豌豆潜叶蝇喜欢选择高大茂密的植株产卵，因此生长茂密的地块受害较重。天敌在自然情况下对豌豆潜叶蝇种群数量有一定的控制作用，在福州已发现 1 种小茧蜂和 3 种蚜小蜂、1 种黑卵蜂，4 月下旬寄生率可达 80%。

三、为害特点

豌豆潜叶蝇寄主复杂，有报道显示，寄主有21科77属137种植物，除为害草坪外，以十字花科的油菜、大白菜、雪里蕻等，豆科的豌豆、蚕豆，菊科的茼蒿及伞形科的芹菜受害为最重，在河北、山东、河南及北京郊区主要为害豌豆、油菜、甘蓝、结球甘蓝和小白菜以及杂草中的苍耳等。豌豆潜叶蝇以幼虫潜入寄主叶片表皮下，曲折穿行，取食绿色组织，造成不规则的灰白色线状隧道。为害严重时，叶片组织几乎全部受害，叶片上布满蛀道，尤以植株基部叶片受害为最重，甚至枯萎死亡。幼虫也可潜食嫩荚及花梗。成虫还可吸食植物汁液，使被吸处变成小白点。稻小潜叶蝇广泛分布于内蒙古、黑龙江、吉林、辽宁、河北、山西、陕西、宁夏、上海、浙江、江西、福建、湖北、湖南、四川等地。稻小潜叶蝇以幼虫潜入叶体内部，潜食叶肉，留下 2 层表皮，使叶片呈现白条斑。当叶内幼虫较多时，则整个叶体发白和腐烂，并引起全株枯死，受害的草坪大量死苗。稻小潜叶蝇除为害草坪外，还可为害水稻、大麦、小麦、燕麦等，并取食看麦娘、游草、菖蒲、海荆三棱、甜茅、稗草等。紫云英潜叶蝇分布于浙江、江西、福建等地，主要为害紫云英及一些草坪草。紫云英潜叶蝇以幼虫在叶片内潜食叶肉，造成盘旋形弯曲隧道，导致叶片枯萎。甜菜潜叶蝇以幼虫潜叶为害，潜痕较宽，留下叶片的表皮呈半透明水泡状，多头幼虫潜害一叶时，很易使叶片枯萎。其分布于华北、东北、西北等地，国内主要受害区均限于寒冷地区，多在年平均温度为 7 ~ 9 ℃的等温线范围内。寄主有甜菜、菠菜及藜科、蓼科等植物。

四、防治方法

在空间分布上，潜叶蝇成虫主要在马铃薯生长的空间及上部，幼虫及卵在马铃薯叶片内，蛹在土表或叶表。在时间上由于其繁殖力强，繁殖速度快，世代重叠严重，在马铃薯植株上成虫、幼虫、卵、蛹常同时存在。这就给防治带来很大困难，同时也给本地区的蔬菜和花卉生产造成巨大损失。所以对潜叶蝇进行综合防治，是温室潜叶蝇防治的必然选择。

适时灌溉，清除杂草，消灭越冬、越夏虫源，降低虫口基数。还可以使用黄板诱杀、灯光诱杀、纱网防虫等物理方法，或者利用天敌如寄生蜂来防治。

掌握成虫盛发期，及时喷药防治成虫，防止成虫产卵。成虫主要在叶背面产卵，应喷药于叶背面。或在刚出现为害时喷药防治幼虫，防治幼虫要连续喷 2 ~ 3 次，农药可用 40% 乐果乳油 1 000 倍液、40% 氧化乐果乳油 1 000 ~ 2 000 倍液、50% 二溴磷乳油 1 500 倍液、40% 二嗪农乳油 1 000 ~ 1 500 倍液。

第七章　马铃薯田间主要杂草

第一节　引　言

　　马铃薯田间杂草是指生长在马铃薯田中，为害马铃薯生长的非马铃薯的植物。它们具有适应能力强、传播途径广、种子寿命长、繁殖方式多样、出苗时间不定、结籽多和种子成熟不一致等特点。杂草在田间与马铃薯争肥、争水、争光照和争空间，并成为传播病虫害的中间寄主，从而降低马铃薯的产量和品质，收获时还妨碍收获，给马铃薯生产造成一定的损失，所以称之为草害。当小面积种植马铃薯时，通过翻地、整地、中耕等农艺措施和人工拔除等办法，就可以解决杂草为害的问题，但随着马铃薯种植面积的不断扩大，特别是大型农场现代化种植，对马铃薯田杂草的防除技术提出了更高、更迫切的要求，所以越来越突显出化学药剂除草在马铃薯生产中的重要作用。由于化学除草有高效、彻底、省工和省时，且便于大面积机械化操作的优点，因此，化学除草已成为马铃薯现代化栽培的主要内容之一。

一、田间杂草概况

　　自人类农耕活动开始，农田杂草便一直是困扰农业生产发展和阻碍农作物产量提高的一个重要因素。农田系统的杂草群落有着它的特殊生物学特性，适应性很强，能长期适应当地作物、耕作、气候和土壤等生态条件及其他社会因素而生存下来，与作物争光、争水、争肥及争抢其他生物与非生物因素，而且是各种昆虫的寄居地。农田杂草给农业生产造成的损失占农业生产中病虫草害总损失的 42%，居农业生产损失的第一位。世界上农作物受灾减产的因素中，杂草带来的为害占 10% 以上。我国每年因杂草为害造成的损失约为 40 亿美元，农田杂草的为害已成为各国农业发展关注的热点。农田杂草作为有害生物，在农业生产上可产生巨大的防治费用。20 世纪除草剂的发明与应用，减少了使用者经济上的危险，成为一项产生巨大回报的投资。随着人们对食品安全和环境保护重要性的认识日益加深，未来的农田杂草可得到持续治理，将形成以低毒高效和环境友好的绿色除草剂为主，化学防治、生物防治、生态防治和农业防治相结合的综合治理，通过影响、控制和调节各种杂草的生长繁殖过程使杂草得到抑制，又不对人类健康产生危害，不破坏生态平衡。

马铃薯是东北区域的优势特色作物，主要产区分布在东北主要农业生产区。因其耐旱性好、抗灾能力强、产量稳定、市场前景好，长期以来作为东北区域的主要经济作物，在保障粮食安全和促进农民增收方面占有重要地位，是当地群众致富的支柱产业。东北区域属半干旱区，具有春迟、夏短、秋早、冬长的特点，光照充足，日照时间长，昼夜温差大。土层疏松深厚，通透性良好，土壤富含钾素，降水集中于 7 ~ 9 月，与马铃薯需水高峰期同步，十分适合马铃薯生长发育，有利于干物质的制造和积累，这些有利的自然条件为马铃薯的大面积种植提供了一个良好的平台。东北区域生产的马铃薯品质优，市场竞争力强，特别是该区域环境污染源少，与国内其他省主产区种植马铃薯相比，生产成本比较低、质量较高，区位优势和地理优势明显。

近年来，马铃薯草害日趋严重。农田杂草危害性主要表现在与作物争夺土壤中的水分、有机物、无机盐离子和其他营养物质等，致使马铃薯植株矮小、块茎小、结实率低，同时诱发一些病虫害。过多杂草的生长会增加成本，也会加大农田管理的难度。目前田间管理的除草方式以化学除草为主。除草剂的单一使用又会改变杂草种群的演替，也会导致抗药性杂草的出现，使杂草的防除更加困难。可以利用农田生态系统中种间斗争、相互制约和食物链之间的关系，人为调节生态系统中的植物种群，利用他感作用，在农田中增加某些植物的种植密度抑制杂草，从而降低草害，提高作物产量。

二、田间杂草分类

马铃薯田有超过 100 种类型的杂草，主要有铁苋菜、稗子、藜、苍耳、马齿苋、狗尾草、麻、小蓟、问荆、卷茎蓼及龙葵等。马铃薯田杂草结实率高，绝大部分杂草的结实率要比普通作物高几十倍或更多，其千粒重比作物种子小，通常不超过 1 g，传播很方便，比如一株苋菜能有种子 50 万粒。

（一）马铃薯田间杂草按生活类型分类

马铃薯田间杂草按生活类型分为寄生型杂草和自生型杂草，寄生型杂草自己没有有机物合成能力，靠寄主提供营养维持生存，如菟丝子等；自生型杂草自己进行光合作用，合成有机质，为自己生存提供营养。其中有多年生、两年生和一年生等种类。

（二）马铃薯田间杂草按植物系统分类

马铃薯田间杂草按照植物系统分类分为单子叶和双子叶杂草，单子叶杂草种子胚有一个子叶，叶片窄而长，叶脉平行，无叶柄。主要有禾本科、莎草科。双子叶（阔叶）杂草种子胚有两个子叶，草本或木本，网状叶脉，叶片宽，有叶柄。其中有菊科、十字花科、藜科、蓼科、苋科、唇形科、旋花科等。

三、田间杂草发生特点

（一）杂草产生大量种子

杂草一生能产生大量种子繁衍后代，如狗尾草、灰绿藜、马齿苋在东北区域一年可产生 2 ~ 3 代，一株马齿苋就可产生 2 万 ~ 30 万粒种子，一株藜、地肤和小蓬草可产生几万至几十万粒种子，如果农田内没有很好地除草，让杂草开花繁殖，必将留下几亿至几十亿粒种子，那么杂草在 3 ~ 5 年内就很难除尽。

（二）杂草繁殖方式复杂多样

有些杂草不但能产生大量种子，而且还具有无性繁殖的能力。杂草的无性繁殖可分为以下几类。

（1）根蘖类，如大小蓟和田旋花。

（2）根茎类，如狗牙根、牛毛毡、蔗草、眼子菜等。

（3）匍匐类，如狗牙根、双穗雀稗等。

（4）块茎类，如水莎草、香附子。

（5）须根类，如狼尾草、碱茅。

（6）球茎类，如野慈姑、眼子菜的越冬地下芽。

（三）杂草传播方式的多样性

杂草的种子或果实有容易脱落的特性，有些杂草种子具有适应散布的结构或附属物，借外力可传播很远，分布很广。例如蒲公英、小蓬草、小蓟和泥胡菜等的种子长有长茸毛,可随风飞扬,飘至远方。牛毛草、铁苋菜、问荆等种子小而轻,可随水漂流进入农田。苍耳等杂草种子有钩或黏性物质,易粘在人、动物身上被带到各处,或随农具、交通工具远距离传播。

(四)杂草种子具有休眠性

很多杂草种子成熟后不能立即发芽,而要经过一定时间的休眠才能发芽,以免一落地立即出苗遇上不良气候而灭种,这是物种长期自然选择的结果。如果没有休眠特性,很多杂草就有可能自然淘汰。假如华北地区的稗子、千金子、牛筋草、马齿苋等杂草的种子在 9 ~ 10 月成熟后并不休眠,按当时的气温条件完全可以发芽出苗,而到 11 月上中旬来不及抽穗结籽,霜冻来临,幼苗就会被冻死,就很有可能面临灭种之灾。

还有不少杂草如藜、鸭舌草、马齿苋等,其种子在一般情况下发芽率不高,这本身也是一种保存生命的特性。如果杂草种子发芽率高,发芽整齐,一次齐苗,那就很容易被一次中耕全部消灭,但事实上杂草种子出苗很不整齐,即使被消灭一批,也会再出一批,很难除尽。例如苍耳,其种子包于刺果内,其中有 2 粒种子,上部的一粒要经过几个月或几年才能发芽,下部的一粒如果条件许可能立即萌发。

(五)杂草种子寿命长

杂草种子在土壤中的寿命是很长的。根据报道,野燕麦、看麦娘、蒲公英、冰草、牛筋草的种子存活期在 5 年以内;金狗尾、荠菜、狼尾草和苋菜的种子可存活 10 年以上;狗尾草、蓼、马齿苋、龙葵、车前、小蓟的种子可存活 30 年以上;反枝苋、豚草、独行菜的种子可存活 40 年以上。杂草种子的"高寿"对于保存种源、繁衍后代有十分重要的意义。

杂草种子的寿命与外界条件的关系很大。根据试验,土壤中的水分状况对土壤中杂草种子的寿命影响最大。例如,水生杂草稗子的种子在水田内经过 4 年后死亡率才达 47.0% ~ 65.8%,而在旱田内第三年死亡率就达 99% ~ 100%。同样,铁苋菜、异型莎草、千金子的种子在水田内第四年死亡率分别为 68.0%、77.0%、76.8%,在旱田内死亡率分别为 77.0%、87.8%、85.3%。而旱地杂草则相反,猪殃殃的种子埋在旱田内,4 年后的死亡率分别为 26.5%、60.0%,在水田里的死亡率分别为 69.8% 和 100%。日本看麦娘种子埋在旱田内 2 年后,死亡率为 72.3%,而埋在水田内死亡率为 100%。

（六）杂草出苗、成熟期参差不齐

大部分杂草出苗不整齐。例如小藜、繁缕、婆婆纳等，除最冷的 1 ~ 2 月和最热的 7 ~ 8 月外，一年四季都能出苗、开花，即使同株杂草上开花也很不整齐。禾本科杂草看麦娘、早熟禾等，穗顶端先开花，随后由上往下逐渐开花，先开花的种子先成熟，一般主茎和早期分蘖先抽穗、开花，后期分蘖开花晚。牛繁缕、大巢菜的花序属无限花序，4 月上旬开始开花，到 6 月上旬，边开花边结果，可延续 3 ~ 4 个月。

由于杂草开花、种子成熟的时间延续得很长，早熟的种子早落地，晚熟的晚落地，因此在田间休眠、萌发也很不整齐，这给杂草的防除带来很大困难。

（七）杂草种子与作物种子大小及形状相似

一些杂草种子与作物种子大小及形状相似，例如麦种内混有的野燕麦、毒麦种子，稻谷内混有的稗子、扁秆藨草种子，风选、筛选、水选都难以清除。

（八）杂草出苗和成熟期与农作物相近

在特定区域，其主要农田杂草的出苗、成熟期常与作物相近。例如苍耳、龙葵的出苗、成熟期分别与马铃薯相近。这样就形成了一种作物有几种比较固定的伴生杂草的情况。

（九）杂草竞争力强

（1）利用光能力强。据报道，杂草在不同光照度下对光的利用率比农作物高 2.0 ~ 2.5 倍。另外，杂草利用水的效率比农作物高 1.6 ~ 2.7 倍，在土壤含水量低的情况下，大部分杂草比农作物显得更为耐旱。

（2）吸肥力强。杂草吸肥力较农作物强，在草害严重发生的情况下，施肥只会促进杂草生长，加重杂草为害。

（3）生长速度快。由于大多数杂草利用光、水及肥料的能力比作物强，所以生长快。根据试验，单季晚稻移栽时秧苗已长到 16.5 ~ 33.0 cm，栽后 4 ~ 6 d，稗子、异型莎草、铁苋菜等杂草开始萌芽出苗，2 个月后这些杂草株高就能超过水稻，形成草害。另据调查，水稻秧苗 3 ~ 4 叶期，异型莎草刚刚出苗，但 2 周后，其株高和鲜重与水稻几乎相等，至 3 周后异型莎草株鲜重达 15 g，株高 32 cm，而水稻的株鲜重仅为 7.58 g，株高仅为 28 cm。

（十）杂草适应性和抗逆性强

杂草对环境的适应性和抗逆性比作物强，在干旱等不良环境中仍能生存，有的杂草种子休眠不出苗或缩短生育期提早开花结实，以保存其种群的繁衍。

（十一）杂草拟态性

凡有作物的地方就有杂草，作物播种后，杂草就出苗。稗子与稻苗，苋菜、苍耳与大豆，狗尾草与谷子，其形态很相似，人工除草时难分辨，若除草方法不当，杂草未能除尽，反伤了作物。

（十二）杂草具有多种授粉途径

杂草既能异花授粉受精，又能自花授粉受精，授粉的媒介有风、水、昆虫等，因此杂草具有远缘亲和性。自花授粉受精可以保证在单株存在时仍可正常受精结实，保证其种的延续生存。异花授粉受精有利于杂草创造新的变异和生命力强的变种、生态种，提高其生存的能力和机会。

第二节　苍　耳

苍耳（学名: *Xanthium sibiricum* Patrin ex Widder），亦称菓耳，又名痴头婆、虱麻头、野落苏，为菊科一年生草本植物。此植物广布欧洲大部和北美部分地区。有些专家认为该属有 15 种，有的认为仅有 2 ~ 4 种。苍耳雄花花序圆而短，在雌花花序之上，雌花包在绿、黄或褐色卵圆形的总苞内，总苞外有许多钩状刺和两个大的角状刺。成熟的刺果粘在动物的毛上，借以散布他处。瘤突苍对牲畜有毒，从前曾用作草药。

一、形态特征

苍耳高可达 1 m。叶卵状三角形，长 6 ~ 10 cm，宽 5 ~ 10 cm，顶端尖，基部浅心形至阔楔形，边缘有不规则的锯齿或常呈不明显的 3 浅裂，两面有贴生糙伏毛。茎直立，粗壮，多分枝，高 30 ~ 100 cm，有钝棱及长条状斑点。叶互生，具长柄，叶片三角状卵形或心形，边缘有不规则的齿裂，两面有毛。头状花序球形或椭圆形，淡绿色，数个聚生于枝顶或叶腋。花期在夏季。果倒卵形，有小钩刺。通过种子繁殖。叶柄长 3.5 ~ 10.0 cm，密被细毛。壶体状无柄，长椭圆形或卵形，长 10 ~ 18 mm，宽 6 ~ 12 mm，表面有钩刺和密生细毛，钩刺长 1.5 ~ 2.0 mm。花期 8 ~ 9 月。生于山坡、草地、路旁，我国各地广布。全株有毒，幼芽和果实的毒性最大，茎叶中都含有对神经及肌肉有毒的物质。

二、为害特点

苍耳适合生于湿润或稍干旱的环境，常见于农田、荒地和路旁。棉花、豆类、马铃薯作物受害较重（图 7-1）。苍耳也是蚜虫的寄主。苍耳的传播能力较强，人或动物都可能成为其种子的传播媒介。苍耳果实表面有钩刺挂，当人或动物在草丛中行走的时候，裤脚上或动物的皮毛上就常常会粘上一些苍耳的种子，从而促进了其种子的传播。

图 7-1　苍耳为害马铃薯植株

在马铃薯生育早期，苍耳为害尚不明显，随着其生育期的延长，为害越来越重。苍耳生长速度快，蔓延迅速，叶片的生长速度也远远超过马铃薯，对马铃薯田造成严重郁闭，严重影响马铃薯生长与光合作用。苍耳的为害主要表现在减少马铃薯分枝数、结薯数、块茎大小等方面，密度越大减产越明显。但是，单株苍耳对马铃薯产量的影响，低密度远大于高密度。

三、防治方法

（一）化学除草方法

化学除草技术指赛克津选择性内吸传导型土壤处理剂。播后苗前用药，每亩用 70% 赛克津可湿性粉剂 25 ~ 65 g 兑水 40 ~ 50 L，均匀喷雾于土表，能防除苍耳。

（二）农业防除措施

（1）轮作。通过轮作降低伴生性杂草的密度，改变田间优势杂草群落，降低田间杂草种群数量。

（2）耕翻。土壤通过多次耕翻后，苦荬菜等多年生杂草被翻埋在地下，使杂草逐渐减少或长势衰退，从而使其生长受到抑制，达到除草目的。

（3）中耕培土。这项措施不仅能除草，还有深松、贮水保墒等作用。如对露地马铃薯中耕一般在苗高 10 cm 左右进行第一次，第二次在封垄前完成，能有效地防除小蓟、牛繁缕、稗子、反枝苋等杂草。

（4）人工除草。适用于小面积或大草拔除。

（5）物理方法除草。利用有色地膜如黑色膜、绿色膜等覆盖具有一定的抑草作用。

第三节　卷茎蓼

卷茎蓼（学名：*Fallopia convolvulus*）为蓼科何首乌属下的一个种，分布在秦岭、淮河以北地区，对麦类、大豆、玉米和马铃薯为害严重。

一、形态特征

卷茎蓼为一年生草本（图 7-2）。茎缠绕，长 1.0 ~ 1.5 m，具纵棱，自基部分枝，具小突起。叶卵形或心形，长 2 ~ 6 cm，宽 1.5 ~ 4.0 cm，顶端渐尖，基部心形，两面无毛，下面沿叶脉具小突起，边缘全缘，具小突起；叶柄长 1.5 ~ 5.0 cm，沿

图 7-2　卷茎蓼

棱具小突起；托叶鞘膜质，长 3 ~ 4 mm，偏斜，无缘毛。花序总状，腋生或顶生，花稀疏，下部间断，有时成花簇，生于叶腋；苞片长卵形，顶端尖，每苞具 2 ~ 4 花；花梗细弱，比苞片长，中上部具关节；花被 5 深裂，淡绿色，边缘白色，花被片长椭圆形，外面 3 片背部具龙骨状突起或狭翅，被小突起；果时稍增大，雄蕊 8，比花被短；花柱 3，极短，柱头头状。瘦果椭圆形，具 3 棱，长 3.0 ~ 3.5 mm，黑色，密被小颗粒，无光泽，包于宿存花被内。花期 5 ~ 8 月，果期 6 ~ 9 月。

二、为害特点

卷茎蓼又名荞麦蔓，是农田中一种恶性杂草。它出苗早，生长快，密度大，茎缠绕，不仅严重影响作物生长，而且妨碍收割；成熟后果实不易脱落，多随作物共同收获。近年来，随着频繁调种以及水肥条件的改善，马铃薯田卷茎蓼的发生呈上升趋势，有些地区为害已相当严重。

三、防治方法

（一）土壤处理

播前亩用氟乐灵 150 ml 进行土壤处理，施药后及时耙地混土，施药 7 d 后，进行播种。

（二）化学药剂除草技术

马铃薯田杂草 5 ~ 6 叶期，每亩选用 25% 砜嘧磺隆水分散粒剂 7 g 加 15% 精吡氟禾草灵乳油 40 ml（薯标）兑水 30 L 喷雾防治，用于一年生杂草的防除，防效可达 90% 以上。

第四节　问　荆

问荆（学名：*Equisetum arvense* L.）是木贼科问荆属中小型蕨类植物。

一、形态特征

问荆为小型或中型蕨类。根茎斜升，直立和横走，黑棕色，节和根密生黄棕色长毛或光滑无毛（图 7-3）。地上枝当年枯萎，枝二型，能育枝春季先萌发，高 5 ~ 35 cm，中部直径 3 ~ 5 mm，节间长 2 ~ 6 cm，黄棕色，无轮茎分枝，脊不明显；鞘筒栗棕色或淡黄色，长约 0.8 cm，鞘齿 9 ~ 12 枚，栗棕色，长 4 ~ 7 mm，狭三角形，鞘背仅上部有一浅纵沟，孢子散后能育枝枯萎。不育枝后萌发，高达 40 cm，主枝中部直径 1.5 ~ 3.0 mm，节间长 2 ~ 3 cm，绿色，轮生分枝多，主枝中部以下有分枝。脊的背部弧形，无棱，有横纹，无小瘤；鞘筒狭长，绿色，鞘齿三角形，5 ~ 6 枚，中间黑棕色，边缘膜质，淡棕色，宿存。侧枝柔软纤细，扁平状，有 3 ~ 4 条狭而高的脊，脊的背部有横纹；鞘齿 3 ~ 5 个，披针形，绿色，边缘膜质，

图 7-3 问荆

宿存。孢子囊穗圆柱形，长 1.8 ~ 4.0 cm，直径 0.9 ~ 1.0 cm，顶端钝，成熟时柄伸长，柄长 3 ~ 6 cm。

二、为害特点

问荆既可通过孢子茎进行有性繁殖，也能通过地下根茎进行无性繁殖，抗旱、抗逆、抗除草剂的特性较为突出，一般的除草剂都拿它没办法。问荆茎直立，表面蜡质层厚，地下根茎长达数米，是多年生为害农作物的杂草，目前已成为为害马铃薯田的主要杂草之一。

三、防治方法

马铃薯田，特别是少耕耙茬地，多年不深翻的地块，问荆地下根茎长，单纯依赖除草剂难以控制为害。根据多年实践，防治问荆必须采取综合措施，每个环节都不可忽视。

（一）农业防治措施

（1）合理耕作轮作。可轮换使用除草剂，重点在麦田用好 2，4- 滴丁酯、异辛酯，根据天气预报，选气温较高的天气施药。坚持深浅交替的耕作制度，通过深翻，特别是麦田收后及时进行伏翻，通过机械翻耙，问荆地下根状茎被机械切断，风吹日晒，可消灭问荆 70% 左右，残留的用除草剂容易杀死。

（2）机械灭草措施。根据问荆出土早的特点，通过播前整地，苗前施药后垄上盖土 2 cm，随后镇压。苗后施药后及时中耕培土有利于抑制问荆生长。

（二）化学药剂防治

（1）选择除草剂。马铃薯田喷施砜嘧磺隆除草剂，用药量为 200 ml/hm^2。

（2）选择合适的喷洒雾滴、喷液量、喷嘴、过滤器、压力、车速，务必做到喷洒均匀。

喷洒苗前除草剂适宜的喷洒雾滴直径 300 ~ 400 μm，每平方厘米要有 30 ~ 40 个雾滴；喷洒苗后除草剂适宜的喷洒雾滴直径 250 ~ 400 μm，内吸性除草剂每平方厘米要有 30 ~ 40 个雾滴，触杀性除草剂每平方厘米要有 50 ~ 70 个雾滴。

采用低容量喷雾，喷洒苗前除草剂喷杆喷雾机喷液量 180 ~ 200 L/hm^2，人工喷雾喷液量 225 ~ 300 L/hm^2；喷洒苗后除草剂喷杆喷雾机喷液量 100 L/hm^2 以下，人工喷雾喷液量 100 ~ 150 L/hm^2。

喷杆喷雾机苗前选用 196 ~ 294 kPa，苗后选用 294 ~ 490 kPa。人工喷雾选用 196 ~ 294 kPa。喷杆喷雾机车速一般 6 ~ 8 km/h，大功率自走喷雾机苗前车速 12 ~ 16 km/h，苗后车速 10 ~ 12 km/h。要按照喷杆喷雾机使用技术规范认真调整喷雾机，准确测试喷嘴流量，计算喷液量，务必做到喷洒均匀。

选择适宜的气象条件施药。适宜气象条件：温度 13 ~ 27℃，空气相对湿度 65% 以上，风速 4 m/s，晴天上午 8 时前和下午 18 时后，最好夜间无露水时施药。

选择好除草剂喷雾助剂，加植物油型喷雾助剂。多年实践表明，防治问荆施药时加液体肥料、矿物油、非离子表面活性剂等助剂不如植物型喷雾助剂增效明显，特别是在高温干旱不适宜施药的气象条件下，只有植物油型喷雾助剂有增效作用，且药效稳定。

第五节　小　蓟

小蓟（学名：*Cirsium setosum*）是小蓟草的别称，是一种优质野菜。多年生草本，地下部分常大于地上部分，有长根茎。生于海拔 170 ~ 2 650 m 的山坡、河旁或荒地、田间。农田、果园的常见杂草，有时数量多，为害较重。

一、形态特征

图 7-4　小蓟

小蓟为多年生草本（图 7-4）。茎直立，高 30 ~ 80 cm，基部直径 3 ~ 5 mm，有时可达 1 cm，上部有分枝，花序分枝无毛或有薄茸毛。基生叶和中部茎叶椭圆形、长椭圆形或椭圆状倒披针形，顶端钝或圆形，基部楔形，有时有极短的叶柄，通常无叶柄，长 7 ~ 15 cm，宽 1.5 ~ 10.0 cm，上部茎叶渐小，椭圆形或披针形或线状披针形，或全部茎叶不分裂。叶缘有细密的针刺，针刺紧贴叶缘；或叶缘有刺齿，齿顶针刺大小不等，针刺长达 3.5 mm；或大部茎叶羽状浅裂或半裂，或边缘具粗大圆锯齿，裂片或锯齿斜三角形，顶端钝，齿顶及裂片顶端有较长的针刺，齿缘及裂片边缘的针刺较短且贴伏。全部茎叶两面同色；极少两面异色，上面绿色，无毛，下面被稀疏或稠密的茸毛而呈现灰色。头状花序单生茎端，或植株含少数或多数头状花序在茎枝顶端排成伞房花序。总苞卵形、长卵形或卵圆形，直径 1.5 ~ 2.0 cm。总苞片约 6 层，覆瓦状排列，向内层渐长，外层与中层宽 1.5 ~ 2.0 mm，包括顶端针刺长 5 ~ 8 mm；内层及最内层长椭圆形至线形，长 1.1 ~ 2.0 cm，宽 1.0 ~ 1.8 mm；中外层苞片顶端有长不足 0.5 mm 的短针刺，内层及最内层渐尖，膜质，短针刺。小花紫红色或白色，雌花花冠长 2.4 cm，檐部长 6 mm，细管部细丝状，长 18 mm，两性花花冠长 1.8 cm，檐部长 6 mm，细管部细丝状，长 1.2 mm。瘦果淡黄色，椭圆形或偏斜椭圆形，压扁，长 3 mm，宽 1.5 mm，顶端斜截形。冠毛污白色，多层，整体脱落；冠毛刚毛长羽毛状，长 3.5 cm，顶端渐细。花果期 5 ~ 9 月。

二、为害特点

小蓟是农田、果园的常见杂草，有时数量多，为害较重，主要为害小麦、棉花、大豆和马铃薯等旱田作物。

三、防治方法

小蓟是多年生草本植物，由于其匍匐根状茎很发达，耐药性强，防治难度较大。马铃薯田主要喷施嗪草酮，能够有效防除。

第六节　牛筋草

牛筋草〔学名：*Eleusine indica*（L.）Gaertn.〕，一年生草本，分布于全世界温带和热带地区，多生于荒芜之地及道路旁。

一、形态特征

牛筋草根系极发达，秆丛生，基部倾斜，高 10 ~ 90 cm（图 7-5）。叶鞘两侧压扁而具脊，松弛，无毛或疏生疣毛；叶舌长约 1 mm；叶片平展，线形，长 10 ~ 15 cm，宽 3 ~ 5 mm，无毛或上面被疣基柔毛。穗状花序 2 ~ 7 个指状着生于秆顶，很少单生，长 3 ~ 10 cm，宽 3 ~ 5 mm；小穗长 4 ~ 7 mm，宽 2 ~ 3 mm，含 3 ~ 6 小花；颖披针形，具脊，脊粗糙；第一颖长 1.5 ~ 2.0 mm；第二颖长 2 ~ 3 mm；第一外稃长 3 ~ 4 mm，卵形，膜质，具脊，脊上有狭翼，内稃短于外稃，具 2 脊，脊上具狭翼。囊果卵形，长约 1.5 mm，基部下凹，具明显的波状皱纹。鳞被 2，折叠，具 5 脉。花果期 6 ~ 10 月。

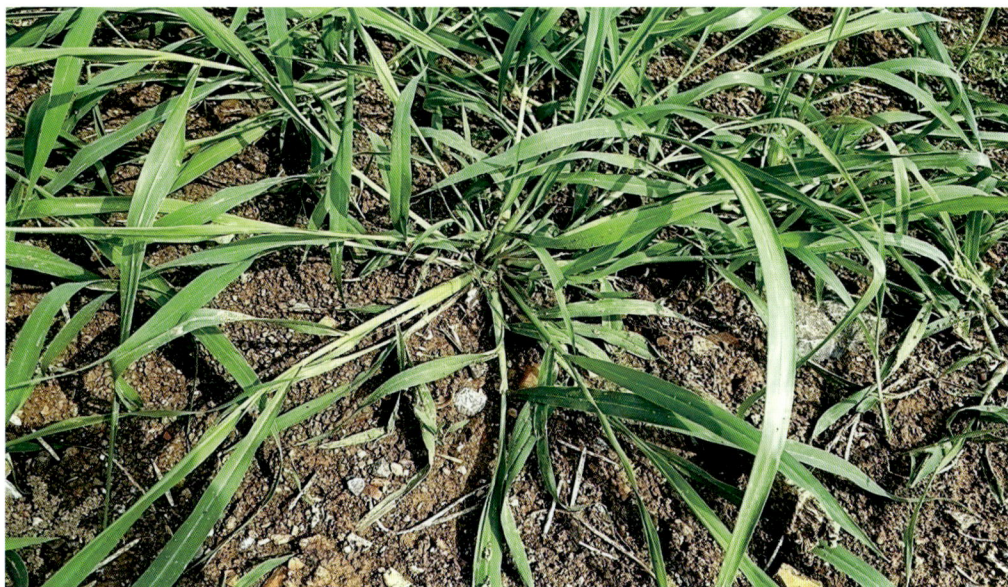

图 7–5 牛筋草

二、为害特点

牛筋草根系发达，吸收土壤水分和养分的能力很强，对土壤要求不高。它生长时需要的光照比较强，适宜温带和热带地区。

大多数杂草种子为抵抗不良环境条件均存在一定的休眠，当种子由休眠状态转变为萌动状态时，需要有适宜的外界环境条件，如温度、光照、水分、氧气、土壤类型及土层深度。当进入生长季节时，种子也开始萌发生长，在环境条件不适宜萌发时，种子休眠，在土壤中多年仍有生存力。

牛筋草可通过有性和无性方法繁殖和增加。有性繁殖通过种子繁殖，无性繁殖通过根、茎、叶或根茎、匍匐茎、块茎、球茎和鳞茎等器官繁殖。杂草可以通过营养繁殖器官散布传播，但主要是通过种子到处散布传播。其种子主要是借助自然力如风吹、流水及动物取食排泄传播，或附着在机械、动物皮毛或人的衣服、鞋子上，通过机械、动物或人的移动而到处散布传播。

牛筋草与作物争夺水分、养分和光能。其根系发达，吸收土壤水分和养分的能力很强，耗水、耗肥常超过作物生长的消耗。其生长优势强，株高常高出作物，影响作物的光合作用，干扰并限制作物的生长。

三、防治方法

（1）物理除草。最常用的是利用地膜覆盖，提高地膜和土表温度，烫死杂草幼苗，或抑制杂草生长。

（2）土壤耕作。利用犁、耙、中耕机等农具，在不同时间和季节进行耕作，对杂草有杀除作用。

第七节　苘　麻

苘麻（学名：*Abutilon theophrasti Medicus*），俗称青麻，又称野麻、野苘麻，属锦葵科一年生草本植物，除青藏高原以外，各地均有分布，东北区域最常见，常见于路旁、荒地和田野间。其主要为害豆类、薯类、瓜类、油菜、花生、棉花、烟草、果树等作物，对马铃薯为害较重，一般造成马铃薯减产 10% ~ 25%。

一、形态特征

苘麻为一年生亚灌木状草本（图7-6），高达 1 ~ 2 m。茎枝被柔毛，叶互生，圆心形，长 5 ~ 10 cm，先端长渐尖，基部心形，边缘具细圆锯齿，两面均密被星状柔毛；叶柄长 3 ~ 12 cm，被星状细柔毛；托叶早落。花单生于叶腋，花梗长 1 ~ 13 cm，被柔毛，近顶端具节；花萼杯状，密被短茸毛，裂片5,卵形，长约6 mm；花黄色，花瓣倒卵形，长约1 cm；雄蕊柱平滑无毛，心皮

图7-6　苘麻

15 ~ 20，长 1.0 ~ 1.5 cm，顶端平截，具扩展，被毛的长芒2，排列成轮状，密被软毛。蒴果半球形，直径约 2 cm，长约 1.2 cm，分果片 15 ~ 20，被粗毛，顶端具长芒2；种子肾形，褐色，被星状柔毛。

二、为害特点

● 苘麻花期 6 ~ 8 月，果期 8 ~ 10 月。种子成熟后，9 月中下旬又可发生一个高峰，

10月下旬下霜后死亡。常生于旱耕地、荒地、路旁、山坡、田边、堤边等。主要为害棉花、豆类、薯类、瓜类、蔬菜、果树等作物。作为纤维作物引进，人工引种栽培传播、扩散。种子繁殖。

三、防治方法

根据苘麻的发生规律，农田化学除草，特别是马铃薯田化学防除苘麻有三个施药适期。一是播前施药做土壤处理。适用的除草剂品种有72%异丙草胺（普乐宝）乳油、48%异噁草松（广灭灵）乳油、88%灭草猛（卫农）乳油、50%唑嘧磺草胺（阔草清）水分散粒剂、50%丙炔氟草胺（速收）可湿性粉剂等。二是播后苗前施药做土壤处理。常用的除草剂有48%异噁草松乳油、50%丙炔氟草胺可湿性粉剂、50%异丙草胺、2，4-滴丁酯（双乐）乳油、70%嗪草酮（赛克）可湿性粉剂、72%异丙草胺乳油、80%唑嘧磺草胺水分散粒剂等。三是苗后施药做茎叶处理。可用的除草剂品种主要有21.4%三氟羧草醚（杂草焚）水剂、24%乳氟禾草灵（克阔乐）乳油、25%氟磺胺草醚（虎威）水剂、48%灭草松（苯达松）水剂等。

第八节　马齿苋

马齿苋（学名：*Portulaca oleracea* L.）别名蚂蚁菜、马齿菜、马蛇子菜和五行草，为石竹目马齿苋科一年生草本植物。

一、形态特征

马齿苋为一年生草本，全株无毛（图7-7）。茎平卧或斜倚，伏地铺散，多分枝，圆柱形，长10～15 cm，淡绿色或带暗红色。茎紫红色，叶互生，有时近对生，叶片扁平，肥厚，倒卵形，似马齿状，长1～3 cm，宽0.6～1.5 cm，顶端圆钝或平截，有时微凹，基部楔形，全缘，上面暗绿色，下面淡绿色或带暗红色，中脉微隆起，叶柄粗短。花无梗，直径4～5 mm，常3～5朵簇生枝端，午时盛开；苞片2～6，叶状，膜质，近轮生；萼片2，对生，绿色，盔形，左右压扁，长约4 mm，顶端急尖，背部具龙骨状凸起，基部合生；花瓣5，稀4，黄色，倒卵形，长3～5 mm，顶端微凹，基部合生；雄蕊通常8或更多，长约12 mm，花药黄色；子房无毛，花柱比雄蕊稍长，柱头 4 ~ 6 裂，线形。蒴果卵球形，长约 5 mm，盖裂；种子细小，多数偏斜球形，黑褐色，有光泽，直径不及 1 mm，具小疣状凸起。花期 5 ~ 8 月，果期 6 ~ 9 月。

图 7-7　马齿苋

二、为害特点

根据杂草马齿苋特殊的生长习性和适应性，使其具有为害范围广、为害时间长、为害作物种类多的特点，是在我国各地区都有分布的田间恶性杂草。调查发现，各种作物田均有马齿苋的发生，如花生、大葱（苗期）、大豆、棉花、芹菜、青菜、玉米、油葵、马铃薯等，在部分作物田中马齿苋属于难防除的恶性杂草。同时马齿苋分布范围广，中国南北各地均有分部，生于菜园、农田、路旁，为田间常见杂草。各地均有关于马齿苋为害作物的报道，如刘亚光等（2004）调查哈尔滨市及周边地区阔叶杂草的发生情况发现，马齿苋在各类蔬菜田均为主要发生杂草，其相对多度达 28.90%，田间均度达 38.89%；魏守辉（2006）调查发现，马齿苋在河北各地区发生优势度和频率都较高，对作物生长发育及产量影响严重，防除困难；谢卫东（1997）调查发现，按照草情指数由大到小排列，马齿苋列为第二，属于为害极其严重的杂草之一。春夏季节气温高、光照足、雨水多，是杂草马齿苋为害的主要季节。宋文武等（2001）进行了杂草调查，发现马齿苋是田间主要发生杂草之一，其发生量占总杂草的3.8%；尤文清（2002）调查发现，马齿苋等杂草发生严重，不仅影响圃容圃貌，而且容易滋生大量病虫害，还与苗木争夺养分和水分，推迟苗木出圃时间，以致成苗率下降，生产成本加大。进入秋冬季节，随着气温的下降，马齿苋生长滞缓，危害程度没春夏季节严重，但是马齿苋生长时间短，能很快开花结实，为来年春季杂草提供充足的来源。

三、防治方法

（一）农业防除

农业防除措施包括轮作灭草、精选作物种子、实施腐熟的厩肥、合理密植以密控草、灌水淹草等。通过轮作可以改变田间优势杂草群落，降低田间杂草种群数量。在播前用风选或水选等物理方法精选蔬菜种子，可以将比重轻于蔬菜种子的杂草籽粒除去。将农家肥经过充分发酵腐熟再施入菜田，可使混入肥料中的杂草种子等繁殖体丧失发芽能力。合理密植能增强蔬菜对杂草的竞争能力，有利于群体和个体充分发育，便于田间管理，达到以苗抑草、消灭或控制杂草生长的目的。

（二）机械防除

机械防除是指采用各种农业机械，包括手工工具和机动工具，在不同的季节采用不同的方法消灭不同时期的菜田杂草。通过犁、铲、耙等措施将菜田反复深翻，使杂草植株及地下繁殖体裸露于地表，经高温强光暴晒或冷冻风干直接杀死。其方法主要有深耕、少耕与免耕、苗期中耕等。

（三）人工防除

人工防除是最原始、最普遍的一种防除方法，目前大部分菜田仍在沿用。它对散播的蔬菜田尤为有效，因为散播的蔬菜田不能用机械方法清除，只能靠人工拔除。这种方法效率太低，并且容易影响蔬菜的扎根。

（四）生物防除

利用禽、鱼灭草，益昆虫灭草，以菌灭草及利用植物化感作用防除杂草，既可以减少除草剂对环境造成的污染，又可以促进自然界的生态平衡。这些方法近年来日益引起各国的重视，有些项目已经大面积推广，取得显著成效。

（五）杂草检疫

杂草检疫是植物检疫的一个重要组成部分。它是依据国家制定的植物检疫法，防止国内外危险性杂草传播的重要手段。农产品检疫可以防止国外危险性的变性杂草进入我国，同时也可以防止省与省之间、地区与地区之间危险性杂草的传播，是杂草防治的重要方法。本地引进国内蔬菜种子必须严格进行杂草检疫，凡本地没有或尚未广为传播的且具有潜在危险的杂草及其种子必须严格禁止或限制输入，就地处理。如水花生原是以饲料草引进国内的，但现在已经是我国南方许多省份难以根治的水旱田杂草。

（六）化学防除

化学防除是利用除草剂防治杂草的一种方式，是目前世界发展最快、最经济、最有效、使用最普遍的一种除草方法。目前菜田使用最多的化学除草剂种类：①选择性除草剂，其特点是能在一定的剂量范围内有选择地杀死某些植物而对另一些植物安全；②内吸传导型除草剂，这类除草剂只要被杂草植物根、茎、叶的任何部位吸收，即可传导到全株杀死杂草；③触杀型除草剂，这类除草剂在杂草植物体内不移动或很少移动，只伤害植物触到药剂的部位，对植物未接触药剂的部位没有影响；④灭生性除草剂，这类除草剂对所有植物不分敌友都有杀灭作用，可将作物和杂草统统杀死，主要用于休闲菜地、田埂上灭草。

主要处理方法有土壤处理和杂草芽后茎叶处理，以杂草幼芽或幼根吸收为主的除草剂适于进行土壤处理，以杂草绿色茎叶吸收为主的除草剂适于茎叶喷雾处理（袁东学等，2003）。

（七）物理防除

通过覆盖，防止光的照射，抑制杂草的光合作用，造成杂草幼苗死亡或阻止杂草种子萌发的方法是目前使用较为普遍的物理方法之一。利用各种塑料薄膜，包括不同颜色的色膜、涂有除草剂的药膜等覆盖菜田，不仅能控制草害，还能增温保水，是一项重要的增产措施。

第九节　菟丝子

菟丝子（学名：*Cuscuta chinensis* Lam.），别名禅真、豆寄生、豆阎王、黄丝、黄丝藤、金丝藤等。一年生寄生草本。分布于黑龙江、吉林、辽宁、河北、山西、陕西、宁夏、甘肃、内蒙古、新疆、山东、江苏、安徽、河南、浙江、福建、四川、云南等地。生于海拔 200 ~ 3000 m 的田边、山坡阳处、路边灌丛或海边沙丘，通常寄生于豆科、茄科、菊科和藜科等多种植物上。

一、形态特征

菟丝子茎缠绕，黄色，纤细，直径约 1 mm，无叶（图 7-8）。

图 7-8　菟丝子

花序侧生，少花或多花簇生成小伞形或小团伞花序，近于无总花序梗；苞片及小苞片小，鳞片状；花梗稍粗壮，长仅 1 mm；花萼杯状，中部以下连合，裂片三角状，长约 1.5 mm，顶端钝；花冠白色，壶形，长约 3 mm，裂片三角状卵形，顶端锐尖或钝，向外反折，宿存；雄蕊着生于花冠裂片弯缺微下处；鳞片长圆形，边缘长流苏状；子房近球形，花柱 2，等长或不等长，柱头球形。

蒴果球形，直径约 3 mm，几乎全为宿存的花冠所包围，成熟时有整齐的周裂。

种子2～49，淡褐色，卵形，长约1 mm，表面粗糙。

二、为害特点

菟丝子喜高温湿润气候，对土壤要求不严，适应性较强。野生菟丝子常见于平原、荒地、坟头、地边以及豆科、菊科、蓼科、藜科等植物地内。遇到适宜寄主就缠绕在上面，在接触处形成吸根伸入寄主，吸根进入寄主组织后，部分组织分化为导管和筛管，分别与寄主的导管和筛管相连，自寄主吸取养分和水分。菟丝子一旦幼芽缠绕于寄主植物体上，生活力极强，生长旺盛，最喜寄生于豆科植物上。

菟丝子是一年生攀缘性的草本寄生性种子植物，园林植物受其寄生为害，轻则影响植物生长和观赏效果，重则致植物死亡。

症状特点：苗木和花卉均可受菟丝子寄生为害。花卉苗木受害时，枝条被寄生物缠绕而生缢痕，生育不良，树势衰落，观赏效果受影响，严重时嫩梢和全株枯死。成株受害，由于菟丝子生长迅速而繁茂，极易把整个树冠覆盖，不仅影响花卉苗木叶片的光合作用，而且营养物质被菟丝子所夺取，致使叶片黄化易落，枝梢干枯，长势衰落，轻则影响植株生长和观赏效果，重则致全株死亡。

病原及为害特点：菟丝子的寄生范围较广，可寄生于豆科、茄科、蔷薇科、无患子科等许多科的木本和草本植物上。其根已退化，叶片退化为鳞片状，茎为黄色丝状物，纤细、肉质，绕于寄生植物的茎部，以吸器与寄主的维管束系统相连接，不仅吸收寄主的养分和水分，还造成寄主输导组织的机械性障碍，其缠绕寄主上的丝状体能不断伸长、蔓延。

三、防治方法

防治菟丝子应以人工铲除结合药剂防治，具体应抓好下述环节。

（一）加强栽培管理

结合苗圃和花圃管理，于菟丝子种子未萌发前进行中耕深埋，使之不能发芽出土（一般埋于3 cm以下便难以出土）。

（二）人工铲除

春末夏初检查苗圃和花圃，一经发现立即铲除，或连同寄生受害部分一起剪除，由于其断茎有发育成新株的能力，故剪除必须彻底，剪下的茎段不可随意丢弃，应晒

干并烧毁，以免再传播。在菟丝子发生普遍的地方，应在种子未成熟前彻底拔除，以免成熟种子落地，增加翌年侵染源。

（三）喷药防治

在菟丝子生长的 5 ~ 10 月间，于树冠喷施 6% 的草甘膦水剂 200 ~ 250 倍液（5 ~ 8 月用 200 倍液，9 ~ 10 月气温较低时用 250 倍液），施药宜在菟丝子开花结籽前进行。也可用敌草腈 0.25 kg/ 亩，或鲁保 1 号 1.5 ~ 2.5 kg/ 亩，或 3% 的五氯酚钠，或 3% 二硝基酚防治。最好喷 2 次，隔 10 d 喷 1 次。

第十节　稗　子

一、形态特征

稗子是一年生草本（图 7-9）。稗子和稻子外形极为相似。秆直立或基部倾斜，光滑。叶鞘无毛，下部者长于节间，上部者短于节间；无叶舌；叶片无毛。圆锥花序主轴具角棱，粗糙；小穗密集于穗轴的一侧，具极短柄或近无柄；第一颖三角形，基部包卷小穗，长为小穗的 1/3 ~ 1/2，具 5 脉，被短硬毛或硬刺疣毛，第二颖先端具小尖头，具 5 脉，脉上具刺状硬毛，脉间被短硬毛；第一外稃草质，上部具 7 脉，先端延伸成一粗壮芒，内稃与外稃等长。形状似稻但叶片毛涩，颜色较浅。稗子与稻子共同吸

图 7-9　稗子

收稻田里的养分，因此稗子属于恶性杂草。花果期 7 ~ 10 月。在较干旱的土地上，稗子茎亦可分散贴地生长。

二、为害特点

稗子生于湿地或水中，如稻田里、沼泽、沟渠旁、低洼荒地，是沟渠和水田及其四周较常见的杂草。平均气温 12 ℃以上即能萌发。最适发芽温度为 25 ~ 35 ℃，10 ℃以下、45 ℃以上不能发芽，土壤湿润、无水层时，发芽率最高。土深 8 cm 以上的稗子不发芽，可进行二次休眠。在旱作土层中出苗深度为 0 ~ 9 cm，0 ~ 3 cm 出苗率较高。东北、华北稗子于 4 月下旬开始出苗，生长到 8 月中旬，一般在 7 月上旬开始抽穗开花，生育期 76 ~ 130 d。

第十一节　野燕麦

野燕麦（学名：*Avena fatua* L.）是禾本科、燕麦属一年生草本植物，广布于全国各地，生于荒芜田野或为田间杂草。

一、形态特征

野燕麦须根较坚韧（图 7-10）。秆直立，光滑无毛，高 60 ~ 120 cm，具 2 ~ 4 节。叶鞘松弛，光滑或基部被微毛；叶舌透明膜质，长 1 ~ 5 mm；叶片扁平，长 10 ~ 30 cm，宽 4 ~ 12 mm，微粗糙，或上面和边缘疏生柔毛。圆锥花序开展，金字塔形，长 10 ~ 25 cm，分枝具棱角，粗糙；小穗长 18 ~ 25 mm，含 2 ~ 3 小花，其柄弯曲下垂，顶端膨胀；小穗轴密

图 7-10　野燕麦

生淡棕色或白色硬毛，其节脆硬易断落，第一节间长约 3 mm；颖草质，几相等，通常具 9 脉；外稃质地坚硬，第一外稃长 15 ~ 20 mm，背面中部以下具淡棕色或白色硬毛，芒自稃体中部稍下处伸出，长 2 ~ 4 cm，膝曲，芒柱棕色，扭转。颖果被淡棕色柔毛，腹面具纵沟，长 6 ~ 8 mm。花果期 4 ~ 9 月。

二、为害特点

野燕麦是为害青稞等农作物的农田恶性杂草之一，它与作物争水肥、争光照、争生长空间，并传播农作物病、虫、草害。每株野燕麦氮肥吸收量为小麦的 1 倍，吸水量为小麦的 2.5 倍，繁殖系数为小麦的 3 ~ 6 倍，争光和生长空间使作物光合作用受阻，导致作物茎秆质量差，引起青稞严重倒伏，成熟延迟，籽粒秕瘦。有些麦类作物病虫害，如麦类作物赤霉病、麦蚜等病菌虫卵，通过野燕麦传播到青稞上，青稞野燕麦交互为害，甚至造成青稞病虫害大流行，严重威胁着青稞的正常生长发育，导致青稞植株变矮、穗小、倒伏，产量降低，品质变劣。

三、防治方法

（一）农业防治

加强田间管理，严防传播蔓延。一是加强植物检疫，严防调种带入。二是野燕麦为害的地区严格精选种子，清除青稞种子中的野燕麦种子。同时建立无野燕麦种子田或穗选种子田，杜绝野燕麦随青稞种子远距离传播。三是要发动群众在未抽穗前消灭田埂、渠道中的野燕麦以减少传染源。四是妥善处理已成熟的野燕麦，对田间拔除的或随收获作物被带入场里的野燕麦要集中烧毁，做饲料时可加工粉碎，以防扩散。

（二）化学防治

对大面积猖獗为害田，在青稞 3 叶期每公顷可用 20% 杀菲克斯 6 kg 加水 450 L 喷雾；对野燕麦为害较重的休闲地，用草甘膦乳油在野燕麦齐苗至拔节期选择无风的阴天喷雾防治。经过 3 ~ 5 年的连续防治，可有效防除野燕麦的为害。

第十二节　狗尾草

狗尾草，亦称莠、谷莠子，属禾本科、狗尾草属一年生草本植物，生于海拔 4 000 m 以下的荒野、道旁，为旱地作物常见的一种杂草。

一、形态特征

狗尾草（原亚种），根为须状，高大植株具支持根（图 7-11）。秆直立或基部膝曲，高 10 ~ 100 cm，基部径达 3 ~ 7 mm。叶鞘松弛，无毛或疏具柔毛或疣毛，边缘具较长的密绵毛状纤毛；叶舌极短，缘有长 1 ~ 2 mm 的纤毛；叶片扁平，长三角状狭披针形或线状披针形，先端长

图 7-11　狗尾草

渐尖或渐尖，基部钝圆形，几呈截状或渐窄，长 4 ~ 30 cm，宽 2 ~ 18 mm，通常无毛或疏被疣毛，边缘粗糙。圆锥花序紧密呈圆柱状或基部稍疏离，直立或稍弯垂，主轴被较长柔毛，长 2 ~ 15 cm，宽 4 ~ 13 mm（除刚毛外），刚毛长 4 ~ 12 mm，粗糙或微粗糙，直或稍扭曲，通常绿色或褐黄到紫红或紫色；小穗 2 ~ 5 个簇生于主轴

上或更多的小穗着生在短小枝上，椭圆形，先端钝，长 2.0～2.5 mm，浅绿色；第一颖卵形、宽卵形，长约为小穗的 1/3，先端钝或稍尖，具 3 脉；第二颖几与小穗等长，椭圆形，具 5～7 脉；第一外稃与小穗等长，具 5～7 脉，先端钝，其内稃短小狭窄；第二外稃椭圆形，顶端钝，具细点状皱纹，边缘内卷，狭窄；鳞被楔形，顶端微凹；花柱基分离；叶上下表皮脉间均为微波纹或无波纹的、壁较薄的长细胞。颖果灰白色。花果期 5～10 月。

二、为害特点

狗尾草种子发芽适宜温度为 15～30 ℃。种子借风、灌溉浇水及收获物进行传播。种子经越冬休眠后萌发。狗尾草适生性强，耐旱耐贫瘠，酸性或碱性土壤均可生长，现广布于全世界的温带和亚热带地区。

狗尾草为害麦类、谷子、玉米、棉花、豆类、花生、甜菜、马铃薯、果树等旱作物。发生严重时可形成优势种群密被田间，争夺肥水，造成作物减产。且狗尾草是叶蝉、蓟马、蚜虫、小地老虎等诸多害虫的寄主，生命力顽强。

三、防治方法

根据狗尾草的发生规律，农田化学除草，特别是烟草田化学防除狗尾草有三个施药适期。一是播前施药做土壤处理。可用的除草剂品种主要有 960 g/L 精异丙甲草胺乳油、50% 敌草胺（萘氧丙草胺）可湿性粉剂、50% 敌草胺水分散粒剂、80% 异噁·异丙甲（64% 异丙甲草胺 +16% 异噁草松）乳油等。二是移栽前施药做土壤处理。常用的除草剂有 48% 甲草胺（拉索）乳油、33% 二甲戊灵（除草通）乳油、450 g/L 二甲戊灵微囊悬浮剂、48% 异噁草松（异噻草酮）乳油、50% 敌草胺水分散粒剂、50% 敌草胺可湿性粉剂、72% 异丙甲草胺（杜尔）乳油、40% 仲灵·异噁松（10% 异噁草松 +30% 仲丁灵）乳油、50% 仲灵·异噁松（12.5% 异噁草松 +37.5% 仲丁灵）乳油等。三是苗后施药做茎叶处理。适用的除草剂品种有 12% 烯草酮（收乐通）乳油、25% 砜嘧磺隆水分散粒剂、12.5% 烯禾啶（拿捕净）乳油、69 g/L 精噁唑禾草灵水乳剂、15% 精吡氟禾草灵（精稳杀得）乳油、5% 精喹禾灵（精禾草克）乳油、29% 精喹·异噁松（5% 精喹禾灵 +24% 异噁草松）乳油等。

第十三节　铁苋菜

铁苋菜（学名：*Acalypha australis* L.），属大戟科、铁苋菜属一年生草本。

中国除西部高原或干燥地区外，大部分地区均有分布。俄罗斯远东地区、朝鲜、日本、菲律宾、越南、老挝也有分布。生于海拔 20 ~ 1 200 m 的平原或山坡较湿润耕地和空旷草地。

铁苋菜以全草或地上部分入药，具有清热解毒、利湿消积、收敛止血的功效。嫩叶可以食用，为南方各地民间野菜品种之一。

一、形态特征

铁苋菜是一年生草本（图 7-12），高 0.2 ~ 0.5 m。小枝细长，被贴柔毛，毛逐渐稀疏。叶膜质，长卵形、近菱状卵形或阔披针形，长 3 ~ 9 cm，宽 1 ~ 5 cm，顶端短渐尖，基部楔形，稀圆钝，边缘具圆锯，上面无毛，下面沿中脉具柔毛；基出脉 3 条，侧脉 3 对；叶柄长 2 ~ 6 cm，具短柔毛；托叶披针形，长 1.5 ~ 2.0 mm，具短

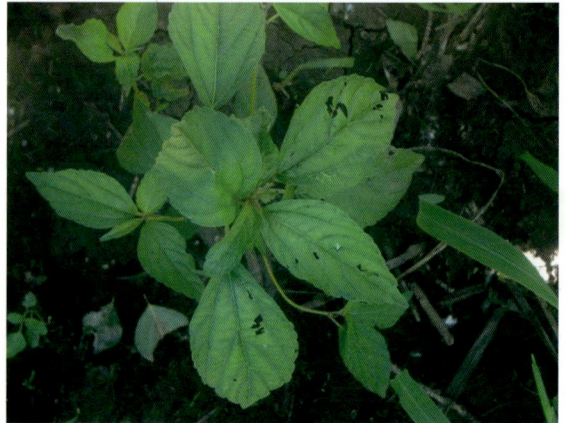

图 7-12　铁苋菜

柔毛。雌雄花同序，花序腋生，稀顶生，长 1.5 ~ 5.0 cm，花序梗长 0.5 ~ 3.0 cm，花序轴具短毛，雌花苞片 2 ~ 4 枚，卵状心形，花后增大，长 1.4 ~ 2.5 cm，宽 1 ~ 2 cm，边缘具三角形齿，外面沿掌状脉具疏柔毛，苞腋具雌花 1 ~ 3 朵；花梗无；雄花生于花序上部，排列呈穗状或头状，雄花苞片卵形，长约 0.5 mm，苞腋具雄花 5 ~ 7 朵，簇生；花梗长 0.5 mm。雄花：花蕾时近球形，无毛，花萼裂片 4 枚，卵形，长约 0.5 mm；雄蕊 7 ~ 8 枚；雌花：萼片 3 枚，长卵形，长 0.5 ~ 1.0 mm，具疏毛；子房具疏毛，花柱 3 枚，长约 2 mm，撕裂 5 ~ 7 条。蒴果直径 4 mm，具 3 个分果片，果皮具疏生毛和毛基变厚的小瘤体；种子近卵状，长 1.5 ~ 2.0 mm，种皮平滑，假种阜细长；

花果期 4 ~ 12 月。

二、为害特点

铁苋菜广泛分布于长江和黄河中下游以及东北、华北、华南等地，为秋熟旱作物田主要杂草，在棉花、甘薯、玉米、大豆及蔬菜田为害较重，局部地区成为优势种群（马奇祥，2004）。在各地大豆田杂草种群的演变调查中，铁苋菜种群数量及为害程度均呈上升趋势（何付丽，2011）。如 1985 年、1992 年、1997 年 3 次对黑龙江东部地区大豆田杂草的调查结果显示，铁苋菜的种群数量呈上升趋势，随着铁苋菜种群数量上升，其对农田作物的为害程度增加。在一些长期使用草甘膦的果园中，发现铁苋菜的种群数量有增多的趋势，从而降低了草甘膦的使用效果（李涛，2009）。

三、防治方法

（一）化学除草技术

噁草灵：选择性触杀型土壤处理除草剂。播后苗前或移栽前用药。每亩用 25% 噁草灵乳油 100 ~ 150 ml 兑水 60 L 均匀喷雾于土表，可以防除一年生禾本科杂草和阔叶杂草如马唐、稗子、千金子、牛筋草、鳢肠、铁苋菜、蓼、苋、藜、泽漆等，对石竹科杂草无效。使用时注意：第一，土壤湿润是药效发挥的关键；第二，泥块要整细，喷施要均匀，对已出土的杂草，施药前要清除；第三，噁草灵对多年生杂草和块根类杂草效果差，应注意与其他除草剂搭配使用。

（二）农业防除措施

（1）轮作。通过轮作降低伴生性杂草的密度，改变田间优势杂草群落，降低田间杂草种群数量。

（2）耕翻。土壤通过多次耕翻后，铁苋菜等杂草被翻埋在地下，使杂草逐渐减少或长势衰退，从而使其生长受到抑制，达到除草目的。

（3）中耕培土。这项措施不仅能除草，还有深松、贮水保墒等作用。如对露地马铃薯中耕一般在苗高 10 cm 左右进行第一次，第二次在封垄前完成，能有效地防除小蓟、牛繁缕、稗子、反枝苋等杂草。

（4）人工除草。适于小面积或大草拔除。

（5）物理方法除草。如利用有色地膜如黑色膜、绿色膜等覆盖具有一定的抑草作用。

第十四节　龙　葵

　　龙葵（学名：*Solanum nigrum* L.），别名龙葵草、天茄子、黑天天、苦葵、野辣椒、黑茄子和野葡萄，浆果和叶子均可食用，但叶子含有大量生物碱，须经煮熟后方可解毒。全国各地均有分布，喜生于田边、荒地及村庄附近，广泛分布于欧洲、亚洲、美洲的温带至热带地区。

一、形态特征

　　龙葵是一年生直立草本植物，高 0.25 ~ 1.00 m，茎无棱或棱不明显，绿色或紫色，近无毛或被微柔毛（图 7-13）。

图 7-13　龙葵

　　叶卵形，长 2.5 ~ 10.0 cm，宽 1.5 ~ 5.5 cm，先端短尖，基部楔形至阔楔形而下延至叶柄，全缘或每边具不规则的波状粗齿，光滑或两面均被稀疏短柔毛，叶脉每边

5 ～ 6 条，叶柄长 1 ～ 2 cm。

蝎尾状花序腋外生，由 3 ～ 6（10）花组成，总花梗长 1.0 ～ 2.5 cm，花梗长约 5 mm，近无毛或具短柔毛；萼小，浅杯状，直径 1.5 ～ 2.0 mm，齿卵圆形，先端圆，基部两齿间连接处成角度；花冠白色，筒部隐于萼内，长不及 1 mm，冠檐长约 2.5 mm，5 深裂，裂片卵圆形，长约 2 mm；花丝短，花药黄色，长约 1.2 mm，约为花丝长度的 4 倍，顶孔向内；子房卵形，直径约 0.5 mm，花柱长约 1.5 mm，中部以下被白色茸毛，柱头小，头状。

浆果球形，直径约 8 mm，熟时黑色。种子多数，近卵形，直径 1.5 ～ 2.0 mm，两侧压扁。

生长适宜温度为 22 ～ 30 ℃，开花结实期适温为 15 ～ 20 ℃，此温度下结实率高。

二、为害特点

龙葵对土壤要求不严，在有机质丰富、保水保肥力强的壤土上生长良好，在缺乏有机质、通气不良的黏质土上，根系发育不良，植株长势弱，适宜的土壤 pH 值为 5.5 ～ 6.5。夏秋季高温高湿露地生长困难，冬春季露地种植，植株长势慢，嫩梢易纤维老化。龙葵生长在田地里的时候，植株的根系会长得很密集，这些根系会从土壤里吸收大量的养分，导致作物没有足够的养分吸收，同时农作物所需的一些光照也会被龙葵遮挡住，这样就会影响作物的生长，让作物生长得很慢。

三、防治方法

（一）农业措施防治

（1）前期进行铲蹚，既疏松土壤，改善土壤理化性状，又可以铲除杂草。

（2）生长后期田间拿大草，既可以清除田间杂草，又可以清除杂草种子，减少下一年的杂草种群基数。

（3）轮作。由于龙葵种子在土壤表层发生量大，为害大，通过轮作方式改变土壤层的耕作制度，把龙葵种子深埋在土壤深层抑制其萌发出苗，同时还可降低伴生性杂草的密度，改变田间优势杂草群落，降低田间杂草种群数量。

（二）科学合理使用高效低毒低残留化学除草剂防治

应根据马铃薯田杂草群落的发生分布情况选用不同的除草剂及用量和方法。化学除草技术主要有苗前土壤封闭除草和苗后茎叶处理除草，目前马铃薯田化学除草主要采用的是安全性、有效性较高的苗前土壤封闭方法除草。

（1）苗前土壤封闭除草。

马铃薯田化学除草以苗前土壤处理为主，可使用的除草剂有防除禾本科杂草和部分双子叶杂草的乙草胺（禾耐斯）、广灭灵，以及防除藜、蓼、苋、荠菜、萹蓄、马齿苋、苣荬菜、繁缕、荞麦蔓、香薷、苘麻、苍耳、龙葵等阔叶杂草的嗪草酮（赛克津）等药剂。既可选择单剂，也可为了扩大杀草范围选择两种不同药剂混用。①70% 嗪草酮（赛克津）可湿性粉剂，每公顷用 0.525 ~ 0.600 kg 兑水 300 ~ 450 L，均匀喷雾于土表。②乙草胺混嗪草酮。马铃薯播后出苗前，每公顷用 70% 嗪草酮可湿性粉剂 0.45 ~ 0.60 kg 混 90% 乙草胺乳油 1.70 ~ 1.95 L 兑水 300 ~ 450 L，均匀喷雾于土表。③安威。安威是乙草胺与嗪草酮的复配制剂，于马铃薯播后苗前施药，每公顷用 50% 安威乳油 3 L 兑水 300 ~ 450 L，均匀喷雾于土表。④广灭灵混嗪草酮。马铃薯播后苗前 2 ~ 3 d 用药，每公顷用 48% 广灭灵乳油 0.30 ~ 0.45 L 混 70% 嗪草酮可湿性粉剂 0.45 ~ 0.60 kg 兑水 300 ~ 450 L，均匀喷雾于土表。该配方杀草广谱且对马铃薯安全无毒，但使用成本较高。⑤每公顷用 70% 嗪草酮（赛克津）可湿性粉剂 0.525 ~ 0.600 kg 混 50% 异丙草胺乳油 3.000 ~ 0.375 L 兑水 300 ~ 450 L，均匀喷雾于土表。

（2）苗后茎叶处理除草。

马铃薯田苗后防除禾本科杂草的药剂可选用拿捕净、精禾草克、精稳杀得、高效盖草能、喷特、快捕净、收乐通等。在禾本科杂草 3 ~ 5 叶期，每公顷用 12.5% 拿捕净机油乳剂 1.2 ~ 1.5 L、5% 精禾草克乳油 0.9 ~ 1.2 L、15% 精稳杀得乳油 0.750 ~ 0.975 L、10.8% 高效盖草能乳油 0.450 ~ 0.525 L、4% 喷特乳油 0.75 ~ 0.90 L、10% 快捕净乳油 0.375 ~ 0.450 L、12% 收乐通乳油 0.525 ~ 0.600 L，兑水 300 ~ 450 L，均匀喷雾于土表。

总之，马铃薯田杂草的防除是一项系统工程，必须进行田间细致的调查，结合自身的除草机械条件、人力、财力等实际情况，立足于预防为主、轮作为基础、化学防治为核心，并配合其他行之有效的除草措施制定长期与短期的防治策略，最大限度地消灭杂草，才能获得最佳的经济效益。

第十五节　鸭跖草

鸭跖草（*Commelina communis* L.），别名竹叶草、蓝花草、竹节草和淡竹叶（图 7-14）。属寒温带杂草，耐低温，适应性很强，出土时间早而持续出土时间长，发生密度大，常成优势或单一群落，为害严重，全国各地均有分布。常见于农田、果园等湿润处。主要为害旱作物，如大豆、玉米、小麦、马铃薯以及果树等。鸭跖草为种子繁殖，由于种子粒大、皮厚，埋在土壤深层的种子 5 年仍能发芽，而且土壤浅层草籽在条件适合时，可分批分层出土为害。根系发达，茎柔嫩多汁，拔下后遇雨仍可成活，所以又被农民称为"死不了"。近年来，受种子传播、免耕浅耕和防效不佳等因素影响，鸭跖草为害也愈演愈烈，尤其大田作物，成为农业生产中的难题。

图 7-14　鸭跖草

一、形态特征

鸭跖草属鸭跖草科春季一年生杂草。多分枝，长 30 ~ 50 cm，茎下部匍匐生根，具有很强的再次生根能力，只要有节（2 叶期后）就可以生根成活。叶互生，无柄，披针形至卵状披针形，长 4 ~ 9 cm，宽 1.5 ~ 2.0 cm，叶较肥厚，蜡质层厚，表面有光泽，干旱条件下蜡质层增厚明显，叶基部下延成鞘，具紫红色条纹，鞘口有缘毛。花两性，小花每 3 ~ 4 朵一簇，集成聚伞花序，由一绿色心形折叠苞片包被，着生在小枝顶端或叶腋处。花被 6 片，外轮 3 片，较小，膜质，内轮 3 片，中前方一片白色，后方两片蓝色，鲜艳。花瓣 3 片，近圆形，长近 1 cm。雄蕊 6 枚，3 枚退化成蝴蝶状。蒴果椭圆形，长 5 ~ 7 cm，2 室，2 瓣裂，4 粒种子。靠种子繁殖，种子长 2 ~ 3 mm，种子土褐色至深褐色，表面凹凸不平。

二、为害特点

鸭跖草种子在 5 ℃以上就能萌发，萌发较早，适宜的发芽温度为 10 ~ 15 ℃。受免耕、浅松、浅旋等栽培措施的影响，鸭跖草种子多集中在土壤表层，而鸭跖草在覆土深度为 3 ~ 8 cm 时出苗率高，向下递减。同时鸭跖草种子萌发出苗的适宜土壤含水量为 40%，春旱影响春播作物的萌发出苗，对鸭跖草种子萌发出苗影响较低，所以其萌发率高。鸭跖草前期生长缓慢，从四五叶龄开始生长速度加快，抗逆性增强。植株可多次分枝，着地节能生根。如不能适时防除，将很快形成为害，并直接影响作物的生长。这也是部分农田出现草荒的原因之一。鸭跖草喜湿、耐旱，适应性强，发生密度大，常成优势或单一群落，发生量大大增加，发生程度日益严重。

鸭跖草根系发达，吸收能力强，生长速度快，光合效率高，营养生长能快速向生殖生长过渡，具有干扰农作物的特殊性能，夺取水分、养分和光照的能力比农作物大得多，从而影响农作物的生长发育，造成农作物产量降低、品质下降。其耐药性强，加上再生能力强，人工中耕防除效果不佳，增加了防治成本。除草管理花费大量的劳动力，采用化学除草增加生产成本。尤其农忙季节，时间紧、任务重、劳动强度大，若雨季到来，中耕除草不能进行，易形成草荒，造成重大损失。

三、防治方法

根据鸭跖草的发生规律、当地的生态条件和耕作栽培方法，对鸭跖草的防治必须坚持"预防为主，综合防治"的策略。预防就是尽量减少种子的数量、降低出草基数，综合防治主要是协调好系统内马铃薯栽培、肥水运筹、耕作、除草等方面的关系，以高产栽培为目的，建立起一个以化学除草为主的高效、节本、安全的系列配套除草体系。

（一）农业防除

农业防除的措施主要有轮作、灌溉、合理密植、深耕等的综合运用。以科学的轮作倒茬为基础，深耕为主要措施，通过深耕可有效减少鸭跖草的出苗基数。水旱轮作和合理灌溉对降低鸭跖草的出苗率也有一定的效果。

（二）人工防除

人工防除适用于那些刚刚传入、定居，还没有大面积扩散的田块。人工防除可在短时间内迅速清除，但对于鸭跖草的防治要求更高。掌握苗龄大小，必须在鸭跖草花果期之前将其清除，避免草种成熟，同时对其集中处理防止其复活。

（三）化学防除

化学防治可以快速取得效果，在较短时间内达到控制害草、修复生态的目的，具有显著的经济效益、社会效益和环境生态效益。但乱用或滥用除草剂会造成药害，带来环境污染等问题。因此，科学使用除草剂极为重要。

1. 适时防治

对于鸭跖草的防治，应根据鸭跖草的发生规律、苗龄大小和气候条件等因素选择最佳的防治时期，以取得较好的防效。以马铃薯非生长季（播前、播后苗前、收获后）为主。在马铃薯生长季防治，在鸭跖草耐药性差的 3 ~ 4 叶期之前防治，效果最佳。

2. 合理用药

合理用药是提高防效、避免药害和降低残留的关键。

（1）根据马铃薯与鸭跖草发生时间的不同，适时进行化学除草，如在马铃薯播种前用 20% 百草枯或 41% 草甘膦防除鸭跖草，并播种栽植。

（2）根据马铃薯与鸭跖草的抗药性不同，选择某种除草剂防除，而作物不受药害。如在马铃薯出苗前用 50% 草萘胺可湿性粉剂 100 ~ 150 g 兑水 40 ~ 50 L 均匀喷雾。

使用时应注意：①草萘胺在土壤湿润条件下除草效果更好，如土壤干旱应先浇灌再施药，以提高防效。②草萘胺对已出土的杂草效果差，提早施药，使用前应清除已出土的杂草。

（3）鸭跖草叶片蜡质层厚，特别是在干旱条件下蜡质层增厚，叶片向上生长，加工剂型为水溶性的除草剂药液雾滴不易黏着和吸收，在茎叶处理的除草剂中加用适量助剂，增加润湿性、展着性和渗透性，增强雾点的沉积率，减少药剂挥发损失，有助于鸭跖草茎叶对除草剂的吸收，增强除草剂的效果。如天然植物源高效助剂 SDP 植物油等加于许多除草剂中，都可显著提高药效，并减少药量。

3. 安全操作，提高防效

（1）严格掌握除草剂用量，是提高药效、防止药害的有效措施之一。每一种除草剂的推荐用量都是多年实践和各种试验的结果，决不能随意加大和减少用量，这样才能保证除草效果，不出现药害，否则很安全的除草剂也会出现药害。在施药时，要严格按照施药的技术要求施用，力求着药均匀，以提高除草效果，保证不出现药害。

（2）坚持在最佳时间喷药。最佳时间施药，是提高除草效果的技术要求。施药最佳时间掌握不准，将会使药效降低，甚至出现药害。

（3）注意喷药时的温度。温度是影响杂草生长和除草剂药效的重要因素。一般在温度较高时，有利于除草剂药效的发挥，除草效果也更好（也有个别除草剂对温度要求不严格）。有报道显示，二甲四氯在 10 ℃以下施药效果差，在 10℃以上时施药效果好。

（4）保证适宜湿度。不论是土壤处理还是茎叶处理，土壤湿度都是影响除草剂药效的重要因素。播后苗前土壤处理，若表土层湿度大，很容易形成药土层，封闭在内的杂草很容易被杀死。在土壤湿度大的情况下，鸭跖草生长旺盛，有利于鸭跖草对除草剂的吸收和在体内的运转，因而药效发挥更快，除草效果更好。

（5）注意土壤性质。土壤性质对除草剂药效的影响很大，有机质含量高的土壤，团粒结构好，对除草剂吸附量大，土壤微生物数量多而大，活动旺盛，除草剂易被降解，同等剂量下虽对农作物安全，但除草效果较差，因此需适当加大用量。而在沙壤土中，有机质含量低，团粒结构差，微生物也少，除草剂被土壤吸附少，药剂也不易被降解，药剂分子在土壤中处于游离状态，活性强，容易发生药害，应适当降低用量，以减少药害。

第十六节　苣荬菜

苣荬菜（学名：*Sonchus arvensis* L.）别名曲卖菜、苦苦菜，是菊科、苦苣菜属多年生草本植物。苣荬菜遍布全球各地，生长在海拔 300 ～ 2300 m 的山坡草地、林间草地、潮湿地或近水旁、村边或河边砾石滩。

一、形态特征

苣荬菜为多年生草本植物，根垂直直伸，多少有根状茎（图 7-15）。茎直立，高 30 ～ 150 cm，有细条纹，上部或顶部有伞房状花序分枝，花序分枝与花序梗被稠密的头状具柄的腺毛。基生叶多数，与中下部茎叶全形倒披针形或长椭圆形，羽状或倒向羽状深裂、半裂或浅裂，全长 6 ～ 24 cm，高 1.5 ～ 6.0 cm，侧裂片 2 ～ 5 对，偏斜半椭圆形、椭圆形、卵形、偏斜卵形、偏斜三角形、半圆形或耳状，顶裂片稍大，长卵形、椭圆形或长卵状椭圆形；全部叶裂片边缘有小锯齿或无锯齿而有小尖头；上部茎叶及接花序分枝下部的叶披针形或线钻形，小或极小；全部叶基部渐窄成长或短翼柄，但中部以上茎叶无柄，基部圆耳状扩大半抱茎，顶端急尖、短渐尖或钝，两面

图 7-15　苣荬菜

头状花序在茎枝顶端排成伞房状花序。总苞钟状，长 1.0 ~ 1.5 cm，宽 0.8 ~ 1.0 cm，基部有稀疏或稍稠密的长或短茸毛。总苞片 3 层，外层披针形，长 4 ~ 6 mm，宽 1.0 ~ 1.5 mm，中内层披针形，长 1.5 cm，宽 3 mm；全部总苞片顶端长渐尖，外面沿中脉有 1 行头状具柄的腺毛。舌状小花多数，黄色。瘦果稍压扁，长椭圆形，长 3.7 ~ 4.0 mm，宽 0.8 ~ 1.0 mm，每面有 5 条细肋，肋间有横皱纹。冠毛白色，长 1.5 cm，柔软，彼此纠缠，基部连合成环。

二、为害特点

苣荬菜具有很强的适应性，耐寒，耐干旱但不耐湿，耐酸碱性，即使在盐分含量高达 0.5% 的富盐地区也能生长。苣荬菜萌发的最低温度为 15 ℃左右。一般 3 月上旬开始萌发。最适温度为 20 ~ 30 ℃。自 3 月上旬至 8 月上旬均能出苗，但出苗过迟的当年不能开花结果。3 月下旬至 4 月中旬萌发达到高峰，8 ~ 10 月开花结果，带冠毛的种子随风飞散，须经越冬休眠后方能萌发。苣荬菜根系多分布在 5 ~ 20 cm 的土层中，最深达 80 cm。其地下根茎萌发的最大深度与营养体长度成正比，相同营养体长度出苗时间、数量与深度成反比，相同深度出苗数量与营养体长度成正比。苣荬菜再生性强，传播途径多，在无有效防除措施条件下，个体生长快，与农作物强烈地争肥、争水、争空间，常常压过其他杂草，给农业生产造成较大的损失。苣荬菜主要通过无性营养繁殖器官——芽根进行繁殖，地下部芽根庞大，再生能力强，在土层中分布深。以前马铃薯田中使用的绝大多数除草剂因传导能力有限，用药后仅对苣荬菜地上部有一定防效，地下部芽根吸收的药量少，不足以将其完全杀死。

三、防治方法

（一）农业措施

水旱轮作，在有条件的地区，适当改种水稻或水旱轮作能有效地控制苣荬菜的生长和蔓延。据相关调查显示，苣荬菜耐湿能力很弱，水田中无法生长，埋在水田中的苣荬菜根茎会腐烂死亡，再生能力很弱。而一旦改回旱田，2 ~ 3 年内苣荬菜密度又会大幅上升。据调查发现，苣荬菜在稻田中发生量为零，旱田一年为 36 株 /m²，旱田两年为 63 株 /m²，旱田三年为 270 株 /m²，旱田三年以上为 459 株 /m²。

深耕是防除苣荬菜的有效措施之一，深耕可使苣荬菜地下根茎被切断，进而避免根茎扩散至整个田块，在耕翻土壤时拾除根茎。同时可通过合理密植，以苗控草防治该种杂草，根据马铃薯的生长特点、土壤的肥力状况、栽培措施等因素，适当增大种植密度，最大限度地占据田间生长空间，减少杂草的竞争环境，以达到控草目的。

（二）化学防除

利用现有除草剂品种防除苣荬菜必须选择传导性好的除草剂，使药剂充分地传导至地下部芽根。由于灭生性除草剂草甘膦在传导性能上优于其他除草剂品种，施药后杂草的绿色部分吸收到草甘膦后，药剂能从韧皮部很快地传导至地下根和地下茎。因此，如能选择适宜的施药时期，在对马铃薯安全的基础上，可用草甘膦来防除马铃薯田的苣荬菜多年生恶性杂草。一般选择在苣荬菜已出苗，而马铃薯没出苗时进行苣荬菜茎叶喷雾，通过茎、叶、芽鞘及根部吸收，抑制苣荬菜的生长，使苣荬菜死亡。虽然百草枯这种除草剂也以灭生性除草效果好而著称，但百草枯属于触杀型除草剂，施药后在杂草体内传导性能差，因此不能选择百草枯来防除苣荬菜这类深根性多年生杂草。

第十七节　灰　菜

灰菜（学名：*Chenopodium album* L.）为藜科藜属，又名粉仔菜、灰条菜、灰灰菜、灰藋、白藜、涝藜、涝蔺、落藜和盐菜等，一年生草本植物，生长于田野、荒地、草原、路边及住宅附近，全国各地普遍生长。

一、形态特征

灰菜为一年生草本，高3～150 cm（图7-16）。茎直立，粗壮，具条棱及绿色或紫红色色条，多分枝，枝条斜生或开展。叶片菱状卵形至宽披针形，长3～6 cm，宽2.5～5.0 cm，先端急尖或微钝，基部楔形至宽楔形，上面通常无粉，有时嫩叶的上面有紫红色粉，下面多少有粉，边缘具不整齐锯齿；叶

图7-16　灰菜

247

柄与叶片近等长，或为叶片长度的 1/2；花两性，花簇于枝上部排列成或大或小的穗状圆锥状或圆锥状花序；花被裂片 5，宽卵形至椭圆形，背面具纵隆脊，有粉，先端或微凹，边缘膜质，雄蕊 5，花药伸出花被，柱头 2，果皮与种子贴生，种子横生，双凸镜状，直径为 1.2 ~ 1.5 mm，边缘钝，黑色，有光泽，表面具浅沟纹。胚环形，花果期为 5 ~ 10 月。

二、为害特点

灰菜分布甚广，形态变异很大，已发表的种下等级名称很多，比较混乱。灰菜是一种生命力强的植物，生长于田间、地头、坡上、沟涧，乃至城市中的荒僻幽落，处处可以见到它们密集丛生摇曳的身影。杂草的繁殖与再生能力超强，一株杂草的种子达 3 万 ~ 4 万粒，种子量大，种子寿命长，可在土壤中保持 20 年。繁殖方式多种多样，既可种子繁殖，也可营养器官生殖。

灰菜的休眠与发芽具有不整齐性，一般灰菜的种子有多个休眠期，例如同一株灰菜的种子，大而扁平的当年萌发，暗绿色的第二年春天萌发，最小的第三年才能萌发。

灰菜种子的传播方式具有多样性，其成熟后可直接落粒入土进行繁殖，也可靠风传播、靠水传播、靠人畜农机具传播，亦可靠粪肥传播。

三、防治方法

在马铃薯田中，灰菜与马铃薯同属阔叶类，防除比较困难，一般提前封闭防除。首先选择使用封闭剂除草剂，可以在播种前进行，也有的在播后出苗前进行。这类除草剂通过杂草的根、芽鞘或胚轴等部位进入杂草体内，在生长点或其他功能组织部位起作用杀死杂草，如氟乐灵、乙草胺、异丙甲草胺等。马铃薯没出苗时进行杂草茎叶喷雾，通过茎、叶、芽鞘及根部吸收，抑制杂草的生长，使杂草死亡，如百草枯、草甘膦等。另一种是选择性的，对不同植物有选择性，能杀死杀伤某些杂草，而对马铃薯无害。

苗后防除灰菜可以选择以下几种药剂：

（1）马铃薯专用除草剂：25% 的砜嘧磺隆干悬浮剂。每亩用 25% 的砜嘧磺隆干悬浮剂 5.0 ~ 7.5 g 兑水 30 ~ 40 L，在马铃薯苗后，杂草 2 ~ 4 叶期，进行田间茎叶喷雾施药，可有效防除一年生禾本科杂草及阔叶杂草，对马铃薯安全无残留。配药时先将所需用量的 25% 的砜嘧磺隆配制成母液，加入喷桶中，然后按 0.2% 的比例加入中性洗衣粉或洗洁精并补够水量，充分搅拌，效果更佳。

（2）24% 乙氧氟草醚除草剂。该药为选择性触杀型土壤处理兼有苗后茎叶处理作用的除草剂。亩用 24% 乙氧氟草醚乳油 40 ~ 50 ml 兑水 60 L 均匀喷雾于土表，可防除稗子、千金子、牛筋草、狗尾草、硬草、早熟禾、马齿苋、铁苋菜、灰菜等多种一年生杂草，但对多年生杂草效果差。

（3）70% 嗪草酮除草剂。该药为选择性内吸传导型土壤处理剂。亩用 70% 嗪草酮可湿性粉剂 25 ~ 65 g 兑水 40 ~ 50 L 均匀喷雾于土表，能防除多种阔叶杂草和某些禾本科杂草，如藜、灰菜、马齿苋、苦荬菜、繁缕、苍耳、稗子、狗尾草等。使用时应注意，施药后遇较大降雨或大水漫灌时易产生药害。

参考文献

［1］杨生伟.常见农作物病虫害病因分析及综合防治指南［J］.青海农技推广，2015（03）：50-52.

［2］杨彩宏，冯莉，岳茂峰.恶性杂草马齿苋（Portulaca oleracea）种子萌发特性的研究［J］.植物保护，2009，35（01）：62-65.

［3］李学宏.恶性杂草鸭跖草的危害与防除［J］.陕西农业科学，2012，58（04）：266-267，273.

［4］杨明志.寒地马铃薯田杂草发生规律及防除技术［J］.农业与技术，2017，37（17）：33-34.

［5］黄冲，刘万才.近年我国马铃薯病虫害发生特点与监控对策［J］.中国植保导刊，2016，36（06）：48-52.

［6］王义明，丛林.龙葵的发生规律及生长发育特性研究初报［J］.杂草科学，1995（02）：13-14.

［7］吴兴泉，陈士华.马铃薯A病毒（PVA）运动相关蛋白质的研究进展［J］.安徽农业科学，2007（08）：2244-2245.

［8］胡琼.马铃薯A病毒病及其防治［J］.现代农业科技，2005（05）：21.

［9］谢成君，王荣华，常建平，等.马铃薯病虫草鼠害为害程度综合评价及防治决策［J］.陕西农业科学，2008（06）：17-18.

［10］刘淑娜.马铃薯不同种质资源对疮痂病的抗性鉴定及其抗病机制［D］.大庆：黑龙江八一农垦大学，2019.

［11］杨姗琳.马铃薯疮痂病的分离和检测体系构建［D］.武汉：华中农业大学，2018.

［12］马建荣，余永红，黎敬鸿，等.马铃薯疮痂病链霉新变种的分离与生物学特性分析［J］.安徽农业科学，2019，47（18）：139-142.

［13］赵晓军，张键，张贵，等.马铃薯黄萎病病原菌营养亲和群、生理小种、交配型

鉴定以及致病力差异分析［J］.植物保护学报，2018，45（06）：1212-1219.

［14］王丽丽，李芳，日孜旺古丽，等.马铃薯黄萎病菌生物学特性及室内药剂筛选［J］.
新疆农业大学学报，2014，37（03）：218-222.

［15］安小敏，胡俊，武建华，等.马铃薯枯萎病病原菌研究概述［J］.中国马铃薯，
2017，31（05）：302-306.

［16］孙红艳，TALEKAR N S，李正跃.马铃薯块茎蛾的产卵特性［J］.云南农业大学学报，
2009，24（03）：354-360.

［17］曲延军.马铃薯品种对枯萎病病原菌抗性的研究［D］.呼和浩特：内蒙古农业大学，
2014.

［18］郑雪坳，宋波涛，谭晓丹，等.马铃薯青枯病病原的鉴定［J］.中国马铃薯，
2014，28（02）：83-89.

［19］王成.马铃薯生理性病害种类及防治措施［J］.黑龙江科技信息，2013（08）：
234.

［20］雷艳，汤琳菲，王欢妍，等.马铃薯帚顶病毒研究进展［J］.中国农学通报，
2014，30（03）：10-14.

［21］张富荣，戎素平，张艳彦，等.马铃薯主要病毒病对种薯质量的影响［J］.种子，
2019，38（03）：97-99.

［22］陈慧，薛玉凤，蒙美莲，等.内蒙古马铃薯枯萎病病原菌鉴定及其生物学特性［J］.
中国马铃薯，2016，30（04）：226-234.

［23］温晨阳，赵英杰，东保柱，等.内蒙古自治区主栽马铃薯品种对黄萎病的抗性鉴
定［J］.植物保护学报，2018，45（06）：1220-1226.

［24］刘惠芳，陈秋芳.浅析马铃薯环腐病症状及防治关键［J］.现代园艺，2019，42
（17）：147-148.

［25］郑庆伟.苘麻的识别与化学防控［J］.农药市场信息，2014（21）：47.

［26］高玉林，徐进，刘宁，等.我国马铃薯病虫害发生现状与防控策略［J］.植物保护，
2019，45（05）：106-111.

［27］肖志云，刘洪.小波域马铃薯典型虫害图像特征选择与识别［J］.农业机械学报，
2017，48（09）：24-31.

［28］张凤桐，程林发，耿超，等.一株PVY~（NTN-NW）黑龙江马铃薯分离物的检
测鉴定［J］.植物病理学报，2019，49（04）：512-519.

［29］徐进，朱杰华，杨艳丽，等.中国马铃薯病虫害发生情况与农药使用现状［J］.
中国农业科学，2019，52（16）：2800-2808.

［30］吴畏.重庆马铃薯病毒病病害调查及病原鉴定［D］.重庆：西南大学，2015.

［31］王永崇.作物病虫害分类介绍及其防治图谱——马铃薯青枯病及其防治图谱［J］.
　　农药市场信息，2014（28）：59.